工 程 地 质

主 编 王永建
副主编 杨德方 郑贵强
韩 永

中国矿业大学出版社

内容提要

本教材是煤炭高等教育“十三五”规划教材，是根据土木、测绘等专业的课程要求编写的。全书共分为九章：绪论；第一章为地球概况及地质作用；第二章为矿物与岩石；第三章为地层及古生物；第四章为地质构造；第五章为地下水；第六章为不良地质现象；第七章为岩土工程地质分级和分类；第八章为工程地质勘察。

本教材主要围绕地质学相关基础理论知识和专业技能进行重点阐述，可作为普通高等学校土木工程、测绘工程等非地质类专业教学用书，也可供其他相关工程技术人员使用。

图书在版编目(CIP)数据

工程地质 / 王永建主编. —徐州：中国矿业大学出版社，2018.8

ISBN 978-7-5646-4018-7

Ⅰ.①工… Ⅱ.①王… Ⅲ.①工程地质—高等学校—教材 Ⅳ.①P642

中国版本图书馆 CIP 数据核字(2018)第 139714 号

书　　名 工程地质
主　　编 王永建
责任编辑 吴学兵
出版发行 中国矿业大学出版社有限责任公司
（江苏省徐州市解放南路　邮编 221008）
营销热线 (0516)83885307　83884995
出版服务 (0516)83885767　83884920
网　　址 http://www.cumtp.com　**E-mail**:cumtpvip@cumtp.com
印　　刷 徐州中矿大印发科技有限公司
开　　本 787×1092　1/16　**印张** 16.25　**字数** 412 千字
版次印次 2018 年 8 月第 1 版　2018 年 8 月第 1 次印刷
定　　价 21.00 元

前　言

工程地质学是研究人类工程活动与地质环境之间相互影响的一门应用地质科学，其本质是研究人与地球的关系，强调人地和谐与可持续发展。工程地质学的任务主要包括工程地质条件评价、工程地质问题预测、工程地质防治措施、区域工程地质分析、工程与地质环境关系等五方面。

本教材是为高等院校土木工程、测绘工程等非地质类专业编写的地质基础专业课教材，也可作为大学其他专业本科生、专科生，以及从事工程地质及其相关工作的广大工程技术人员和工程管理人员的参考书。

本教材以原有工程地质类教材为蓝本，结合近年工程地质领域先进的基础理论、技术手段和新的勘查规范等，进一步充实提高完成。教材以基础地质知识为主线，着重论述与工程建设相关的地球上的各种地质作用，矿物与岩石的类型、特征和工程地质性质，地层的划分与对比，地质构造的类型、特征与工程地质性质，地下水的类型、特征与工程地质性质，不良地质现象的类型、特征与防治措施，土的分类、特征及工程地质性质等，突出地质基础知识和专业技能在工程实践中的应用。

本教材共九章，主要内容包括矿物与岩石、地层及古生物、地质构造、地下水、不良地质现象、岩土工程地质分级和分类以及工程地质勘察，适用教学时数为 32～56 学时，各专业可根据课程学时设置，讲授全部或选讲部分内容。建议与课程教学配套安排 1～2 周实习环节，这样，某些章节的内容可以主要通过实践环节完成。

本教材由华北科技学院地质工程系组织编写，王永建编写绪论、第二章、第三章，杨德方编写第一章、第四章，韩永编写第五章、第六章，郑贵强编写第七章、第八章。全书由王永建统稿并担任主编。

特别感谢华北科技学院教务处、教材工作委员会、安全工程学院等部门对本教材的大力支持，感谢华北科技学院安全工程学院尹尚先教授、李小明教授的指导与帮助。同时，对书中所引用文献的作者表示衷心感谢。

限于编者的水平，本教材难免存在某些缺点和错误，诚恳欢迎读者批评指正。

编者

2017 年 10 月

目　录

绪论

第一节　工程地质学的研究内容、任务及方法

一、地质学与工程地质学

地质学是研究地球性质的科学，其主要研究内容包括以下几方面：

(1) 研究组成地球的物质，由矿物学、岩石学、地球化学等分支学科承担这方面的研究。

(2) 研究地壳及地球的构造特征，即阐述岩石或岩石组合的空间分布，由构造地质学、区域地质学、地球物理学等分支学科承担这方面的研究。

(3) 研究地球的历史以及栖居在地质时期的生物及其演变，由古生物学、地史学、岩相古地理学等分支学科承担这方面的研究。

(4) 地质学的研究方法与手段，主要包括同位素地质学、数学地质学及遥感地质学等。

(5) 研究应用地质学，主要是应用地质学相关理论和方法解决资源探寻、环境地质分析和工程防灾问题。

从应用角度看，地质学对人类社会的发展具有重要作用，主要包括以下两方面：一是以地质学理论和方法指导人们寻找各种矿产资源，这是矿床学、煤田地质学、油气地质学、铀矿地质学等研究的主要内容；二是运用地质学理论和方法研究地质环境，查明地质灾害的规律和防治对策，以确保工程建设安全、经济和正常运行，这也是工程地质学研究的主要内容。因此，工程地质学是地质学的重要分支学科，是把地质学原理应用于工程实际的一门学问，是研究人类活动与地质环境相互关系的一门科学。

二、工程地质学的研究内容及任务

(一) 研究内容

1. 岩土体的分布规律及其工程地质性质的研究

在进行工程建设时人们最关心的是建筑地区和建筑场地的工程地质条件，特别是岩体、土体的空间分布及其工程地质性质，以及在工程作用下这些性质的变化趋势。

2. 不良地质现象及其防治的研究

分析、预测在建筑地区和场地可能发生的各种不良地质现象和问题，例如崩塌、滑坡、泥石流、地面沉降及地震等的形成条件、发展过程、规模和机制，评价它们对工程建筑物和环境的危害，研究防治不良地质现象的有效措施。

3. 工程地质勘察技术和理论的研究

为了查清各种不同类型的建筑地区和场地的工程地质条件，分析预测不良地质作用，评价工程地质问题，为建筑物的设计、施工、运营提供可靠的地质资料，就需要进行工程地质勘察。如何勘察？依据的勘察理论是什么？选用什么样的勘察方法和技术？这些都要求深入

研究工程地质勘察技术和理论。

4. 区域工程地质与环境工程地质研究

区域工程地质是研究工程地质条件的区域分布和规律，为工程规划设计提供地质依据，也是环境工程地质的研究基础。环境工程地质主要是研究人类工程活动所引起的区域性环境变化和有害的工程地质作用，包括水库蓄水引起的浸没、水库蓄水和深井注水诱发的地震、大量抽取地下水引起的地面沉降等。

（二）研究任务

工程地质学在经济建设和国防建设中应用非常广泛，由于它在工程建设中占有重要地位，从而早在 20 世纪 30 年代就获得迅速发展成为一门独立的科学。我国工程地质学的发展始于中华人民共和国成立初期，经过 60 多年的努力，不仅能适应国内建设的需要，而且开始走向世界，建立了具有我国特色的学科体系。纵观各种规模、各种类型的工程，可将工程地质学的具体任务归结为以下五方面。

1. 工程地质条件评价

评价工程地质条件，阐明地上和地下建筑工程兴建和运行的有利和不利因素，选定建筑场地和适宜的建筑型式，保证规划、设计、施工、使用、维修顺利进行。

2. 工程地质问题预测

从地质条件与工程建筑相互作用的角度出发，论证和预测有关工程地质问题发生的可能性、发生的规模和发展趋势。

3. 工程地质防治措施

提出及建议改善、防治或利用有关工程地质条件的措施，加固岩土体和防治地下水的方案。

4. 区域工程地质分析

研究岩体、土体分类和分区及区域性特点。

5. 工程与地质环境关系

研究人类工程活动与地质环境之间的相互作用与影响。

三、工程地质学的研究方法

工程地质学的研究对象是复杂的地质体，所以其研究方法应是定性分析与定量分析相结合的综合研究方法。

（一）定性分析

定性分析包括地质分析法、工程类比法等。要查明建筑区工程地质条件的形成和发展，以及它在工程建筑物作用下的发展变化，首先必须以地质学和自然历史的观点分析研究周围其他自然因素和条件，了解在历史过程中对它的影响和制约程度，这样才有可能认识它形成的原因并预测其发展趋势。这就是地质分析法，它是工程地质学的基本研究方法，也是进一步定量分析、评价的基础。当地质条件十分复杂时，还可根据条件类似地区已有资料对研究区的问题进行定量预测，即工程类比法。

（二）定量分析

定量分析包括力学分析法、实验法等。力学分析法主要指在阐明主要工程地质问题形成机制的基础上，建立模型进行计算和预测，例如，地基稳定性分析、地面沉降量计算、地震液化可能性计算等。实验测试分析法，即通过室内或野外现场试验，取得所需要的岩土物理性质、水理性质、力学性质等数据。

第二节　工程地质条件及问题

一、工程地质条件

为了保证地基稳定可靠，必须全面研究地基及其周围地质环境的有关工程条件，主要包括以下几个方面。

（一）地形地貌

地形地貌指地球表面各种形态的总称。地表形态是多种多样的，成因也不尽相同，是内、外力地质作用对地壳综合作用的结果。内力地质作用造成了地表的起伏，控制了海陆分布的轮廓，从一个区域内的地表形态看，可分为山地、高原、丘陵、盆地和平原等。外营力（流水、风力、太阳辐射能、生物活动等）地质作用，通过多种方式，对地壳表层物质不断进行风化、剥蚀、搬运和堆积，从而形成各种地貌，如喀斯特地貌、冰川地貌、风蚀地貌等。

（二）地层岩性

地层岩性主要包括地层的成因、时代、岩性、产状、成岩作用特点、变质程度、风化程度、软弱夹层及物理力学性质等。如黄土有湿陷性，影响工程建设。

（三）地质构造

地质构造主要包括褶皱、断层、节理等，这些地质构造的分布和特征，尤其是时代新、规模大的地质构造，对工程、建筑等的安全稳定具有重要影响。

（四）水文地质条件

水文地质条件主要包括地下水的成因、类型、埋藏、分布、动态和化学成分等，这些都直接或间接影响岩土的稳定性。

（五）不良地质作用

不良地质作用主要包括滑坡、岩溶、泥石流、地面沉降、崩塌及地震等，这些地质灾害严重影响着工程、建筑等的安全。

二、工程地质问题

已有的工程地质条件在工程建筑和运行期间会产生一些新的变化和发展，对工程建筑安全造成影响的地质问题称为工程地质问题。由于工程地质条件复杂多变，不同类型的工程对工程地质条件的要求又不尽相同，所以工程地质问题是多种多样的。就土木工程等而言，主要的工程地质问题包括地基稳定性问题、斜坡稳定性问题、洞室围岩稳定性问题以及区域稳定性问题，具体内容如下。

（一）地基稳定性问题

地基稳定性问题是工业与民用建筑工程常遇到的主要工程地质问题，包括强度和变形两个方面。此外，岩溶、土洞等不良地质作用和现象都会影响地基稳定。常见的工民建、道路建设等都存在地基稳定性问题。

（二）斜坡稳定性问题

天然斜坡是长期地表地质作用达到相对协调、平衡的产物；人为斜坡是人们在进行工程建设时开挖或填埋时形成的，也称边坡。斜坡稳定对防止地质灾害发生及保证地基稳定十分重要。斜坡地层岩性和地质构造特征是影响其稳定性的物质基础，风化作用、地应力、地震、地下水等对斜坡软弱结构面的作用往往会破坏斜坡稳定，而地形地貌和气候条件是影响其稳定性的重要因素。

（三）洞室围岩稳定性问题

地下洞室被包围于岩土体介质中，如在洞室开挖和建设过程中破坏了地下岩土体原始平衡条件，便会出现一系列不稳定现象，常见的有围岩塌方、地下水涌水等。一般在工程建设规划和选址时，要进行区域稳定性评价，研究地质体在地质历史中的受力状况和变形过程，做好山体稳定性评价，研究岩体结构特性，预测岩体变形破坏规律，进行岩体稳定性评价以及考虑建筑物和岩体围岩稳定所必需的工作。

（四）区域稳定性问题

地震、液化及活断层对工程稳定性的影响非常重要，特别是对于大型水电工程、地下工程以及建筑群密布的城市地区，区域稳定性问题是必须进行论证的首要问题。

第一章　地球概况与地质作用

矿产是人类赖以生存和发展的物质基础，主要赋存于地壳中。地壳中各种矿产资源的形成都与地质作用有关。在学习矿山地质学的主要内容之前，应了解有关地球概况及地质作用的知识。

第一节　宇宙中的地球

一、地球的宇宙环境

“宇”是空间的概念，是无边无际的；“宙”是时间的概念，是无始无终的。宇宙是无限的空间和无限的时间的统一。地球是宇宙中的一个特殊天体，在宇宙中，地球是目前人类所知唯一一颗有生命存在的星球。地球的形成和演变，不能摆脱宇宙环境的影响和制约。

通过宇宙微波背景辐射的观测发现我们的宇宙已经膨胀了 138.2 亿年，但宇宙的直径显然要大于这个数值，最新的研究认为宇宙的直径可达到 920 亿光年，甚至更大。

人类所观察到的部分宇宙的物质大约是由 4.9％的普通物质（构成恒星、行星、气体和尘埃的物质）或“重子”，26.8％的暗物质和 68.3％的暗能量构成。重子物质构成星系际的“蛛网”。

宇宙大爆炸是描述宇宙诞生初始条件及其后续演化的宇宙学模型，这一模型得到了当今科学研究和观测最广泛且最精确的支持。宇宙学家通常所指的大爆炸观点为：宇宙是在过去有限的时间之前，由一个密度极大且温度极高的太初状态演变而来的，并经过不断地膨胀到达今天的状态。

暗物质和暗能量分别通过对普通物质产生的引力作用和推动宇宙做加速膨胀而表明它们的存在。如果暗能量不存在，那么物质间的万有引力作用就会减慢宇宙的膨胀，但是天文观测表明我们的宇宙在做加速膨胀运动。宇宙由一切天体组成。

天体是指宇宙空间的物质形体，是对宇宙空间物质的真实存在而言的，也是各种星体和星际物质的通称。如在太阳系中的太阳、行星、卫星、小行星、彗星、流星、行星际物质，银河系中的恒星、星团、星云、星际物质，以及河外星系、星系团、超星系团、星系际物质等。通过射电探测手段和空间探测手段所发现的红外源、紫外源、射电源、X 射线源和 γ 射线源，也都是天体。人类发射并在太空中运行的人造卫星、宇宙飞船、空间实验室、月球探测器、行星探测器、行星际探测器等则被称为人造天体。

二、银河系与太阳系

银河系是一个巨大的旋涡状星系，由较明亮的星体，较暗淡的星云、星团等物质组成，总质量是太阳系的 1 400 亿倍，直径 10 万光年，有 1 400 亿颗恒星。银河系也不是恒定的，它也在不断地运动。近年来,天文工作者已在银河系之外拍摄到许多个旋涡状星系,其中有许多星系的质量和体积比银河系还大。

太阳系是由太阳、围绕太阳运转的八大行星、至少 173 颗已知的卫星、5 颗已经辨认出来的矮行星,以及为数众多的彗星、流星群等天体组成。

太阳:是一颗自己能发光发热的恒星,其体积比地球大 130 万倍。太阳本身是一团炽热的气体,时刻进行着热核反应,表面温度约 6 000 ℃。太阳散发着巨大的能量,其中只有很小一部分(约 20 亿分之一)照射到地球上,它是万物生长的能源。

月球:是地球唯一的卫星。

彗星:太阳系中的特种星体。彗星由彗核、彗发和彗尾三部分组成。彗核——气体冻结的冰块组成;彗发——靠近太阳时彗核蒸发而成;彗尾——与彗发同时形成。

陨星:即流星。

三、地球

地球是太阳系八大行星之一,按离太阳由近及远的次序排为第三颗,也是太阳系中直径、质量和密度最大的类地行星,距离太阳 1.5 亿千米。地球自西向东自转,同时围绕太阳公转。地球约 46 亿岁,它有一个天然卫星——月球,二者组成一个天体系统——地月系统。46 亿年以前起源于原始太阳星云。地球演化大致可分为以下三个阶段。

第一阶段为地球圈层形成时期,其时限大致距今(4 600～4 200)Ma。根据科学家推断,地球形成之初是一个由炽热液体物质(主要为岩浆)组成的炽热的球。随着时间的推移,地表的温度不断下降,固态的地核逐渐形成。密度大的物质向地心移动,密度小的物质(岩石等)浮在地球表面,这就形成了一个表面主要由岩石组成的地球。

第二阶段为太古宙、元古宙时期,其时限距今(4 200～543)Ma。地球不间断地向外释放能量,由高温岩浆不断喷发释放的水蒸气、二氧化碳等气体构成了非常稀薄的早期大气层——原始大气。随着原始大气中的水蒸气的不断增多,越来越多的水蒸气凝结成小水滴,再汇聚成雨水落入地表。就这样,原始的海洋形成了。

第三阶段为显生宙时期,其时限由 543 Ma 至今。显生宙延续的时间相对短暂,但这一时期生物极其繁盛,地质演化十分迅速,地质作用丰富多彩,加之地质体遍布全球各地,广泛保存,可以极好地对其进行观察和研究,为地质科学的主要研究对象,并据此建立起了地质学的基本理论和基础知识。

第二节　地球的特征

一、地球的形状和大小

地球的形状,顾名思义,是"球"形的。不过,关于地球的形状和大小,人们的认识经历了一个由圆球体到二轴椭球体,到三轴椭球体,又到梨状体的不断接近真实的过程。目前,通过人造卫星的观测和计算,已能较精确地获得地球形状的数据(图 1-1)。地球表面是非常崎岖不平的,通常所说的地球形状是指大地水准面所圈闭的形状,所谓大地水准面是指由平均海平面所构成并延伸通过陆地的封闭曲面。地球的形状略呈梨形,其南半球略粗、短,南极向内下凹 30 m,北半球略细、长,北极向上凸出约 10 m。

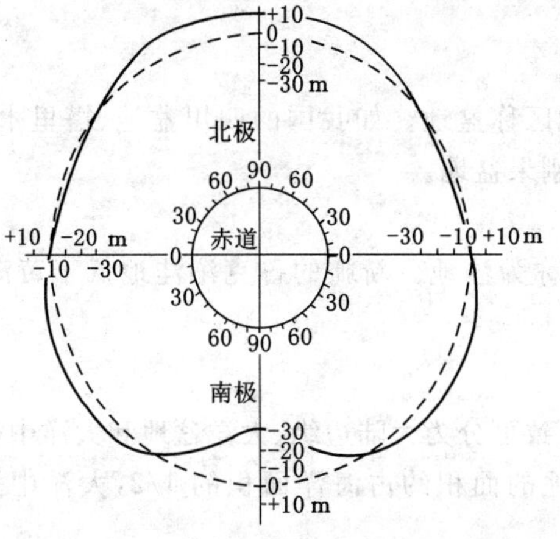

赤道半径：6 378.137 km

两极半径：6 356.752 km

平均半径：6 371.012 km

扁率：1/298.257

赤道周长：40 075.7 km

子午线周长：40 008.08 km

表面积：$5.101\times10^{8}\ km^{2}$

体积：$10\ 832\times10^{8}\ km^{3}$

图 1-1　地球的形状及主要数据(据 Jocoby)

虚线代表椭球体，实线代表地球的实形

二、地球的表面特征

(一) 地球表面的海陆分布

地球表面积大约 $5.10\times10^{8}\ km^{2}$，其中陆地面积为 $1.49\times10^{8}\ km^{2}$，占地球表面积的 29.2%；海洋面积为 $3.61\times10^{8}\ km^{2}$，占地球表面积的 70.8%，65%以上的陆地集中在北半球。

地球表面起伏不平，地表的最高点在亚洲喜马拉雅山脉的珠穆朗玛峰，海拔 8 844.43 m；最低点位于太平洋西侧的马里亚纳海沟，在海面以下 11 034 m，因此，地表最大垂直起伏约 20 km。陆地的平均高度为 875 m，海洋的平均深度为 3 729 m。地表有两个面积较大、起伏较小的台阶，其一是海洋中深 4 000～5 000 m 的大洋盆地，占地球总面积的 22.6%；其二是大陆上低于 1 000 m 的平原、丘陵和低山，占地球总面积的 20.8%。

(二) 陆地地形特征

按照高程和起伏特征，陆地地形可分为山地、丘陵、平原、高原、盆地和洼地等类型。

1. 山地

山地是海拔高度在 500 m 以上的低山、1 000 m 以上的中山和 3 500 m 以上的高山分布地区的总称。线状延伸的山体称山脉，成因上相联系的若干相邻的山脉称山系。大陆上现代最高、最雄伟的山系主要有两条：阿尔卑斯山-喜马拉雅山系和环太平洋山系。

2. 丘陵

丘陵指海拔小于 500 m、顶部浑圆、坡度较缓、坡脚不明显的低矮山丘群。如我国的胶东丘陵、川中丘陵等。世界上丘陵分布较广的地区位于俄罗斯西部的东欧平原上。

3. 平原

平原指海拔低于 200 m、宽广平坦或略有起伏的地区。如我国的松辽平原、华北平原、长江中下游平原等。世界上最大的平原是南美的亚马孙河平原，面积达 $560\times10^{4}\ km^{2}$。

4. 高原

高原指海拔高程在 500 m 以上、面积大、顶面较为平坦或略有起伏的地区。我国青藏高原海拔 4 000 m 以上，是世界上最高的高原。世界上最大的高原是巴西高原，面积达

500×10^4 km^2。

5. 盆地

四周为山地或高原、中央低平的地区称盆地。如我国的四川盆地、塔里木盆地、准噶尔盆地等。世界上最大的盆地是非洲的刚果盆地。

6. 洼地

陆地上高程在海平面以下的地区称为洼地。新疆的鲁克沁洼地低于黄海平均海平面155 m,是我国陆地的最低处。

(三) 海底地形特征

根据海底地形的总体特征,海底大致可分为大陆边缘、大洋盆地和大洋中脊三个大型地形单元(图 1-2、图 1-3)。其中大洋盆地的面积约占海洋面积的 1/2,大洋中脊则约占 1/3(表 1-1)。

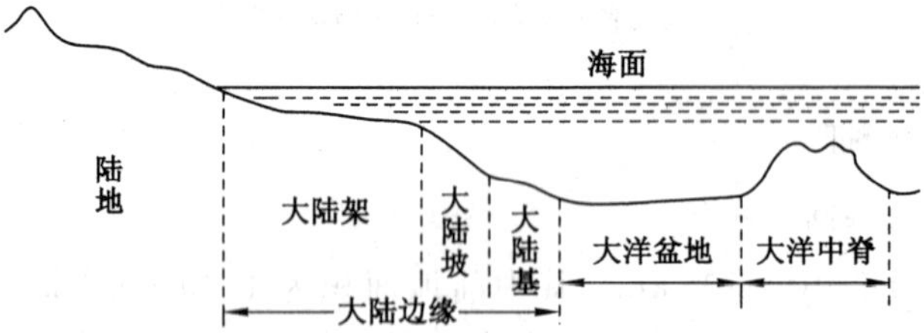

图 1-2 海底地形单元(大西洋型大陆边缘)

图 1-3 海底地形单元(太平洋型大陆边缘)

表 1-1　大型海底地形单元及其面积比率

名称	面积/10^6 km^2	占海洋面积比例/%	占地球表面积比例/%
大陆边缘	80.1	22.2	15.7
大洋盆地	162.6	45.0	31.9
大洋中脊	118.6	32.8	23.3

1. 大陆边缘

大陆边缘是大陆与大洋盆地之间的过渡地带。由海岸向深海方向,大陆边缘常包括大陆架、大陆坡和大陆基,有时在大陆边缘则出现岛弧与海沟地形。

大陆架:是海与陆地接壤的浅海平台,其范围是由海岸线向外海延伸至海底坡度显著增大的转折处。大陆架部分的海底坡度平缓,一般小于 0.3°,平均约 0.1°。其水深一般不超过 200 m,最深可达 550 m,平均为 130 m。大陆架的宽度差别很大,平均为 75 km ,欧亚大陆的北冰洋沿岸可达 1 000 km 以上。

大陆坡:是大陆架外侧坡度明显变陡的部分。其平均坡度为 4.3°,最大坡度可达 20° 以上;水深一般 200～2 000 m;平均宽度为 20～40 km。大陆坡上常发育有海底峡谷,峡谷的下切深度可以达数百米乃至千米以上,两壁陡峭。

大陆基:是大陆坡与大洋盆地之间的缓倾斜坡地。坡度通常为 5′～35′,水深一般 2 000～4 000 m,展布宽度可达 1 000 km。大陆基主要分布于大西洋和印度洋边缘,在海沟发育的太平洋边缘不发育。

岛弧与海沟:岛弧是大洋边缘延伸距离很长、呈弧形展布的岛群。海沟是大洋边缘的巨型带状深渊,其长度常达 1 000 km 以上,宽度近 100 km,深度多在 6 000 m 以上。海沟常与岛弧平行伴生,发育在岛弧靠大洋一侧的边缘,与岛弧组成一个统一的海沟-岛弧系。如在太平洋西侧的各岛弧东侧边缘都存在海沟。

所以,通常把大陆边缘分为两类。一类是由大陆架、大陆坡和大陆基组成(图 1-2),这类大陆边缘主要分布于大西洋,称为大西洋型大陆边缘;另一类是由大陆架、大陆坡和海沟组成(图 1-3),主要分布于太平洋,称为太平洋型大陆边缘。

2. 大洋中脊

大洋中脊是绵延在大洋中部(或内部)的巨型海底山脉,它具有很强的构造活动性,经常发生地震和火山活动。横剖面上一般呈较对称的中间高、两侧低的形态;中部通常高出深海底 2 000～3 000 m;其峰顶距海面一般 2 000～3 000 m(个别地点可露出海面,如冰岛等);宽度可达 2 000～4 000 km。大洋中脊在各大洋中均有分布,且互相连接,全长近 65 000 km,堪称全球规模最大的“山系”。大洋中脊轴部常有一条纵向延伸的裂隙状深谷,称中央裂谷。该裂谷一般宽数十千米,深可达 1 000～2 000 m。

3. 大洋盆地

大洋盆地是介于大陆边缘与大洋中脊之间的较平坦地带,平均水深 4 000～5 000 m。大洋盆地主要可分为深海丘陵和深海平原两类次级地形。深海丘陵为高度数十至数百米的海底山丘组成的起伏高地,深海平原是坡度很小(平均小于 1/1 000)的洋底平缓地形。此外,大洋盆地中常可见规模不大、地势比较突出的孤立高地,称为海山。顶部平坦的海山称为平顶海山。有些海山呈链状分布,延伸可达上千千米,称为海岭。海山顶部如露出海面以上即成为大洋中的岛屿。

第三节　地球的圈层构造

地球不是一个均质体,以固体地球的表面为界,分为内圈和外圈,而内外圈又可再分为几个圈层。地球的每个圈层都有自己的物理、化学性质和物质运动特征,并对地质作用有程度不同的、直接或间接的影响。

一、地球的外部圈层构造

从地表至地球大气的边界部位统称为地球的外部。地球的外部是由多种物质组成的一个综合体,既有有机物,也有无机物;既有气态物质,也有固态和液态物质。地球的外部圈层可分为大气圈、水圈和生物圈,它们各自形成一个围绕地表自行封闭的圈层体系(图 1-4)。虽然各个圈层是一个单独的体系,但是它们之间是相互关联、相互影响、相互渗透、相互作用的,并共同促进地球外部环境的演化。

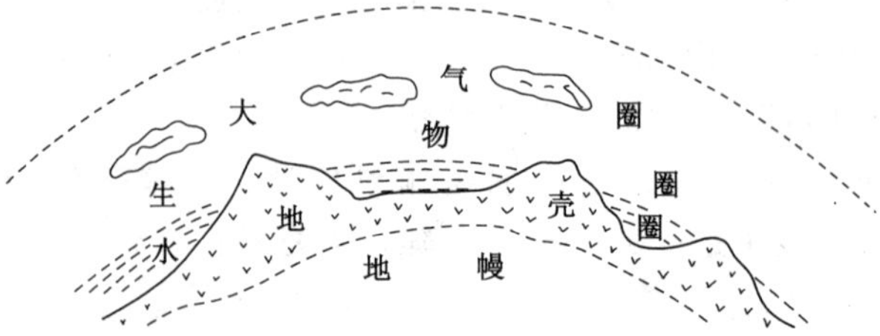

图 1-4　地球外部圈层示意图

地壳运动给地球外圈增添了许多来自地球内部的物质成分，而外圈又在太阳能的作用下对地球表层的面貌不断进行改造。许多重要的矿产，如煤、石油及大部分的铁、铝等的形成都与这一过程密切相关。

（一）大气圈

大气圈是因地球引力而聚集在地表周围的气体圈层，是地球最外部的一个圈层。大气是人类和生物赖以生存必不可少的物质条件，也是使地表保持恒温和水分的保护层，同时也是促进地表形态变化的重要动力和介质。

大气圈包围着海洋和陆地，没有确切的上界，空气密度随高度而减小，越高空气越稀薄，在离地表 2 000～16 000 km 高空仍有稀薄的气体和基本粒子，在地下、土壤和某些岩石中也会有少量气体，它们也可认为是大气圈的一个组成部分。地球上的大气是由多种气体组成的混合体，并含有水汽和部分杂质。在 80～100 km 高度以下的低层大气中，气体成分可分为恒定成分和可变成分。大气中的恒定成分有氮、氧、氖、氦、氪、氢等，它们在大气成分中保持固定比例，基本上不随时间、空间而变化。其中氮气占 78.1%，氧气占 20.9%，氩气占 0.93%，氮、氧、氩共占大气总体积约 99.97%。可变成分主要为水汽、二氧化碳、臭氧、甲烷、尘埃等，其比例随着时间、空间而变。其中，水汽的变化幅度最大；二氧化碳和臭氧所占比例最小，但对气候影响较大；硫、碳和氮的各种化合物影响到人类的生存环境。

大气圈在垂直方向上的物理性质有显著的差别，随高度不同表现出不同的特点，根据大气中温度、成分、电荷等物理性质，以及大气运动特点，可将大气圈自地面向上依次分为对流层、平流层、中间层、暖层和散逸层，再上面就是星际空间了。

（二）水圈

水圈是指由地球表层水体所构成的连续圈层，是地球外圈中作用最为活跃的一个圈层，也是一个连续不规则的圈层。水圈也是外动力地质作用的主要介质，是塑造地球表面最重要的角色。如沟谷、河谷、瀑布都是流水侵蚀的作用形成的；溶洞、石林、石峰等喀斯特地貌都是流水溶蚀作用形成的。

水体存在方式不同，其作用方式也有比较大的差别，按照水体存在的方式可以将水圈划分为海洋、河流、地下水、冰川和湖泊等五种主要类型。水圈中的水上界可达大气对流层顶部，下界至深层地下水的下限。

（三）生物圈

生物圈是指地球表层由生物及其生命活动地带所构成的连续圈层，是地球上所有生物及其生存环境的总称。它同大气圈、水圈和岩石圈的表层相互渗透、相互影响、相互交错分布，它们之间没有一条决然的分界线。

生物圈主要由生命物质、生物生成性物质和生物惰性物质三部分组成。生命物质又称活质，是生物有机体的总和；生物生成性物质是由生命物质所组成的有机矿物质相互作用的生成物，如煤、石油、泥炭和土壤腐殖质等；生物惰性物质是指大气底层的气体、沉积岩、黏土矿物和水。

二、地球的内部圈层构造

（一）地球内圈的划分依据

人类可直接观察到的地下深度十分有限。目前对地球内部的了解，主要是借助于地球物理学和天体物理学的资料，得出较为确切的地球内部圈层构造模式（表 1-2），表 1-2 中各参数的主要依据是：

（1）据地震波的研究将地球内部划分为若干个圈层。地震波遇到不同波速介质的突变界面时，地震波射线就会发生反射和折射，这种界面称为波速不连续面。

（2）据重力资料结合地震波研究得出的纵波、横波速度和深度，求出各圈的密度分布。

（3）根据横波的有无及波速的变化，推断出各圈层的物态（固态、塑性状态和液态）。地震波速的变化就意味着介质的密度和弹性性质发生了变化。纵波的传播速度高于横波，在同一介质中纵波速度约为横波速度的 1.73 倍，横波不能通过液态介质。

（4）由波速及其介质的弹性参数可求出重力值及压力值。

表 1-2　　地球内部圈层结构及各圈层的主要地球物理数据

内部圈层		深度 /km	地震波速度 /(km/s)		密度 ρ /(g/cm^3)	压力 P /MPa	重力 g /(10^{-2} m/s^2)	温度 t /℃	附注
			纵波 v_p	横波 v_s					
地壳		0	5.6	3.40	2.60	0	981	14	岩石圈（固态）
			7.0	4.20	2.90	1 200	983	400～1 000	
莫霍面		33	8.10	4.40	3.32				
地幔	上地幔	60	8.20	4.60	3.34	1 900	984	1 100	软流圈（部分熔融）
		100	7.93	4.36	3.42	3 300	984	1 200	
		250	8.20	4.50	3.60	6 800	989		
		400	8.55	4.57	3.64	7 300	994	1 500	
	下地幔	650	10.08	5.42	4.64	18 500	995	1 900	（固态）
		2 550	12.80	6.92	5.13	98 100	1 008		
			13.54	7.23	5.56	135 200	1 069	3 700	
古登堡面		2 885	7.98	0	9.98				
地核	外核	3 179	8.22	0					液态地核
		4 170	9.53	0	11.42	252 000	760		
	过渡层		10.33	0				4 300	固—液态过渡带
		5 155			12.25	328 100	427		
	内核		10.89	3.46					固态地核
		6 371	11.17	3.50	12.51	361 700	0	4 500	

(二) 不连续界面及地球内部圈层划分

地震波的传播速度总体上是随深度而递增变化的。但其中出现2个明显的一级波速不连续界面(图1-5)、1个明显的低速带和几个次一级的波速不连续面。

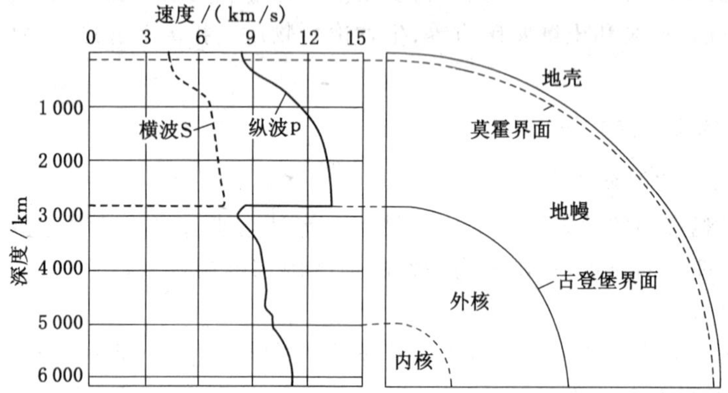

图1-5 地震波速度与地球内部构造示意图

莫霍面和古登堡面是两个最明显、最重要的界面,地球内部构造可由莫霍面和古登堡面划分为地壳、地幔和地核三个主要圈层(图1-5)。根据次一级界面,还可以把地幔进一步划分为上地幔和下地幔,把地核进一步划分为外地核、过渡层及内地核。在上地幔上部存在着一个软流圈,软流圈以上的上地幔部分与地壳一起构成岩石圈(表1-2)。

莫霍洛维奇不连续面(简称莫霍面)是1909年由前南斯拉夫学者莫霍洛维奇首先发现的,其出现的深度在大陆之下平均为33 km,在大洋之下平均为7 km。在该界面附近,纵波的速度从7.0 km/s左右突然增加到8.1 km/s左右;横波的速度也从4.2 km/s突然增至4.4 km/s。莫霍面以上的地球表层称为地壳。

古登堡不连续面(简称古登堡面)是1914年由美国地球物理学家古登堡首先发现的,它位于地下2 885 km的深处。在此不连续面上下,纵波速度由13.64 km/s突然降低为7.98 km/s,横波速度由7.23 km/s向下突然消失,因此推断古登堡面以下的地核部分为液态物质。并且在该不连续面上地震波出现极明显的反射、折射现象。古登堡面以上到莫霍面之间的地球部分称为地幔;古登堡面以下到地心之间的地球部分称为地核。

低速带出现的深度一般介于60～250 km之间,接近地幔的顶部。在低速带内,地震波速度不仅未随深度而增加,反而比上层减小5%～10%左右。低速带的上、下没有明显的界面,波速的变化是渐变的;同时,低速带的埋深在横向上是起伏不平的,厚度在不同地区也有较大变化。低速带在地球中所构成的圈层被称为软流圈,软流圈之上的地球部分被称为岩石圈。

(三) 地球内部圈层的主要特征

1. 地壳

地壳是莫霍面以上的地球表层,其厚度变化在5～70 km之间。其中大陆地区厚度较大,大洋地区厚度较小,约占地球半径的1/400,占地球总体积的1.55%,占地球总质量的0.8%。地壳物质的密度一般为2.60～2.90 g/cm^3,其上部密度较小,向下部密度增大。地壳为固态岩石所组成,包括沉积岩、岩浆岩和变质岩三大岩类。

(1) 地壳类型

按地壳的物质组成、结构、构造及形成演化的特征，主要可分为大陆地壳与大洋地壳两种类型。大陆地壳(陆壳)主要分布于大陆及其毗邻的大陆架、大陆坡地区，其厚度变化较大，结构较复杂，物质成分相当于中、酸性岩，平均密度较洋壳小，岩石变形强烈，且形成年代较老；大洋地壳(洋壳)主要分布在大陆坡以外的海水较深的大洋地区，其厚度变化较小，物质成分主要相当于基性岩，物质的平均密度较陆壳大，岩石变形程度较弱，形成的年代较新。

(2) 地壳分层

地壳由上下两层组成，上地壳叫硅铝层或花岗岩层，其与硅、铝为主的花岗岩质岩石一致。这一层只有陆壳才有，洋壳缺少此层，呈不连续分布。下地壳叫硅镁层或玄武岩层，其与硅、镁、铁、铝组成的玄武岩相当，大陆与大洋下面均有此层，呈连续分布，但陆壳硅镁层成分不如洋壳硅镁层均匀，混合有大量变质程度很深的中酸性成分。

地壳的表层长期与大气和水接触，遭受各种外动力地质作用的改造，形成一层沉积层，其厚度变化很大，最后可达 10 km，平均厚度 1.8 km，局部地区缺失。

2. 地幔

地幔是地球的莫霍面以下、古登堡面以上的中间部分。其厚度约 2 850 km，占地球总体积的 82.3%，占地球总质量的 67.8%，是地球的主体部分。从整个地幔可以通过地震波横波的事实看，它主要由固态物质组成。根据地震波的次级不连续面，以 650 km 深处为界，可将地幔分为上地幔和下地幔两个次级圈层。

3. 地核

地核是地球内部古登堡面至地心的部分，其体积占地球总体积的 16.2%，质量却占地球总质量的 31.3%，地核的密度达 9.98～12.51 g/cm^3。根据地震波的传播特点可将地核进一步分为三层：外核(深度 2 885～4 170 km)、过渡层(4 170～5 155 km)和内核(5 155 km至地心)。在外核中，根据横波不能通过、纵波发生大幅度衰减的事实推测其为液态；在内核中，横波又重新出现，说明其又变为固态；过渡层则为液体-固体的过渡状态。

第四节　地球的物理性质

地球内部的主要物理性质包括密度、压力、重力、温度、磁性及弹塑性等。

一、地球的密度

目前，对地球内部各圈层物质密度大小与分布的计算，主要是依靠地球的平均密度、地震波传播速度、地球的转动惯量及万有引力等方面的数据与公式综合求解而得出的。计算结果表明，地球的质量为 5.974×10^{21} t，地球内部的密度由表层的 2.7～2.8 g/cm^3 向下逐渐增加到地心处的 12.51 g/cm^3，并且在一些不连续面处有明显的跳跃，其中以古登堡面(核-幔界面)处的跳跃幅度最大，从 5.56 g/cm^3 剧增到 9.98 g/cm^3；在莫霍面(壳-幔界面)处密度从 2.90 g/cm^3 左右突然增至 3.32 g/cm^3。

二、地球内部的压力

地球内部的压力是指不同深度处单位面积上的压力，实质上是压强。在地内深处某点，来自其周围各个方向的压力大致相等，其值与该点上方覆盖的物质的重量成正比。地内的这种压力又称为静压力或围压。因此,地内压力总是随深度连续而逐渐地增加的。

三、重力与重力异常

地球上的任何物体都受着地球的吸引力和因地球自转而产生的离心力的作用。地球吸引力和离心力的合力就是重力。地球的离心力相对吸引力来说是非常微弱的,其最大值不超过引力的1/288,因此重力的方向仍大致指向地心。地球周围受重力影响的空间称重力场。

地球表面各点的重力值因引力与离心力的不同呈现一定的规律性变化。重力值具有随纬度增高而增加的规律,从地表到地下 2 885 km 的核-幔界面,重力值大体上随深度而增加,但变化不大,在 2 885 km 处达到极大值(约 1 069 Gal)。这是因为地壳、地幔的密度低,而地核的密度高,以致质量减小对重力的影响比距离减小的影响要小一些。从 2 885 km 到地心处,由于质量逐渐减小为零,故重力也从极大值迅速减小为零。

引起重力异常的原因很多,主要是由于地下物质组成不同引起的。在地下由密度较大的物质(如铁、铅、锌等金属矿和基性岩)组成的地区显示实测值大于理论重力值的正异常;而由密度较小的物质(如石油、煤等非金属矿床)组成的地区,常显示负异常。地球物理勘探中重力勘探就是利用这个原理,通过寻找地壳中局部重力异常区的方法来找矿。在覆盖区,重力勘探是一种行之有效的方法。

四、地球的温度

在地壳表层,由于太阳辐射热的影响,其温度常有昼夜、季节和多年周期变化,这一层称为外热层。外热层受地表温差变化的影响由表部向下逐渐减弱,外热层的平均深度约 15 m,最多不过数十米。在外热层的下界处,温度常年保持不变,等于或略高于年平均气温,这一深度带称为常温层。在常温层以下,由于受地球内部热源的影响,温度开始随深度逐渐增高。通常把地表常温层以下每向下加深 100 m 所升高的温度称为地热增温率或地温梯度(温度每增加 1 ℃所增加的深度则称为地热增温级)。世界上不同地区地温梯度并不相同,如我国华北平原约为 1～2 ℃,大庆油田可达 5 ℃。据实测,地球表层的平均地温梯度约为 3 ℃,海底的平均地温梯度为 4～8 ℃,大陆为 0.9～5 ℃,海底的地温梯度明显高于大陆。

地表热流值或地温梯度明显高于平均值或背景值的地区称为地热异常区。地热异常可以用来研究地质构造的特征,同时对研究矿产(如金矿、石油等)的形成与分布也具有重要作用。地热也是一种重要的天然资源,寻找地热田可用于发电、工业、农业、医疗和民用等。

五、地球的磁场与磁异常

地球周围存在着磁场,称地磁场,S 极位于地理北极附近,N 极位于地理南极附近。磁轴与地球自转轴的夹角约为 15°,地磁极围绕地理极附近进行着缓慢的迁移。

地磁场的磁场强度是一个具有方向(即磁力线的方向)和大小的矢量,为了确定地球上某点的磁场强度,通常采用磁偏角、磁倾角和磁场强度三个地磁要素。

磁异常是地球浅部具有磁性的矿物和岩石所引起的局部磁场叠加在基本磁场之上。一个地区的磁异常可以通过将实测地磁场进行变化磁场的校正之后,再减去基本磁场的正常值而求得。如所得值为正值称正磁异常,为负值称负磁异常。自然界有些矿物或岩石具有较强的磁性，如磁铁矿、铬铁矿、钛铁矿、镍矿、超基性岩等，它们常常能引起正异常。因此，利用磁异常可以进行找矿勘探和了解地下的地质情况。

六、地球的弹塑性

地球具有弹性，表现在地球内部能传播地震波，因为地震波是弹性波。日、月的吸引力能使海水发生涨落即潮汐现象，用精密仪器对地表的观测发现，地表的固体表面在日、月引力下也有交替的涨落现象，其幅度为 7～15 cm，这种现象称为固体潮，这也说明固体地球具有弹性。同时，地球也表现出塑性。地球自转的惯性离心力能使地球赤道半径加大而成为椭球体，表明地球具有塑性；在野外常观察到一些岩石可发生强烈的弯曲却未破碎或断裂，这也表明固体地球具有塑性。地球的弹、塑性这两种性质并不矛盾，它们是在不同的条件下所表现出来的。如在作用速度快、持续时间短的力（如地震作用力）的条件下，地球常表现为弹性体；在作用力缓慢且持续时间长（如地球旋转离心力、构造运动作用力）或在地下深部较高的温、压条件下，则可表现出较强的塑性。

七、地球的电性

地球内部的电性主要受地内物质电导率影响。地壳的电导率与岩石的成分、空隙度、空隙水的矿化度等有关。如沉积岩的电导率大于变质岩的电导率，空隙度大且充满水的岩石电导率大，空隙水的矿化度高的岩石电导率大，等等。地壳的电导率还与层理有关，沿层理方向比垂直层理方向的电导率大。温度对电导率的影响更大。熔融岩石比未熔融的同类岩石的电导率大数百到数千倍。所以在地热流大的地区电导率也大。电导率还有随深度增加的趋势。

地电场经常受到日变和电暴影响而有改变，必须设固定的观测站连续观测，将外加电场消除，可获得正常电场值。将测量值与正常值比较，如有差异就是地电异常，反映可能有矿体或地质构造存在。根据这一原理进行勘探找矿的方法叫电法勘探。

八、地球的放射性和放射性异常

天然放射性是放射性元素的自然蜕变，即元素从不稳定的原子核自发地放出射线（如 α 射线、β 射线、γ 射线等）衰变形成稳定的元素而停止放射（衰变产物）。射线放出后会和周围物质发生作用，例如使原子电离或穿透物质，还可以使某些物质产生荧光或磷光，或引起物质的化学变化。放射性物质放出的热量，是地热的主要来源之一。据放射性元素含量和组成地球的原始物质，可以确定地球中热能的演变情况。利用寿命长的放射性元素蜕变速度稳定的特点可确定含该元素岩石的形成年龄。

放射性元素分布于各种岩石中，但主要集中在地壳，特别集中在酸性岩浆岩中。最具有地质意义的是寿命长的放射性元素铀、钍、钾，它们的半衰期长，可与地球年龄相比，能够用它们来测定地质年龄；它们在蜕变过程中释放的热量是地球内部主要热源之一。

第五节　地质作用

地球的物质组成、内部构造和外部形态时刻变化着，这种变化有些进行得快，易于觉察和观测，如地震和火山活动等；有些则进行得十分缓慢，不易被人们发现，如岩石风化、地壳大范围的升降和水平运动等。这些由自然动力促使地球物质组成、内部构造和外部形态发生变化与发展的过程称为地质作用。根据地质作用所进行的场所及能量来源的不同，地质作用可分为内力地质作用和外力地质作用。其中，作用于整个地壳或岩石圈，能源主要来自地球本身的称为内力地质作用；作用于地壳表层，能源主要来自地球以外的称外力地质作用。

地质作用一方面不停息地破坏着地壳中已有的矿物、岩石、地质构造和地表形态，另一方面又不断地形成新的矿物、岩石、地质构造和地表形态。各种地质作用既有破坏性，又有建设性，在破坏中进行新的建设，在建设中又同时遭到破坏。

一、内力地质作用

内力地质作用是地球或地壳变化发展的根本动力，主要由地球旋转、重力、放射性元素蜕变、地热以及结晶相变、化学性质活泼的流体等地球内部产生的动力，促使地壳和岩石圈的物质组成、内部结构和外部形态发生变化的过程。按作用的性质和方式，内力地质作用可分为地壳运动或构造运动、地震作用、岩浆作用和变质作用等四种方式。

（一）构造运动

构造运动主要是由地球内部能量引起的组成地球物质的机械运动。构造运动使地壳或岩石圈的物质发生变形和变位，其结果一方面引起地表形态的剧烈变化，如山脉形成、海陆变迁、大陆分裂与大洋扩张等；另一方面在岩石圈中形成了各种各样的岩石变形，如地层的倾斜与弯曲、岩石块体的破裂与相对错动等。此外，构造运动还是引起岩浆作用与变质作用的重要原因，并且对地表的各种表层地质作用具有明显的控制作用。因此，构造运动在地质作用中处于最重要的地位。

构造运动在整个地质历史时期中都在不断进行，人们常把新近纪以来发生的构造运动称新构造运动；其中有人类历史记载以来的构造运动称现代构造运动。新近纪以前发生的构造运动称古构造运动。

1. 构造运动的方向性

构造运动按其运动方向可分为垂直运动和水平运动两类。

(1) 垂直(升降)运动

垂直(升降)运动是指地壳或岩石圈物质垂直于地表即沿地球半径方向的运动。常表现为大面积的上升、下降或升降交替运动，它可造成地表地势高差的改变，引起海陆变迁等。因此，这类运动常称为造陆运动。

地物记录地壳垂直运动的一个典型实例，是意大利那不勒斯湾海岸的塞拉比斯城镇的遗迹。在城镇废墟中耸立着三根高 12 m 的大理石柱，每根石柱上均保留着相同的地质遗迹：石柱地基以上 3.6 m 是被火山灰掩埋部分，柱面光滑；其上 2.7 m 一段被海生动物钻蚀了无数密集的小孔；柱子上段 5.7 m 一直未被海水淹没过，但遭受风化，不甚光滑。由此可知，在古城建成后，这个地区曾经历过下降、上升、再下降的过程(图 1-6)。

(2) 水平运动

水平运动是指地壳或岩石圈物质平行于地表即沿地球切线方向的运动。常表现为地壳或岩石圈块体的相互分离拉开、相向靠拢挤压或呈剪切平移错动，它可造成岩层的褶皱与断裂，在岩石圈的一些软弱地带则可形成巨大的褶皱山系。因此，传统的地质学常把产生强烈的岩石变形(褶皱与断裂等)并与山系形成紧密相关的水平运动，称为造山运动。

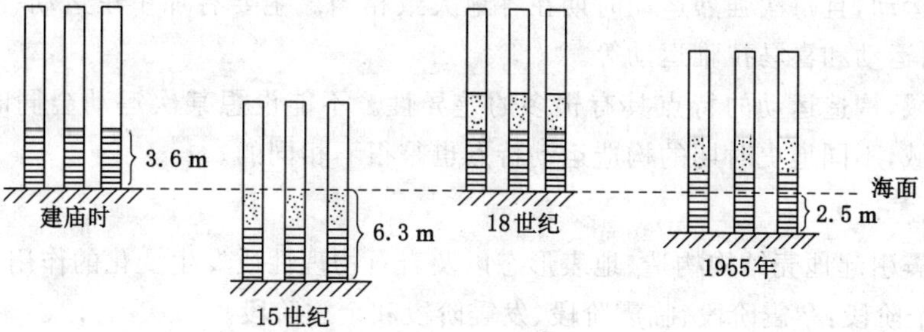

图 1-6　意大利塞拉比斯城镇遗址中的大理石柱升降示意图

水平运动的典型例子是美国西部圣安得烈斯断层。在美国旧金山附近跨越圣安得烈斯断层布置了三角测量网，在 1882～1946 年的 65 年间做了 4 次定时测量，得出了各三角测量点水平位移矢量(图 1-7)。各点运动矢量不尽相同，但总方向是与断层线基本平行。断层西侧主要向西北方向移动，平均速度约 4 cm/a；而断层东侧只做相对较小的往复式移动。

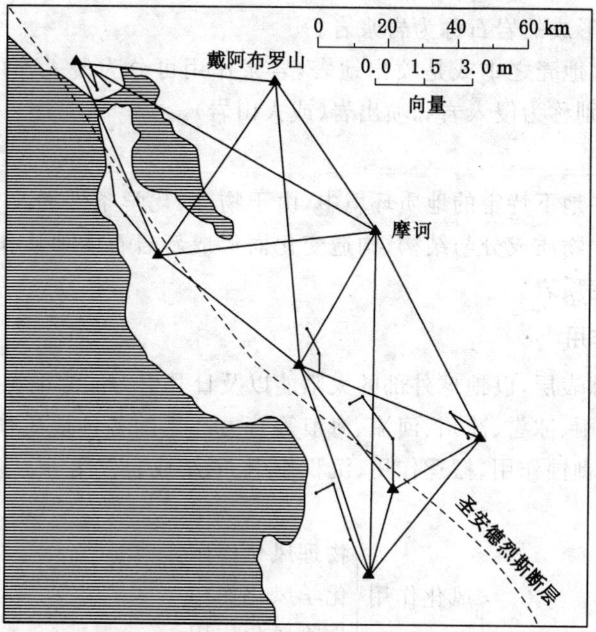

图 1-7　旧金山附近三角测量站的相对位移

(据 C. A. 怀腾，1948)

水平运动与垂直运动是构造运动的两个主导方向。实际上对于某一个地区，常表现为既有水平运动又有垂直运动的复杂情况。

2. 构造运动的幅度

构造运动的幅度有大有小且相互交替，反映构造运动速度快慢的相互交替。运动幅度与方向有关，若长时期内升降运动一直以上升或下降为主，或水平运动总向某一主导方向运移，则幅度就大。如喜马拉雅山自开始抬升以来一直以上升运动为主，幅度已经超过 10 000 m。

3. 构造运动的阶段性和差异性

构造运动常表现为相对平静和剧烈时期交替，地史上曾发生过几次较强烈、影响范围较广泛的构造运动，且每次强烈运动时期在各地大致相当。主要有加里东运动、海西运动、印支运动、燕山运动和喜马拉雅运动等。

不同区域，构造运动的特点具有很多的差异性。不能设想某次运动会同时波及全球。即使同一区域，不同地史时期的构造运动特点也是很不相同的。

（二）地震作用

由于地震引起地壳结构构造、地表形态以及岩石物理性质发生变化的作用，叫地震地质作用。分四个阶段：孕震阶段、临震阶段、发震阶段和余震阶段。

地震是地球或地壳的快速颤动，是构造运动的一种重要表现形式，是现今正在发生构造运动的有力证据。据地震的成因，地震可分为构造地震、火山地震、陷落地震和诱发地震等。

（三）岩浆作用

岩浆是在地壳深处或上地幔形成的、以硅酸盐为主要成分的、炽热、黏稠并富含挥发分的熔融体。岩浆形成后，沿着构造软弱带上升到地壳上部或喷溢出地表，在上升、运移过程中，由于物理化学条件的改变，岩浆的成分又不断发生变化，最后冷凝成为岩石，这一复杂过程称为岩浆作用，所形成的岩石称为岩浆岩。

根据岩浆是侵入地壳之中或是喷出地表，岩浆作用可分为侵入作用和喷出作用，相应地，所形成的岩石分别称为侵入岩和喷出岩（或火山岩）。

（四）变质作用

变质作用是指在地下特定的地质环境中，由于物理、化学条件的改变，使原有岩石基本上在固体状态下发生物质成分与结构、构造变化而形成新岩石的地质作用。由变质作用所形成的新岩石称为变质岩。

二、外力地质作用

主要发生在地球表层，以地球外部的太阳能以及日月引力能为能源，并通过大气、水、生物因素所引起的风、雨、冰雪、冰川、河流、海浪等营力产生的各种地质作用称为外力地质作用。包括风化作用、剥蚀作用、搬运作用、沉积作用、固结成岩作用等。按照作用方式和产物不同，其分类如下：

- 风化作用
  - 物理风化作用
  - 化学风化作用
  - 生物风化作用
- 剥蚀作用
  - 风的剥蚀作用
  - 地表流水的剥蚀作用
  - 海水的剥蚀作用
  - 地下水的剥蚀作用
  - 冰蚀作用
- 搬运作用
  - 机械搬运
  - 化学搬运
- 沉积作用
- 成岩作用

内动力地质作用控制了地球表面起伏总格局，外动力地质作用则在此基础上“铲高填低”，不仅塑造出丰富多彩的地貌景观，如河流上游的高山峡谷、中下游的一马平川等地貌，而且通过成岩作用将来自于母岩风化剥蚀的产物转变为一种新的岩石，即沉积岩。

（一）风化作用

位于地壳表面或接近于地面的岩石经受着大气营力（风、大气降水和温度等）以及生物活动等因素的影响，岩石会发生破碎或成分变化，逐渐崩解、分离为大小不等的岩屑或土层。引起岩石这种变化的作用称为风化作用。根据岩石遭受破坏的性质及方式不同，可分为物理风化作用、化学风化作用和生物风化作用。

1. 物理风化作用

物理风化作用是指地表岩石在太阳辐射能的影响下，发生冷热、干湿或冻融的长期交替变化而机械破裂，使坚硬的岩石变成碎屑但不改变其化学成分。其作用方式是温差、冰劈作用、卸载（释荷）和盐岩结晶。风化作用产物的特征主要有：破碎后的颗粒粗细不等，棱角显著，没有层次；多分布在水分岭上或斜坡上；碎屑物的成分与下覆基岩成分一致。

(1) 温差

由于温差的影响，尤其短时间内温度的骤变，使岩石强烈地热胀冷缩后剥落、碎裂。昼夜温差很大的地区（如沙漠地区，白天可达 60～70 ℃，夜晚降至 0 ℃以下），岩石内外受热不均，岩石由多种矿物组成，不同矿物有不同的膨胀系数，差异性膨胀，破坏了矿物间的结合力，使岩石发生碎裂（图 1-8）。

(2) 冰劈作用

相同质量的水结冰时的体积大于融化时的体积，岩石裂隙中充填有地表水及地下水，这些水当温度降至 0 ℃时结冰，结冰的过程就是体积膨胀的过程，对裂隙周围产生压力使裂隙扩大，如果冻结和融化反复交替必然使裂隙增多扩大，最终岩石崩裂（图 1-9）。

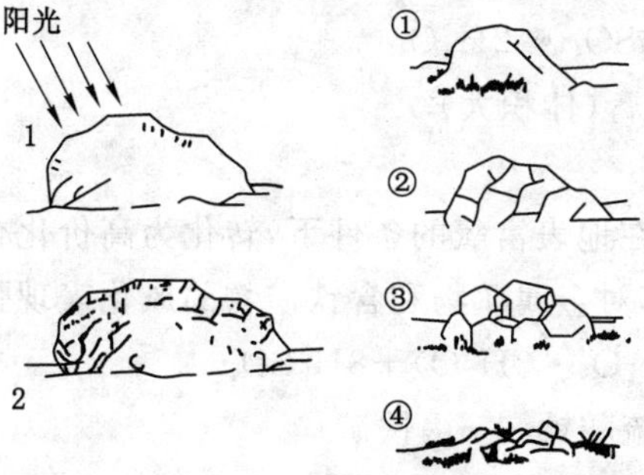

图 1-8　岩石因温差遭受破坏的几个阶段

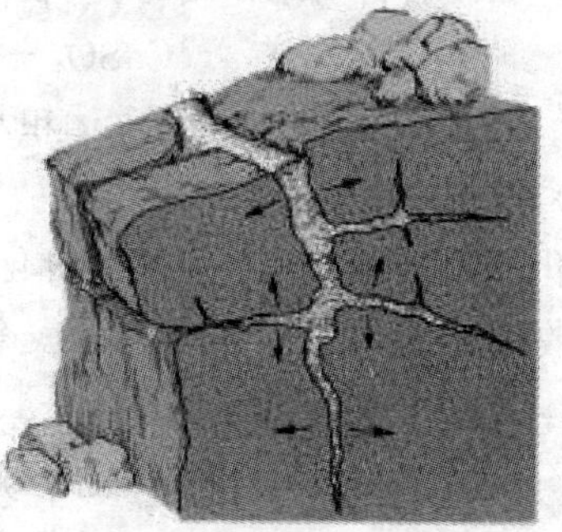
图 1-9　冰劈作用示意图

冰劈作用必须具备三个条件：足够水的供应；岩石具有使水流动的空隙；温度常在冰点上下波动。因此昼夜温度在 0 ℃上下波动的地区，岩石的冰劈作用最为强烈。

(3) 卸载

地下深处的岩石，若上覆岩石被剥蚀掉，使其出露地表，则上覆岩石压力消除，使得露出地表的岩石产生向上的膨胀，出现一些平行于地面的裂隙（图 1-10）。

(4) 盐岩结晶

盐结晶作用，或称为盐风化，发生在含有盐分的溶液渗入岩石裂缝及接口后蒸发，留下盐晶体，令岩石瓦解（图 1-11）。

图 1-10　层裂(岩石的卸载导致)示意图

图 1-11　砂岩的盐风化示意图

发生地区盐结晶作用通常和干旱气候有关，因为强烈的加热引起强烈蒸发，从而产生盐结晶作用。盐结晶作用在岸边也非常活跃，可以在海堤上的蜂窝石找到。

2. 化学风化作用

化学风化作用指岩石在氧、水和溶于水中的各种酸的作用下，遭受氧化、水解和溶滤等化学变化，使其分解并产生新矿物的作用。化学风化作用使岩石的矿物成分发生变化，转变为地表稳定的新矿物。这是与物理风化作用的区别。其作用方式是水化作用、氧化作用、水解作用和溶解作用。

(1) 水化作用

水化作用指水分和某种矿物质的结合，改变了矿物原有的分子式，引起体积膨胀，使岩石破坏。如硬石膏与水作用时，吸收水分子加入其晶格(结晶水)形成新矿物。

$$CaSO_4 + 2H_2O \longrightarrow CaSO_4 \cdot 2H_2O$$

硬石膏(体积小) ⟶ 石膏(体积大)

(2) 氧化作用

氧化作用指地下一些元素低价化合物的矿物在地表富氧的条件下，转化为高价化合物，原有矿物解体，形成新矿物的过程。氧化作用尤其对金属矿物和含铁矿物的风化表现强烈。

$$4FeS_2 + 14H_2O + 15O_2 \longrightarrow 2(Fe_2O_3 \cdot 3H_2O) + 8H_2SO_4$$

黄铁矿 ⟶ 硫酸亚铁 ⟶ 硫酸铁 ⟶ 褐铁矿

磁铁矿 ⟶ 褐铁矿

(3) 水解作用

水解作用指强酸弱碱或强碱弱酸的盐类矿物，遇水后发生水解并与 OH^- 或 H^+ 反应生成新的矿物。造岩矿物多是硅酸盐或硅铝酸盐，属于强碱弱酸的盐类。

$$4K[AlSi_3O_8] + 6H_2O \longrightarrow Al_4[Si_4O_{10}][OH]_8 + 8SiO_2 + 4KOH$$

钾长石 ⟶ 高岭石

在温湿气候条件下，高岭石进一步水化：

$$Al_4[Si_4O_{10}][OH]_8 + nH_2O \longrightarrow 2Al_2O_3 \cdot nH_2O + 4SiO_2 + 4H_2O$$

高岭石 ⟶ 铝土矿

SiO_2 被水带走，铝土矿残留原地成矿。

(4) 溶解作用

水是溶剂，含一些酸碱物质，具较强溶解能力，可溶解岩石中的矿物。水的温度压力及pH值等因素的变化对矿物的溶解度有显著影响，升温则矿物溶解度增大。

不同的矿物有不同的溶解度，按溶解度排序有：方解石＞白云石＞橄榄石＞辉石＞角石＞长石＞石英。

由化学风化作用残留在原地的产物叫化学残积物。这些物质往往呈松散状，其成分主要是铁、铝、硅的化合物，如褐铁矿、铝土矿、高岭石等。当残留物中铁质多，铝质少时，就形成红色黏土，称为红土。我国南方许多省都能见到红土堆积，有的地方厚达数十米。

3. 生物风化作用

生物风化作用指岩石由于生物的生命活动引起的破坏作用。生物对岩石的破坏方式，有机械的，如岩石裂隙中植物根系生长产生的根劈；也有化学的，如生物分泌出的有机酸，促进了岩石的化学分解，而且生物还可以从中吸取某些元素并将其转变成有机化合物；生物产生的大量O_2、CO_2等，同样影响着风化作用的进程。其作用方式是生物物理风化作用（如根劈、动物钻洞、挖土、人类活动）和生物化学风化作用（如吸收矿物中某些元素、分泌各种酸类溶解岩石、微生物的分解作用）。

4. 风化作用的产物

风化作用的总趋势是使被改造的母岩发生物理和化学变化，使母岩解体并产生在地表条件下稳定的、新的物质成分。风化产物按性质可分为三类：碎屑物质（岩石和矿物碎屑）、溶解物质（真溶液和胶体溶液物质）及不溶残余物质（不溶于水的新生矿物，如褐铁矿、铝土矿、高岭石等）。

(二) 剥蚀作用

风以及河流、地下水、海（湖）、冰川中的水体在运动状态下对地表或地下岩石产生的破坏，一方面将风化产物从母岩中剥离下来，另一方面又对岩石产生破坏作用，使破坏后的产物脱离母岩，这一过程叫剥蚀作用。

由于产生剥蚀作用的营力特点不同，剥蚀作用又可进一步划分为地面流水、地下水、海洋、湖泊、冰川、风等的剥蚀作用。剥蚀作用按方式有机械、化学和生物剥蚀作用三种。风化作用与剥蚀作用紧密相关，岩石风化后为剥蚀作用提供了条件，剥蚀之后又利于继续风化。

1. 风的剥蚀作用

风吹起地表碎屑物质并携带它们磨蚀岩石表面的过程叫风的剥蚀作用。它有吹蚀和磨蚀两种方式。吹蚀是指风把岩石表面风化的碎屑物质及松散沉积物吹起而剥离下来；磨蚀是指风挟带的碎屑物质撞击和磨损岩石表面，使其遭受破坏。

2. 地表流水剥蚀作用

地表流水包括片流、洪流和河流，它们在大陆上分布非常广泛，是塑造陆地地貌形态的最重要的地质营力。其中，片流是大气降水的同时在山体斜坡上出现的面状流水，它随着大气降水的结束而停止流动；洪流是大气降水的同时或紧接其后在山体的沟谷中形成的线状流水，且在大气降水后不久该流水消退。

河流在流动过程中，以其自身的动力以及所挟带的泥沙对河床的破坏，使其加深、加宽和加长的过程称为河流的侵蚀作用。河流的侵蚀作用可分为机械和化学两种方式。河流的机械侵蚀作用是通过其动能或挟带的沙石对河床的机械破坏过程，而化学侵蚀作用是通过河水对河床岩石的溶解和反应完成的，尤其在可溶性岩石地区比较明显。

河流侵蚀作用按侵蚀的方向又可分为下蚀作用和侧蚀作用。

下蚀作用：河水及其夹带的砂石对河床底部岩石进行冲击、磨蚀、溶蚀等作用的过程。它导致河床逐渐降低、河谷加深。下蚀作用到一定深度后，河水就无力继续向下侵蚀了，河水的能量消耗在搬运物质上，这个高度面称河流的侵蚀基准面，是控制河流下蚀的极限面。如图 1-12 所示。

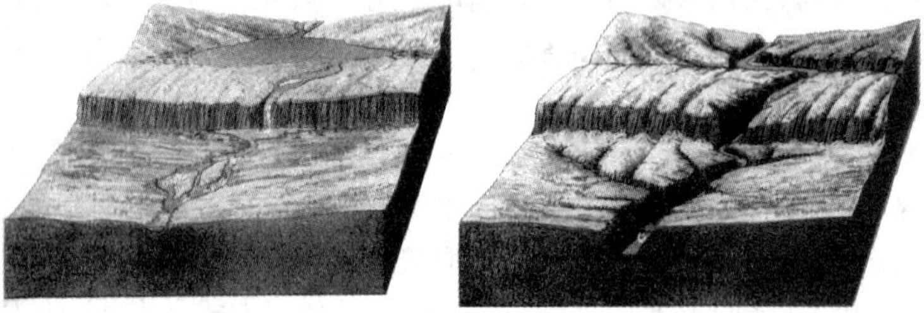

(a)　　(b)

图 1-12　河流下蚀作用(底蚀作用)示意图

侧蚀作用：河水在水平方向上冲击、侵蚀河岸，使河床左右迁移、河谷加宽的过程。如图 1-13 所示。

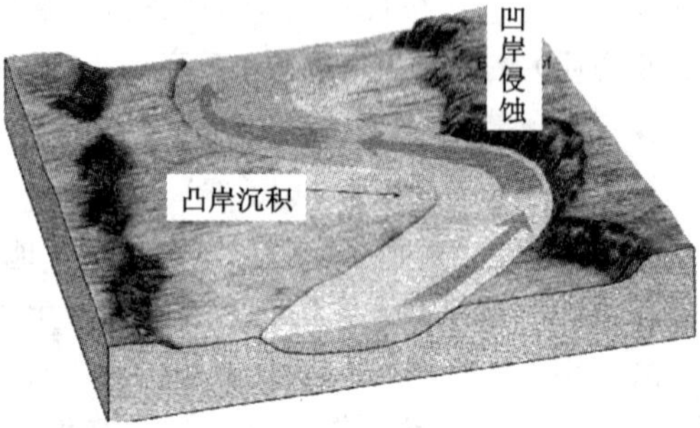

图 1-13　河流侧蚀作用(旁蚀作用)示意图

河流侧蚀原理是横向环流引起凹岸的侧向侵蚀，凸岸堆积，且凹岸侧蚀与凸岸堆积不断地向下游扩展，导致河谷愈来愈宽，河道愈来愈弯曲。如图 1-14 所示。

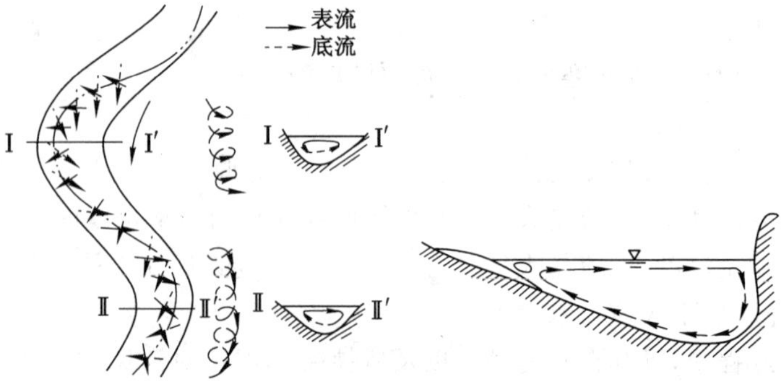

(a)　　(b)

图 1-14　河流横向环流示意图

3. 海水的剥蚀作用

海水对海岸及海底岩石进行破坏的过程叫海蚀作用，常发生在海岸带。其剥蚀的方式有以下三种类型。

机械破坏：运动海水的冲刷、海浪卷动的石块、沙粒对滨岸带的磨蚀。可形成浪蚀岩洞、海蚀崖、海蚀平台、海蚀柱等。

化学溶蚀：海水对岩石溶解所产生的破坏作用。

生物蛀蚀：潜穴动物可利用其壳刺或分泌物侵入岩石，使岩石表面产生许多洞穴，破坏了岩石的强度，例如，软体动物船蛆。

4. 冰川的剥蚀作用

冰川是在重力影响下由雪源向外缓慢移动的冰体。冰川活动对组成冰床的岩石进行磨蚀、掘蚀等破坏作用的过程叫冰蚀作用。冰川以自身的重量，以及冰体冻结挟带的许多岩块、岩屑，像锉刀一样对沿途基岩进行推锉、碾磨和挖掘，常留下擦痕，碎屑物分选性和磨圆度均差。

（三）搬运作用

风化、剥蚀作用的产物，被流水、海洋、风、冰川等从原地转移到沉积区的过程称为搬运作用。搬运作用的方式有三种：机械搬运作用、化学搬运作用和生物搬运作用。

1. 机械搬运作用

机械搬运的营力有流水、风、冰川等，其中以流水为主。

(1) 流水以河流为主的机械搬运，分为底运和浮运。底运是指颗粒大、比重大、球度较高的碎屑，沿水底滚动、滑动、跳跃式运移；浮运是指颗粒小、比重小、球度较低的碎屑，呈悬浮状搬运。河流的搬运能力与流量、流速、碎屑颗粒大小，以及流域的地质条件有关。随搬运距离的加长，碎屑趋于粒度细而均匀、磨圆度提高、矿物成分单一。如图 1-15 所示。

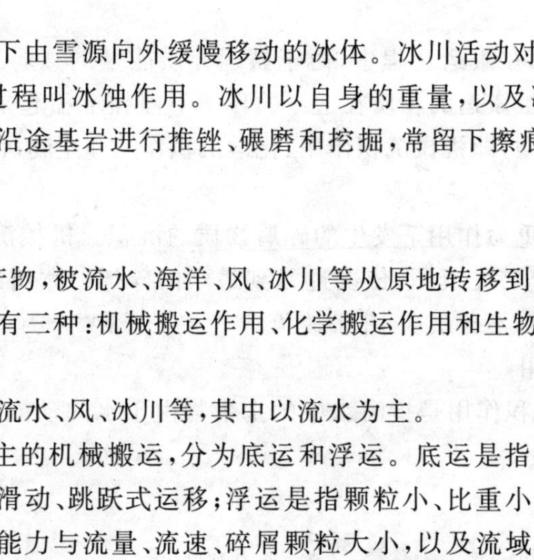

图 1-15　机械搬运示意图

(2) 风的机械搬运也分为底运与浮运。底运分为滚动、滑动和跳动，其中以跳动为主，多为粗大的碎屑物质；浮运以细小的碎屑物质为主。风的机械搬运，具有按颗粒大小、形状、比重筛选的分选性和相互之间的摩擦作用。

(3) 冰川的机械搬运。冰川移动时将山坡滚落和刨蚀的各种不同的碎屑带走，因此被搬运的碎屑物质具有大小混杂、成分各异、不具分选性和磨圆度等特征。

(4) 海水的机械搬运。通过海浪、海流、潮汐进行，搬运物质大多为河流搬运而来的，少量来自海水对海岸侵蚀的产物。海浪搬运作用随水深而降低，因此多发生在近岸浅海区，粗碎屑推向海岸，细碎屑推向海洋。海流流速慢，常搬运细小淤泥和悬浮物质，能长距离搬运，甚至可达数千千米。潮汐仅在海岸线一带搬运碎屑物质。

2. 化学搬运作用

化学风化作用和化学溶蚀作用所产生的物质，常通过化学搬运作用，以真溶液或胶体溶液形式由原地运移到沉积区。

(1) 真溶液：搬运物质主要是岩石风化剥蚀产物中的 K、Na、Ca、Mg 等元素的可溶性盐类，如 $CaCO_3$，NaCl 等。

(2) 胶体溶液：搬运物质来源于岩石风化剥蚀产物中的 Fe、Mn、Al、Si 等元素的氧化物和氢氧化物的胶体物质和难溶物质。

(四) 沉积作用

母岩风化、剥蚀产物在搬运过程中，由于搬运介质能量的减弱或因物理化学条件的改变，以及生物作用，可使被搬运的物质在适当的环境下停顿堆积起来，这一过程称为沉积作用。它可划分为三种类型，即机械沉积作用、化学沉积作用和生物沉积作用。

1. 机械沉积作用

机械沉积作用是在重力作用下发生的碎屑物质的沉积。机械沉积作用的分异作用：搬运过程中，颗粒粗大的碎屑先沉积，依次过渡到最小的碎屑。冰川的机械沉积没有分异作用，冰碛物颗粒大小混杂，不分层次，并带棱角。

(1) 河流的沉积作用

① 概念。河流的沉积作用是指河水中的携带物由于水的动能减少而沉积下来。如图1-16 所示。

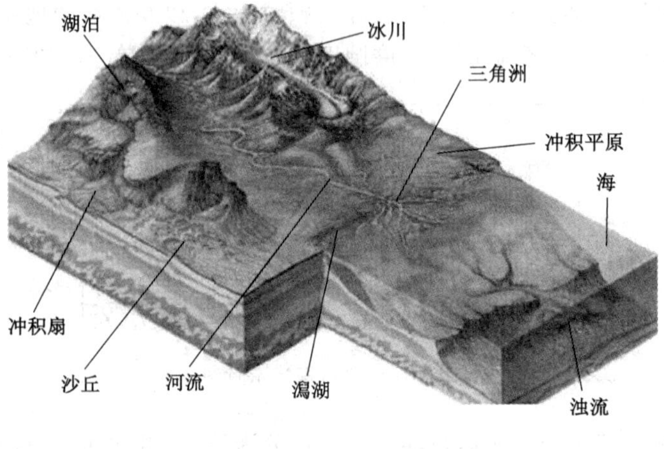

图 1-16 沉积作用示意图

② 方式。沉积方式分类如下：

沉积方式
- 机械沉积作用：机械方式的搬运物按机械方式沉积。
- 化学沉积作用：水介质中以胶体溶液和真溶液形式搬运的物质，当物理、化学条件发生变化时，产生的沉积过程。
- 生物沉积作用：与生物生命活动及生物遗体紧密相关的沉积作用。

③ 河流沉积的原因。地面坡度的影响；水体的阻滞；环流的上升流作用。

④ 河流沉积的场所。河床坡度变缓的部位；河床变宽的部位；河床的凸岸；河流的出口处。

⑤ 河流沉积作用的特点。如图 1-17 所示。

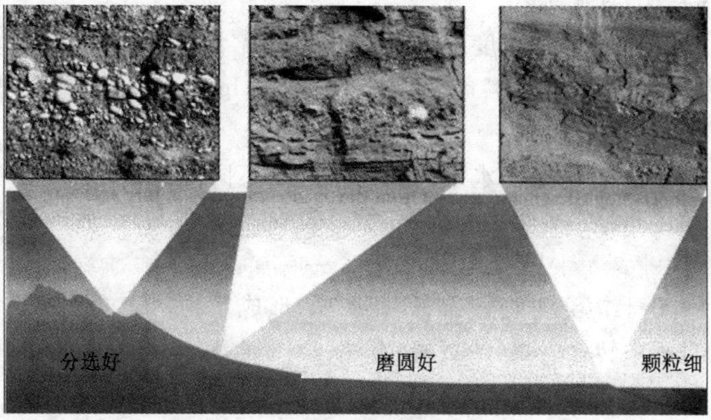

图 1-17　河流沉积作用的特征图

⑥ 沉积类型。

a. 河床沉积。冲积物粒度粗，多由砾、巨砾、粗砂等组成；层理发育。

b. 河漫滩沉积。侧蚀作用在河流拐弯的凹岸侵蚀，同时，碎屑物到凸岸沉积，随时间沉积物规模逐渐扩大，只有在洪水期才会被淹没，故称之为河漫滩。

c. 三角洲沉积。河流在入海(湖)口处的沉积体称三角洲沉积。

(2) 滨海的沉积作用

① 海滩沉积（近岸边或波切台上）。

砾滩：砾石组成的海滩，砾石成分常与海岸岩性一致，主要是岩岸海蚀下来的砾石。

沙滩：最常见的海滩，砂的成分以石英为主。

泥滩：泥质地面。

② 砂坝沉积。

③ 潮坪沉积。潮坪沉积以粉砂、泥质沉积为主，发育泥炭沼泽，呈现滨海成煤的环境。

(3) 浅海的沉积作用

浅海是海洋中沉积作用最兴盛的区域。

① 碎屑沉积。浅海的近岸带(<50 m)，水动能相对较强，砂粉及砂沉积；远岸带，主要是泥质沉积。

② 化学沉积。主要为碳酸盐沉积，分布广、规模大，大都发育在缺乏陆源物质的距河流入海口远的海域，地层中大部分石灰岩、白云岩属于浅海沉积。

③ 生物沉积。指造礁生物骨骼构成的堆积体。造礁生物有珊瑚、层孔虫、苔藓虫、藻类等。造礁珊瑚生活在水深小于 50 m，水温 20 ℃，氧、阳光充足，水质清洁不含泥砂，含盐度正常的区域。海洋中有些岛就是由珊瑚礁组成的，称珊瑚岛。

④ 深海沉积。包括深海扇沉积、软泥沉积、锰结核。多金属结核(锰结核)是指含 Mn、Fe、Ni、Cu、Mo、V、Sr、Ag 等多种金属元素。

2. 化学沉积作用

(1) 胶体溶液沉积：当胶体溶液中加入电解质发生中和作用时，小质点聚合成大质点，产生胶体沉积。如海岸地带，携带胶体溶液的大陆淡水与富含电解质的海水混合，便出现胶体沉淀，形成浅海锰矿、铁矿等。

(2) 真溶液沉积：水介质酸碱度、湿度、CO_2 含量、溶液浓度的变化可以影响溶液溶解度变化，溶解度降低，以真溶液长途搬运来的 K、Na、Ca、Mg 的卤化物及硫酸盐、碳酸盐达到过饱和而沉积。

(3) 化学沉积分异作用：溶于水中物质的溶解度不同，沉积有先后之分，溶解度小的先沉积，如 Fe、Mn、Al、Si 等的氧化物先沉积，然后硅酸盐、碳酸盐，最后硫酸盐和卤化物。

3. 生物沉积作用

(1) 生物遗体沉积：海洋生物骨骼、贝壳堆积，形成生物灰岩或磷灰岩、硅质岩等，有的生物遗体在成岩过程中转化为煤、油页岩、石油、天然气等。

(2) 生物化学沉积：生物新陈代谢引起周围介质改变，促使某些物质沉积。例如海藻光合作用吸收海水中的 CO_2，促使碳酸盐沉积，生产石灰岩。

(五) 固结成岩作用

松散、富水的沉积物，随地壳沉降被掩埋，在温度、压力作用下，经过压缩、脱水、胶结、重结晶等变化，转变为坚硬的岩石的过程，叫固结成岩作用。固结成岩作用包括压固作用、胶结作用和重结晶作用。

1. 压固作用

压固作用指在上覆沉积物质的静压力作用下，沉积物体积收缩、孔隙缩小、密度加大、水分脱出、颗粒间吸附力加强，使沉积物固结变硬成为岩石。新鲜软泥孔隙度高达 80%，压固成岩后减至 20%。压固作用是黏土沉积物成岩的主要方式。

2. 胶结作用

胶结作用指充填在孔隙中的矿物质，将分散颗粒黏结成坚硬岩石的过程。它是碎屑岩成岩的主要方式。胶结物成分常见有硅质(SiO_2)、铁质(Fe_2O_3)、钙质($CaCO_3$)、泥质(黏土质)、凝灰质(火山质)等。

胶结物的来源有沉积物中水溶液或胶体溶液沉淀析出的新矿物，与沉积物同时形成(火山质)，地下水带来。

3. 重结晶作用

重结晶作用指在温度、压力作用下，沉积物中的非结晶物质变为结晶物质、细粒结晶变成粗粒结晶的过程。一般真溶液和胶体溶液的物质颗粒细小、溶解度较大、成分均一，容易发生重结晶。它是内源沉积岩(化学岩)和部分黏土岩成岩的主要方式。

成岩过程中，压固作用、胶结作用、重结晶作用互相影响，密切联系。

三、第四纪沉积物

第四纪沉积物形成时间短，成岩作用不充分，常常成为松散、多孔、软弱的土层(土体)覆盖在前第四纪坚硬岩层(岩体)之上。

1. 残积物

岩石经物理风化和化学风化作用后残留在原地的碎屑物称残积物或残积土，因其成层覆盖在地表,故又称残积层。残积物向上逐渐过渡为土壤层;向下逐渐过渡为半风化岩石和新鲜基岩。

(1) 干旱或寒冷地区。以物理风化作用为主,岩石风化产物多为棱角状的砂、砾等粗碎屑物质,缺少黏土矿物。

(2) 半干旱地区。除物理风化作用外,尚可有化学风化作用进行,残积物中常形成黏土矿物、铁的氢氧化物与Ca、Mg碳酸盐和石膏等。

(3) 气候潮湿地区。化学风化作用活跃,物理风化作用不发育,残积物主要由黏土矿物组成,厚度也相应增大。

(4) 气候湿热地区。残积物中除黏土矿物外,铝土矿和铁的氢氧化物含量高,常为红色。

残积物成分与母岩岩性关系密切,如花岗岩的残积物中常含有由长石分解形成的黏土矿物。

残积物的厚度往往与地形条件有关,在陡坡和山顶部位常被侵蚀而厚度小;平缓的斜坡和山谷低洼处因不易被侵蚀而厚度较大。

残积物上部土壤层孔隙大、压缩性高、强度低;下部残积层常常是夹碎石或砂粒的黏土或是被黏性土充填的碎石土、砂砾土,强度较高。

2. 坡积物

雨水或雪水将高处的风化碎屑物质洗刷而向下搬运,或由本身的重力作用,堆积在平缓的斜坡或坡脚处,成为坡积物。

坡积物一般不具层理,碎屑物一般呈棱角状,具有一定分选性,细小和粗大的碎块往往夹杂在一起,粗大碎屑物往往堆积紧靠斜坡,而细小碎屑物分布在斜坡稍远处。

坡积物厚度变化较大,在陡坡地段较薄,而在坡脚处较厚。

3. 洪积物

洪积物指大雨或融雪水将山区或高地的大量碎屑物沿冲沟搬运到山前或山坡的低平地带堆积而成。洪积物在沟口往往呈扇状分布,称为洪积扇。

洪积物具有一定程度的分选和磨圆。从水平方向看扇顶部位为粗碎屑物质,向扇体边缘逐渐变细成为砂类土和黏性土。常具有较明显的层理以及夹层、透镜体等。洪积物的厚度从扇顶向外逐渐变薄。如图1-18所示。

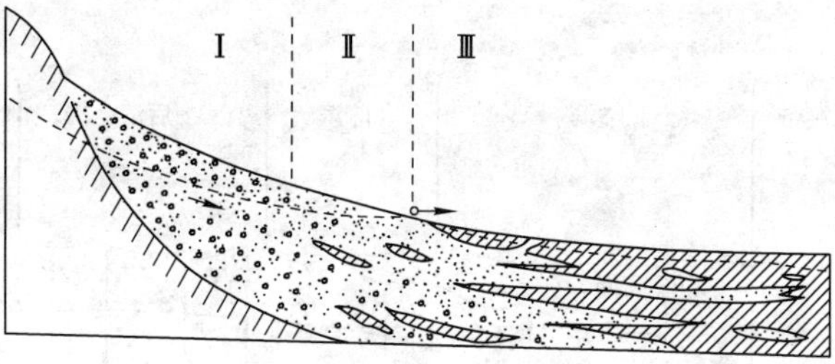

图1-18　洪积扇沉积物(上部、中部、下部)

上部多以砾石、卵石为主要成分。强度高、压缩性小,可作为工业、民用建筑的良好地基。但其孔隙大,透水性强,不宜建坝。

中部以砂土为主，下部以黏性土为主，它们一般都是良好的地基。在砂土向黏性土过渡地带及黏性土分布地带，由于透水性的差异及地下水埋藏浅等因素的影响，常有泉水出露，形成沼泽。沼泽地带泥炭层强度低、压缩性大。

4. 冲积物

河流沉积物称为冲积物。根据形成条件和环境分为河床冲积物、河漫滩冲积物、牛轭湖冲积物和河口三角洲冲积物。

沉积物的磨圆度和分选性较好，层理清楚，韵律良好。河床冲积物因河床水流速度大，沉积物较粗。河漫滩冲积物由于水流相对较慢，沉积物较细，为粉土、粉质黏土或黏土，但下部为砾、砂等。河漫滩沉积与河床沉积构成典型的“二元结构”。

冲积物的工程地质特征有：① 古河床冲积物的压缩性低、强度较高，是良好的建筑地基；而现代河床冲积物密实度较差、透水性强，尤其不利于作为水工建筑物地基。② 河漫滩及阶地冲积物一般都是较好的地基，但要注意其中的软弱夹层以及粉细砂的液化问题。③ 牛轭湖冲积物常是一些压缩性很高而承载力很低的软弱土层，不宜作为建筑物天然地基。④ 三角洲冲积物，总体承载力较低。但上层因长期干燥比较硬实，承载力较下层高，可用作低层建筑物的天然地基。

5. 湖泊沉积物

湖泊是大陆上主要的沉积场所，其沉积与湖浪关系密切。湖岸常形成湖蚀洞穴和湖蚀崖等地形。

沉积物主要为湖浪侵蚀的碎屑物以及由入湖河流等带来的碎屑物。搬运动力由湖岸向湖心逐渐减弱。较粗的砾、砂沉积在湖岸附近，具有较好的磨圆度及明显的层理，形成湖滩、沙洲、沙坝等；而较细的碎屑物质被带到湖心发生沉积，主要为黏土和淤泥，夹有粉砂等薄层。

湖泊沉积物的工程地质特征有：① 湖岸沉积物以近岸带土的承载力高，远岸较差。湖心沉积物一般压缩性高、强度很低。② 湖泊淤塞后可变成沼泽，地表水聚集或地下水出露的洼地也会形成沼泽。沼泽沉积物主要是腐烂的植物残体、泥炭和部分黏土与细砂，泥炭含水量极高，承载力低，一般不宜作为天然地基。

6. 海洋沉积物

根据海底地形起伏和海水深度，由岸向海洋方向分为滨海带、浅海带、大陆斜坡和深海带。如图 1-19 所示。

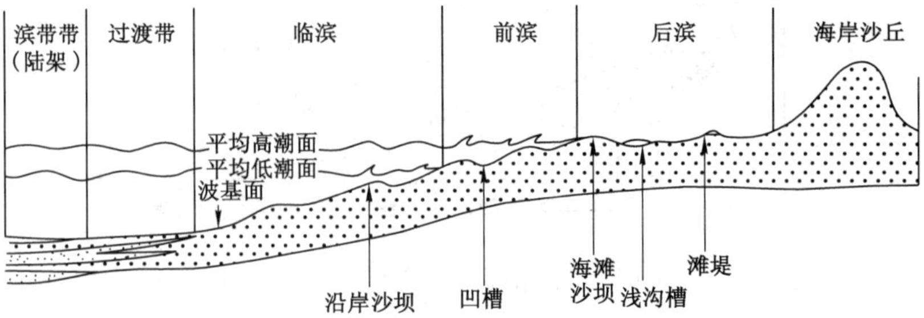

图 1-19　碎屑海岸沉积环境划分示意图

滨海带是海水运动强烈的近岸水域。波浪的作用是破坏海岸带形成大量碎屑物质，引起海岸带物质的搬运与沉积。在进流和回流的作用下，碎屑物质磨圆和分选较好，较粗的部分沿海岸形成砾滩、沙滩，而较细的部分在距岸一定距离处形成沙堤或沙坝。滨海带沉积物一般都具有高承载力，但透水性强。

浅海位于大陆架主体上，水深下限为 200 m，受较强的波浪影响，海水较为动荡。浅海沉积碎屑物有细粒砂土、黏性土及淤泥，水平层理和交错层理发育，化学沉积和生物化学沉积也发育。浅海沉积物较滨海沉积物疏松、含水量高、压缩性大而强度低。

大陆斜坡和深海带沉积以生物软泥、黏土及粉细砂为主。海洋沉积物中，水下海底表层的砂砾层稳定性差，选择它作为地基时应注意海浪作用下发生移动变化的可能。

7. 冰碛与冰水沉积物

冰川融化，其搬运物就地堆积形成冰流。巨大的石块和泥质混合在一起极不均匀，缺乏分选，磨圆差，棱角分明，不具成层性。冰碛物的主要特点是砾石表面常具有磨光面或冰川擦痕，且弯曲变形。

冰雪融化后形成的水流可冲刷和搬运冰碛物进行再沉积，形成冰水沉积。冰水沉积物具有一定程度的分选性和良好的层理。

8. 风积物

干旱地区，地面无植被保护，岩石风化碎屑物被风吹扬，在风力减弱时发生沉积，形成风积物。

风积物中最常见的是风成砂与黄土。风成砂主要由砂、粉砂及少量黏土组成，分选性好，磨圆度高，具有层理和大型交错层理。风成黄土具有垂直节理，均匀无层理，孔隙大，具有湿陷性。

第二章 矿物与岩石

地壳是由岩石构成的，岩石是矿物的集合体，矿物由化学元素结合而成。矿物和岩石是地质作用的产物，且各种矿产、工程建设等总与一定矿物、岩石相联系。另外，地壳内部的构造和地表形态，是通过岩石反映出来的，故岩石是研究地质构造及地貌变化的物质基础。

矿物和岩石是人类从事工程建设的物质基础，掌握矿物、岩石的工程地质性质对其工程建设具有重要作用。影响岩石工程地质性质的主要因素包括矿物成分及其结构、构造特征等。

第一节 矿 物

一、矿物的概念

（一）地壳中的元素

元素是由同种原子组成的物质，即这种原子具有相同核电荷数。目前，已知元素有 118 种，其中自然界存在的为 94 种。各种元素在地壳中的平均含量差别很大，元素在地壳中的平均含量称为该元素在地壳中的丰度，矿物的形成与元素的丰度关系密切。

组成固体地壳的主要化学元素常被称为造岩元素。美国人克拉克最早测定了地壳中元素的平均含量，他根据世界 5 159 个岩石样品求取了地壳中 50 种元素的平均含量。国际上把元素在地壳中的平均质量分数，称克拉克值，又称地壳元素的丰度（表 2-1）。由表可看出，氧、硅、铝、铁、钙、钠、钾、镁等 8 种元素占地壳总质量的 99%以上，常称造岩元素。因此，地壳中的矿物主要是由氧、硅、铝、铁、钙等元素结合而成的含氧盐和氧化物。

表 2-1 地壳中主要元素的克拉克值 单位：%

元素	符号	克拉克值	元素	符号	克拉克值
氧	O	46.95	钙	Ca	3.65
硅	Si	27.88	钠	Na	2.78
铝	Al	8.13	钾	K	2.58
铁	Fe	5.17	镁	Mg	2.06

（二）矿物的定义

矿物是地壳中的元素经各种地质作用所形成的天然结晶状态的单质或化合物，具有一定的化学成分和内部结构，在一定的物理化学条件下相对稳定，是组成岩石和矿石的基本单元。

自然界里的矿物很多，目前已知的矿物有四千多种，但最常见的只有五六十种，构成岩石主要成分的只不过二三十种。组成岩石的矿物，称造岩矿物，它们共占地壳质量的 99%。

二、矿物的化学成分及化学性质

(一) 化学成分

每种矿物都有一定的化学成分，其组成大致可以分为以下两种类型。

1. 单质矿物

由一种自然元素组成的矿物称单质矿物，如石墨(C)等。在自然界里这样的矿物数量不多。

2. 化合物矿物

由两种及其以上元素组成的矿物称化合物矿物。自然界的矿物绝大多数都是化合物，但化合物是多种多样的，按其化学组成又可分为以下几种类型。

简单化合物：由一种阳离子和一种阴离子化合而成，成分比较简单，例如，岩盐($NaCl$)、方铅矿(PbS)、石英(SiO_2)以及刚玉(Al_2O_3)等。

络合化合物：由一种阳离子和一种络阴离子组合而成，为数最多，常形成各种含氧盐矿物，如方解石($CaCO_3$)、硬石膏($CaSO_4$)等。

复合化合物：大多数复化物是由 2 种以上的阳离子和一种阴离子或络阴离子构成，如铬铁矿($FeCr_2O_4$)和白云石[$Ca \cdot Mg(CO_3)_2$]。

(二) 化学性质

每种矿物晶体都有一定的化学组成与晶体结构，矿物中的原子、离子或分子通过化学键的作用彼此结合并按空间格子形式排列，处于低能的平衡稳定状态。当矿物与空气、水及各种溶液相接触时，有的几乎不发生变化，如石英等；有的会产生程度不同的溶解、分解、氧化等，如石盐等。矿物化学性质主要有可溶性、氧化性及与各类酸、碱的反应等。

1. 矿物的可溶性

矿物的可溶性指其在液态水中的溶解能力，通常以溶解度或溶度积来表示。水是分布最广的天然溶剂，水分子具有偶极性，极易发生解离，对许多离子化合物类矿物有很强的破坏能力，许多矿物在水中都具有不同程度的可溶性。

2. 矿物的可氧化性

矿物的可氧化性指能与氧及其他氧化剂发生相互作用而解体最终形成新矿物的性质。当矿物中含有低氧化态的变价元素时，在氧化条件下，这些元素便由低氧化态(低价)变为高氧化态(高价)。例如，黄铁矿受氧化的反应如下：

$$2Fe[S_2](\text{黄铁矿}) + 7O_2 + 2H_2O \longrightarrow 2Fe[SO_4] + 2H_2SO_4$$

这个反应中的生成物硫酸亚铁仍不稳定，还可进一步与氧发生反应：

$$4Fe[SO_4] + 2H_2SO_4 + O_2 \longrightarrow 2Fe_2[SO_4]_3 + 2H_2O$$

3. 矿物与酸、碱溶液的反应

不同矿物与各种类型酸的反应是不同的：大部分自然元素矿物、硫化物易溶于硝酸，一般硫化物也溶于盐酸和硫酸；氧化物矿物大多数可在盐酸中溶解；硅酸盐矿物大部分易被氢氟酸分解；所有碳酸盐矿物都溶于多种酸溶液；石墨和金刚石不溶于任何酸。

有一些硅酸盐矿物，如蒙脱石、高岭石、长石等难溶或不溶于一般的矿物酸，但通常与碱液有较显著的反应，其反应类型主要是表面离子交换和离子附加反应，同时还可以发生溶解与沉淀，破坏原有的晶体结构并沉淀出新矿物。例如，高岭石与苛性碱反应，高岭石溶解并形成新矿物方沸石，其反应式为：

$$Al_4[Si_4O_{10}](OH)_8+4Na^+ +8OH^- +4Si(OH)_4 \longrightarrow 4NaAlSi_2O_6 \cdot nH_2O+H_2O$$

三、矿物的形态

矿物的形态是其成分、内部结构及生成环境相互作用的结果，包括单体形态及集合体形态两种。内部结构相同的同一种矿物，因矿物形成时的物理化学条件和空间情况不同，可以具有明显不同的外貌特征。在自然界中，矿物多呈集合体出现。

（一）单体形态

理论上讲，矿物的单体形态是指具有统一的空间格子的单一晶体的形态，只有晶质矿物才有可能呈现单体。事实上，矿物在结晶过程中，常因受外部生成环境中各种条件的限制，能形成完好晶形的较少；大多数情况下，往往形成不太规则或不够完整的晶体。根据矿物晶体在三维空间发育程度的不同，可分为以下三类。

一向延长型：晶体沿一个方向特别发育，而在另外两个方向上不发育，多呈柱状、针状、纤维状、毛发状等，如石英（图 2-1）、石棉等。

二向延展型：晶体沿两个方向发育，而在另外一个方向上不发育，多呈板状、片状、鳞片状等，如云母、石膏（图 2-2）等。

三向等长：晶体在三维空间发育基本相等，多呈正方体状、粒状等，如黄铁矿（图 2-3）等。

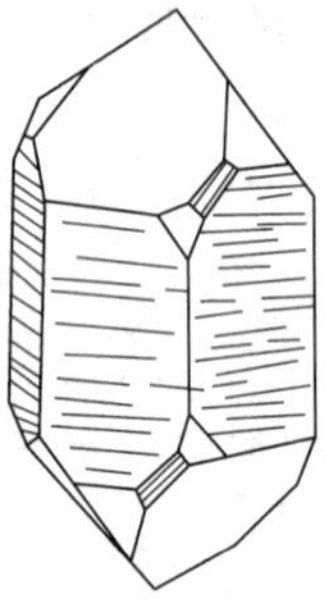

图 2-1　石英晶体

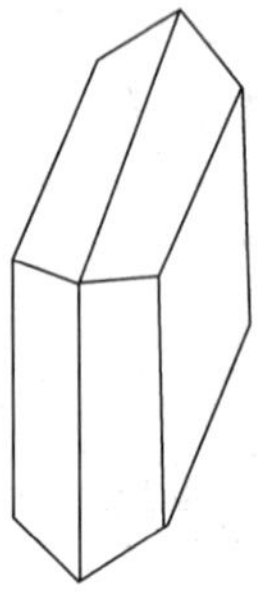

图 2-2　石膏晶体

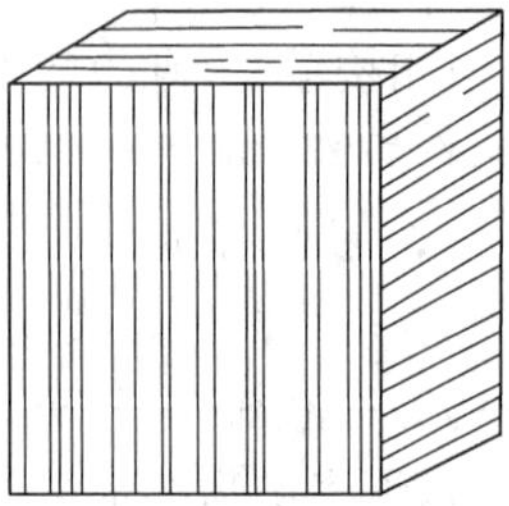

图 2-3　黄铁矿晶体

（二）集合体形态

矿物的集合体指同种矿物的多个单体聚集在一起的整体，主要取决于单体的形态和它们的集合方式。根据集合体中的矿物晶体颗粒的大小不同，将其分为三类：裸眼及放大镜下可以辨别矿物单体大小的集合体称为显晶（质）集合体；显微镜可以辨别矿物单体大小的集合体称为隐晶（质）集合体；显微镜下也不能辨别单体大小的集合体称为胶态集合体。

1. 显晶质集合体形态

（1）针状、柱状、纤维状、放射状、束状集合体

由一向延长的针状、柱状、纤维状等单体聚集而成。若单体围绕中心呈放射状排列，则称为放射状集合体；若其呈束状排列称束状集合体。

（2）板状、片状、鳞片状集合体

由二向延展的板状、片状、鳞片状等单体聚集而成。

(3) 粒状集合体

由三向等长的粒状单体聚集而成。

(4) 晶簇

从生在同一基底上，一端朝向自由空间的柱状晶体的集合体称晶簇，如石英晶簇(图 2-4)。在晶簇中，发育最好的是与基底近于垂直的晶体，与基底斜交晶体在生长过程中受到前种晶体的阻碍，没有生长的自由空间而被抑制和掩盖，最终被淘汰。这种现象称为“几何淘汰律”。

(5) 致密块状集合体

由极细粒矿物或隐晶质矿物组成的集合体。总体呈块状，表面致密均匀，肉眼不能分辨晶粒的界限。

2. 隐晶质和胶态集合体

隐晶质和胶态集合体可以由溶液直接结晶或胶体生成。由于胶体的表面张力作用，常使集合体趋向于球状，胶体老化后常变成隐晶质或显晶质，因而使球状体内部产生放射状构造。

根据其生成方式可将隐晶质及胶态集合体划分为以下四种类型：

(1) 分泌体

是在岩石中的球状或不规则状的空洞内，由胶体溶液从洞壁开始逐层地向中心渗透沉淀充填而形成的集合体，其中心有时留有空腔并形成晶簇，由于溶液的周期性沉淀，常出现环状构造。大者(＞1 cm)称为“晶腺体”，小者(＜1 cm)称为“杏仁体”(图 2-5)。

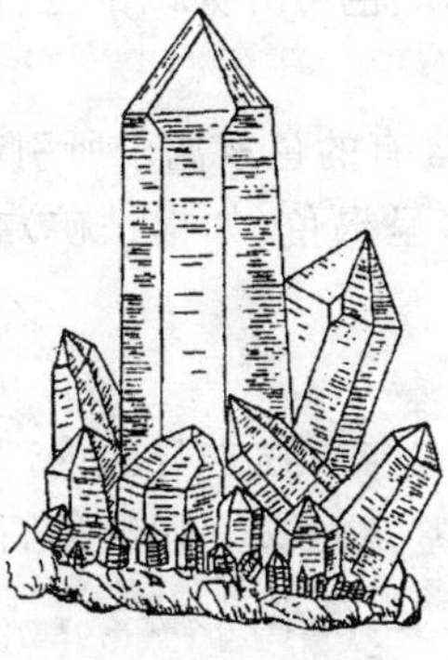

图 2-4　石英晶簇

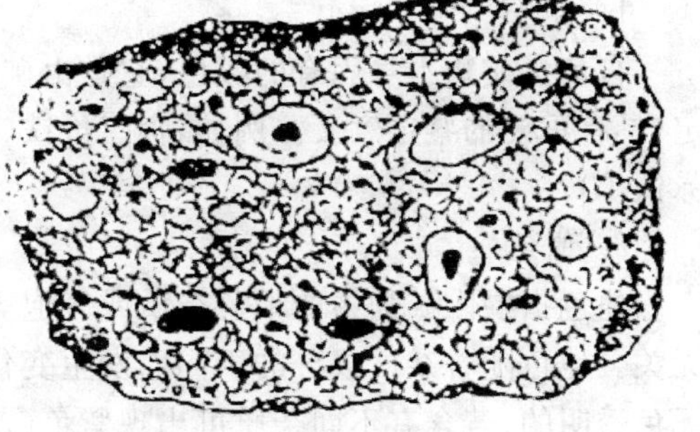

图 2-5　杏仁体示意图

(2) 结核体

结核体是围绕某一核心自内向外发育而形成的集合体，其形态多种多样，有球状、凸镜状、瘤状等，大小不一。它多存在于沉积岩中，由胶体凝聚形成，内部常具同心层状构造，当胶体老化后，可以看到极细小晶体从中心向外呈放射状排列，而具放射状构造(图 2-6)。常见矿物有黄铁矿、菱铁矿、方解石、磷灰石等。

(3) 鲕状及豆状集合体

它们的共同特征是都具有明显的同心层构造，都由沉积作用形成，通常是围绕悬浮状态的细砂、有机质碎屑或气泡等凝聚，当达到一定大小时沉于水底，由于水体的流动振荡使之不断滚动跳跃而继续增大。小的如鱼卵称鲕状集合体(图 2-7)；大的如豆粒称豆状集合体。

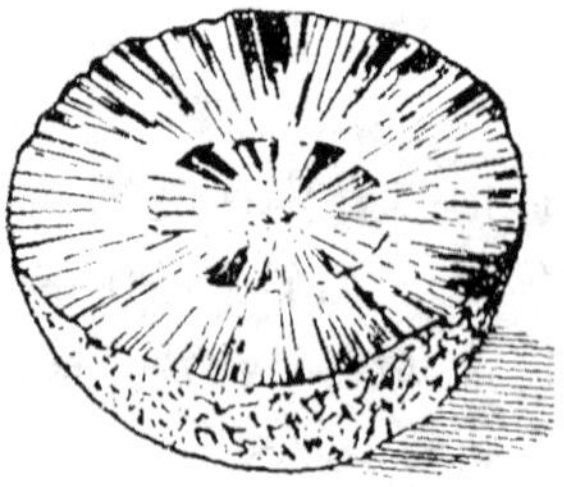

图 2-6　黄铁矿结核

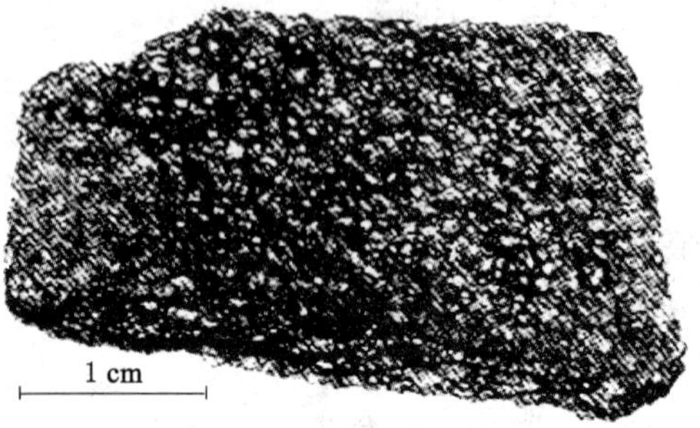

图 2-7　赤铁矿鲕粒状集合体

(4) 钟乳状体集合体

钙质溶液或胶体，在岩石的孔洞或裂隙中，因水分蒸发，从同一基底向外逐层生长而成的圆锥形或圆柱形矿物集合体。常见于石灰岩溶洞中，如由洞顶向下生长而形成的钟乳体，称石钟乳；由下向上逐渐生长的称石笋；石钟乳与石笋相连接时，就形成了石柱。

四、矿物的光学性质

矿物的光学性质是指矿物对可见光的反射、折射及吸收等所表现出的各种性质，主要包括矿物的颜色、条痕、光泽及透明度等。

(一) 颜色

颜色是矿物对光线中红、橙、黄、绿、蓝、靛、紫七种波长的光波吸收的结果。矿物对各种波长的光波吸收不同，呈现的颜色就不同。根据成因不同，颜色可分为以下三种。

1. 自色

自色指矿物本身固有的颜色，它是由矿物化学成分中含有的色素离子所引起的，比较固定，具有重要的鉴定意义。例如，含三价铁(Fe^{3+})的矿物多呈褐色(如褐铁矿)或樱红色(如赤铁矿)。

2. 他色

他色指混入矿物中的带色杂质或气泡等引起的颜色，它与矿物本身的内部结构和成分无关。他色随含杂质成分的不同而发生变化，一般不具有鉴定意义。如纯的石英(水晶)是无色透明的，若含有不同杂质可出现紫色(紫水晶)、淡红色(蔷薇水晶)等。

3. 假色

假色指由于化学或物理的原因而使矿物呈现的颜色。假色多存在于矿物表面，包括晕色、锖色、变色等。白云母等片状矿物常因解理面或错动的晶面造成反射光程差形成干涉作用所产生的干涉色，称晕色；斑铜矿因风化常在其表面形成一层具有一定颜色的氧化薄膜，称锖色；有些矿物因内部的解理、裂隙或含水等，在不同光照条件下或不同的反射侧面呈现不同颜色的现象，称变色。假色可以消除，也可随时产生，一般不具有鉴定意义。

(二) 条痕

条痕指矿物在白色无釉瓷板上摩擦时所留下粉末痕迹，即矿物粉末的颜色。当不能直接划出条痕时也可以用小刀刮下粉末放在瓷板上或白纸上进行观察。

条痕是矿物成分的反映，比矿物的颜色要固定，它可以消除假色，减弱他色，显示自色。例如，赤铁矿的颜色除呈暗红色外，还有钢灰色、铁黑色，但它的条痕总是樱红色。条痕色对鉴定不透明矿物至关重要，但对透明矿物无鉴定意义，因为它们的条痕均呈白色或无色。

（三）光泽

矿物表面对光的反射能力称光泽。矿物反光的强弱主要取决于矿物对光的折射和吸收的程度，折射及吸收越强，矿物反光能力越大，光泽则越强；反之则光泽弱。根据矿物光泽的强弱分为金属光泽、半金属光泽和非金属光泽。

1．金属光泽

反射性很强，类似金属磨光面上的反射光，闪耀夺目。如方铅矿、黄铁矿等。

2．半金属光泽

反射性较强，但稍弱于金属光泽，暗淡而不刺目，如同未抛光的一般金属表面的反光。大部分半透明矿物具有此光泽，如磁铁矿等。

3．非金属光泽

矿物表面反光较金属光泽弱，一部分光线可透过矿物体，表面不具有金属感的光泽，透明矿物多具有此种光泽。

根据反射光的强弱和反光特点，可进一步分为金刚光泽、玻璃光泽、丝绢光泽、珍珠光泽、土状光泽、油脂光泽、松脂光泽等。下面选择几种有代表性的非金属光泽介绍如下。

(1) 金刚光泽

矿物表面反光能力相对较强，具有金刚石那样耀眼的光泽，但不具金属感，如金刚石、闪锌矿等。

(2) 玻璃光泽

矿物表面反光能力较弱，不具金属感，类似玻璃表面的光泽。大部分无色和浅色透明矿物具有该光泽，如石英、萤石等。

(3) 丝绢光泽

由于光的反射互为干扰，纤维状或细鳞片状矿物形成丝绢般的光泽，如石棉。

(4) 土状光泽

如同土块表面的光泽，较为暗淡。一般见于细粒集合体矿物。因为矿物的颗粒极细，粒间又多微细孔隙，入射光投射到矿物表面后，各个方向漫射，折入孔隙中而显得暗淡无光，如高岭石。

(5) 油脂光泽

矿物表面不平整，或带有极细小孔隙，或表面虽平滑但矿物呈致密块状集合体产出时，因反射光发生散射而呈现油脂般的光泽，如石英断口的光泽等。

（四）透明度

矿物透过可见光的能力称为透明度。透明度的好差取决于矿物的化学成分与内部结构，但也与厚度、裂隙等有关。在观察矿物的透明度时，为了消除厚度的影响，一般是隔着矿物的破碎刃边或岩石薄片（厚度为 0.03 mm）观察光源一侧的物体。根据所见物体的清晰程度，将透明度分为以下三级。

1．透明

绝大部分光线可以通过矿物，隔着矿物可见另一侧物体的清晰轮廓。如水晶、方解石等。

2. 半透明

光线可以部分通过矿物,隔着矿物仅可见另一侧物体的模糊阴影,如闪锌矿、锡石等。

3. 不透明

光线几乎不能透过矿物,隔着矿物看不见另一侧物体,如磁铁矿、石墨等。

五、矿物的力学性质

矿物的力学性质是指矿物在外力作用下表现出来的各种物理性质,主要包括硬度、解理及断口等。

(一) 硬度

硬度指矿物抵抗外力刻划、压入或研磨的能力。根据硬度高的矿物可以刻划硬度低的矿物的道理,德国摩氏选择了 10 种矿物作为标准,将硬度分为 10 级,这 10 种矿物称为"摩氏硬度计"(表 2-2)。摩氏硬度计只代表矿物硬度的相对顺序,而不是绝对硬度的等级。也就是说,硬度为 10 的矿物比硬度为 1 的矿物并不意味硬 10 倍。在实际和野外工作中,通常利用指甲(硬度约为 2~2.5)、小刀(硬度约为 5~5.5)等来大体测定未知矿物的硬度范围。在测定矿物的硬度时,必须选择新鲜面,并尽可能选择矿物的单体。刻划矿物时用力要缓而均匀,力戒刻掘。若有打滑感,表明被测矿物的硬度大于测具;若有阻涩感,则硬度小于测具。

表 2-2　　摩式矿物硬度计

硬度等级	代表矿物	硬度等级	代表矿物
1	滑石	6	正长石
2	石膏	7	石英
3	方解石	8	黄玉
4	萤石	9	刚玉
5	磷灰石	10	金刚石

(二) 解理

矿物晶体在外力作用(敲打、挤压等)下,沿一定的结晶方向裂开成光滑平面的性质,称为解理。由此产生的光滑平面,称解理面。解理面的方向总是代表矿物内部质点之间黏结力最弱的方向。根据解理方向数目多少,可分为以下四类:一向(一组)解理,如云母;二向(二组)解理,如长石;三向(三组)解理,如方解石;四向(四组)解理,如萤石。按解理出现的难易、解理面的大小和平整程度,将其分为以下五级。

1. 极完全解理

矿物在外力作用下,极易沿一定方向裂开成薄片,或用手指甲揭裂成片,解理面平滑光亮,大而平整,如云母(图 2-8)。

2. 完全解理

矿物在外力作用下,很易沿解理方向裂开成规则的解理小块,解理面光滑平坦,如方解石(图 2-9)等。

3. 中等解理

矿物在外力作用下,沿解理方向破裂,解理面清楚,但不太平整,连续性稍差,如长石等。

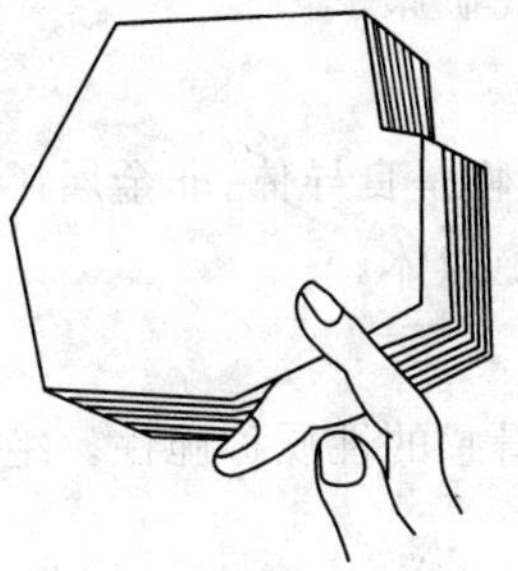

图 2-8　云母的极完全解理

图 2-9　方解石的完全解理

4. 不完全解理

矿物在外力作用下，虽大致能沿一定方向裂开，但解理面不平整、不明显，如磷灰石等。

5. 极不完全解理

矿物在外力作用下，极难出现解理面，即无解理，如石英、石榴子石等。

（三）断口

具极不完全解理的矿物，在受外力打击后，会产生无一定方向、凸凹不平的断面，这样的断面称为断口。根据形状，矿物断口可以分为以下四种。

1. 贝壳状断口

呈圆形的光滑曲面，面上常出现不规则的同心条纹，形似贝壳状，如石英等。

2. 锯齿状断口

呈尖锐锯齿状，如自然铜等。

3. 参差状断口

呈参差不平的形状，如磷灰石等。

4. 平坦状断口

呈较为平整的形状，如高岭石等。

六、矿物的其他性质

（一）相对密度

相对密度指纯净的单矿物在空气中的重量与同体积的 4 ℃的纯水重量之比。矿物的相对密度与组成矿物元素的原子量大小和晶体结构紧密程度等相关。矿物的相对密度变化幅度很大，可由小于 1（如琥珀）至 23（如锇钌族矿物）。通常分为三级：轻级，相对密度在 2.5 以下，如石膏为 2.3；中级，相对密度在 2.5～4.0 之间，大多数矿物属于这一级别，如石英为 2.65；重级，相对密度大于 4.0，如重晶石为 4.50。

（二）磁性

磁性指在外磁场作用下，矿物被磁化时所表现的性质，包括矿物被外磁场吸引、排斥以及被磁化的矿物对外界产生磁场等。矿物的磁性主要决定于矿物晶格中是否存在未成对的电子，未成对电子越多，其磁性表现越强。一般含铁、钴、镍等元素的矿物，常具有磁性。

（三）放射性

放射性指含有 U、Th、Ra 等放射性元素之矿物，因放射性元素蜕变而放出 α、β、γ 射线的特性。利用矿物的放射性可以计算地层的年龄以及寻找矿床。

（四）导电性

导电性指矿物对电流的传导能力。一般来说，金属矿物是良导体，非金属矿物是绝缘体或半导体。如黄铁矿为良导体，金刚石为半导体，云母为绝缘体。

（五）脆性

矿物受打击后易碎，被刻划时易出现粉末，刻痕无光滑感的性质称脆性。绝大多数矿物均具有脆性。

（六）弹性

矿物受外力作用后发生形变，外力取消后可恢复其原来形状的性质，称为弹性。例如，云母具有弹性，被弯曲后，能自动弹回，恢复平展。

此外，有的矿物还具有延展性、挠性、导热性、发光性、吸水性等。

七、矿物的分类及主要矿物特征

（一）矿物的分类

根据矿物的化学成分将所有矿物分为五大类：① 自然元素矿物，如金刚石、石墨、自然金等；② 硫化物矿物，如方铅矿、黄铁矿、闪锌矿等；③ 氧化物及氢氧化物矿物，如石英、铝土矿、磁铁矿等；④ 卤化物矿物，如石盐、萤石等；⑤ 含氧盐矿物，如长石、云母、方解石、橄榄石、辉石、角闪石等。

（二）主要矿物特征

1. 自然元素矿物

自然元素矿物指自然界中呈单质产出的矿物。该类矿物种类较少，数量有限。

（1）金刚石（C）

晶体类似球形的八面体或六面体；无色透明，含杂质者为黑色；强金刚光泽；硬度为 10；解理完全，性脆；密度为 3.47～3.56 g/cm^3；紫外线下发荧光；具高度的抗酸碱性和抗辐射性。

金刚石（图 2-10）多产于金伯利岩中。透明金刚石打磨后称钻石。非洲扎伊尔和南非金伯利为著名金刚石产地，产量居世界之冠。我国的山东、辽宁等地发现了金刚石或其砂矿。

（2）石墨（C）

晶体为六方片状，但完好的晶形少见，常为鳞片状、土状、块状集合体；颜色和条痕均为黑色，易污手；金属光泽；不透明；有一组极完全解理；摩氏硬度 1～2；密度 2.09～2.25 g/cm^3，有滑感。

主要由煤和碳质页岩受接触变质或区域变质作用形成，产于石墨片岩中。

2. 硫化物矿物

硫化物矿物指金属元素与硫的化合物，大约有 200 多种，Cu、Ph、Mo、Zn、As、Sb、Hg 等金属矿床多由此类矿物富集而成，具有很大的经济价值。

（1）方铅矿（PbS）

晶体常为六面体或六面体与八面体的聚形，一般呈致密块状或粒状集合体；铅灰色，条痕黑灰色；金属光泽；不透明；硬度为 2.5～2.75；三组立方解理完全，性脆；密度为 7.4～7.6 g/cm^3。

方铅矿（图 2-11）为最重要的铅矿石，因其中常含银，也是重要的炼银矿石。我国湖南常宁县水口山为知名产地。另外，在云南兰坪、广东凡口等地也发现特大型铅锌矿床。

图 2-10　金刚石

图 2-11　方铅矿

（2）黄铁矿（FeS_2）

晶体常为立方体或五角十二面体，集合体呈块状、粒状或结核状；浅黄（铜黄）色，条痕黑色（带微绿）；强金属光泽；不透明；硬度为 6～6.5；无解理，性脆；密度为 4.9～5.2 g/cm³；在地表条件下易风化为褐铁矿。

黄铁矿（图 2-12）是在硫化物中分布最广泛的矿物，是制取硫酸的主要原料。我国黄铁矿床分布很广，广东英德、安徽马鞍山、内蒙古等地都有产出。

3. 氧化物及氢氧化物矿物

氧化物及氢氧化物矿物指金属和硅元素阳离子与氧或氢氧根构成的化合物。该类矿物在地壳中分布相当广泛，共约 180 多种，包括重要造岩矿物的氧化物或氢氧化物，是铁、铝、锰等矿石的重要来源。

（1）石英（SiO_2）

晶体呈六方柱状及双锥状，集合体常呈粒状或块状；常为白色，含杂质可呈乳白、紫、玫瑰等色；玻璃光泽；无解理；贝壳状断口，断口为油脂光泽；硬度 7；密度 2.5～2.8 g/cm³。石英有多种同质多象变体，是沉积岩中最主要的造岩矿物。鉴定石英主要依据六方柱及晶面横纹，玻璃光泽，硬度，无解理及贝壳状断口等特征。

无色透明的石英称为水晶；由二氧化硅胶体沉积而成的隐晶质矿物，白色、灰白色者称玉髓（或称石髓、髓玉）；灰、红等不同颜色组成的同心层状或平行条带状者称玛瑙（图 2-13）；不纯净、红绿各色者称碧玉；黑、灰各色者称燧石。

图 2-12　黄铁矿

图 2-13　玛瑙（石英）

石英类矿物化学性质稳定，不溶于酸（氢氟酸除外）。石英用途很广，可用来制光学器皿、精密仪器的轴承、钟表的“钻石”等；石英砂可用作研磨材料、玻璃及陶瓷等原料。

(2) 铝的氢氧化物（铝土矿）

铝土矿不是单独的一种矿物，主要是由三水铝石、一水软铝石和一水硬铝石等组成的细分散的胶态的机械混合物，通常含有蛋白石、磁铁矿、高岭石等，还可含有 Ga、Nb、Ta 等稀有元素。三种铝矿物按不同比例混合而组成的铝土矿，多为隐晶质鲕状、豆状、致密块状集合体；多呈灰白、灰色，因混入物不同而呈灰褐、黑灰等色；条痕白色；土状光泽；硬度与密度随矿物组分的变化而变化；完全解理；透明～半透明。

在热带和亚热带地区，酸性、碱性岩浆岩或基性喷出岩风化后形成以三水铝石为主的铝土矿，产于岩石风化壳中；在海盆中由化学沉积作用形成的是以一水硬铝石为主的铝土矿。

4. 含氧盐矿物

含氧盐矿物指金属元素与各种含氧酸根（如 SiO_4^{2-}、CO_3^{2-} 等）的化合物。此类矿物种类多，数量大。

(1) 斜长石（$(100-n)Na[AlSi_3O_8]\cdot nCa[Al_2Si_2O_8]$）

斜长石是由钠长石 $Na[AlSiO_8]$和钙长石 $Ca[Al_2Si_2O_8]$组成的系列矿物的总称。根据 2 种组分的比例，斜长石又可粗略地分为酸性斜长石、中性斜长石和基性斜长石。

酸性斜长石，钙长石组分占 0～30%；中性斜长石，钙长石组分占 30%～70%；基性斜长石，钙长石组分占 70%～100%。晶体呈细柱状或板状，在晶面或解理面上可见到细而平行的双晶纹；在岩石中多为板状、细柱状颗粒；白至灰白色，或浅蓝、浅绿；玻璃光泽；半透明；硬度为 6～6.5；两组解理斜交（86°左右）；密度为 2.60～2.76 g/cm^3。

斜长石（图 2-14）见于火成岩、变质岩和沉积岩中，分布最广。斜长石比正长石更易风化分解成高岭土、铝土等。斜长石中钠长石是陶瓷和玻璃工业的原料。

(2) 云母

云母为云母族矿物的总称，主要有白云母、黑云母、金云母三种。晶体为假六方柱状或板状，通常呈片状；玻璃及珍珠光泽，透明或半透明；硬度为 2～3；单向最完全解理，薄片有弹性；密度为 2.7～3.1 g/cm^3；具高度不导电性。

白云母（$KAl_2[AlSi_3O_{10}](OH)_2$）多为无色，或呈白、浅灰绿等色；其中呈细小鳞片状，具丝绢光泽的又称绢云母。黑云母（$K(Mg,Fe)_3[AlSi_3O_{10}](F,OH)_2$）呈黑褐至黑色，较白云母易风化分解。金云母（$KMg_3[AlSi_3O_{10}](F,OH)_2$）呈金黄褐色，常具半金属光泽，多见于火成岩与石灰岩的接触带。

云母是重要的造岩矿物，分布广泛，占地壳质量的 3.8%。白云母和金云母为电器、电子等工业部门的重要绝缘材料。我国内蒙古、川西、新疆等地有较大型云母矿床。

(3) 方解石（$CaCO_3$）

晶体常为菱面体，集合体呈块状、粒状、鲕状及晶簇等；一般为无色、乳白色或灰色等，其中无色透明者称冰洲石，具显著的重折射现象；玻璃光泽；硬度为 3，三组解理完全；密度为 2.6～2.8 g/cm^3；遇稀盐酸产生气泡。

方解石（图 2-15）主要是由 $CaCO_3$ 溶液沉淀或生物遗体沉积而成，为石灰岩的重要造岩矿物；在泉水出口可以析出 $CaCO_3$ 沉淀物，疏松多孔，称石灰华；在低温条件下，可以形成另一种同质多象体，常呈柱状、晶簇状、钟乳状等，称为文石或霰石。

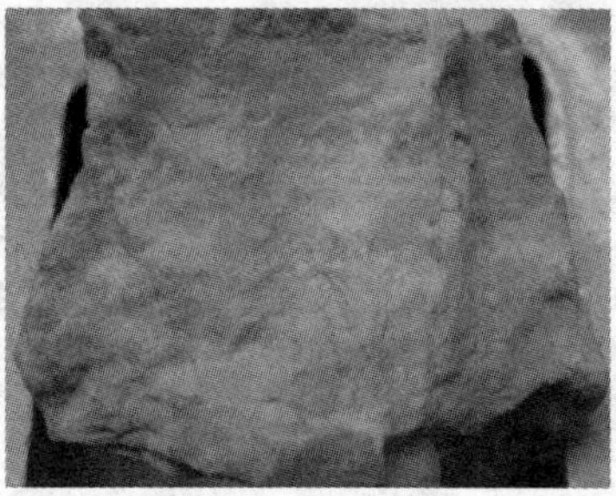

图 2-14　斜长石

图 2-15　方解石

5. 卤化物矿物

指卤族元素(F、Cl、Br、I)与金属元素(Na、K、Mg、Ca 等)的化合物。自然界的卤化物有 100 多种，约占地壳质量的 0.5%。

(1) 石盐(NaCl)

晶体为六面体，集合体多呈粒状或块状；无色透明或浅灰等色；玻璃光泽；硬度为 2～2.5，三组立方解理完全；密度为 2.1～2.6 g/cm^3，易溶于水。鉴定石盐主要依据白色、味咸、焰色试验为黄色等特征。

石盐为地质时期或现代干燥气候条件下内陆湖盆或封闭海盆中化学沉淀产物，属于蒸发盐类。石盐除供食用外，还是重要的化工原料。我国盐类矿产资源丰富，除石盐外，尚有海盐、湖盐、池盐、井盐等。柴达木盆地的察尔汗盐湖是我国最大的盐湖。

(2) 萤石(CaF_2)

晶体为立方体、八面体，集合体为块状、粒状；颜色多样，有白色、浅绿色、浅蓝色、红色等，无色者少见；玻璃光泽，透明；硬度 4；完全解理，性脆；密度为 3.18 g/cm^3；在阴极射线下发荧光，受热后可发磷光。

萤石主要产于富含挥发组分的热液矿床中，与中-低温金属硫化物和碳酸盐共生。沉积作用也可形成，在沉积岩中成层状，与石膏、硬石膏、方解石等共生，或作为胶结物产于碎屑岩中。萤石是制取氢氟酸的唯一矿物原料，冶金工业中用作熔剂，无色透明者用作光学材料。

第二节　岩　　石

一、岩石的概念及分类

(一) 概念

岩石是天然产出的矿物集合体，具有一定的结构、构造特征，是地质作用的产物及岩石圈的主要物质成分。岩石具有以下基本特征：由一种或多种矿物组成；具有一定的结构和构造特征；是地球形成发展过程中地质作用的产物。

(二) 分类

按岩石成因可分为以下三大类：

1. 沉积岩

由岩石风化剥蚀的产物、火山碎屑物质、生物遗骸等经过搬运、沉积、固结形成的岩石，称为沉积岩。

2. 岩浆岩

由高温熔融的岩浆侵入地壳或喷出地表冷凝而形成的岩石，称为岩浆岩，也称为火成岩。

3. 变质岩

已经存在的火成岩、沉积岩、变质岩受物理、化学条件变化的影响改变其结构、构造和矿物成分而形成的新岩石，称为变质岩。

三大类岩石组成了人类赖以生存的地壳，但它们在地壳中的分布是很不均一的。岩浆岩是组成地壳的主体，占地壳岩石总体积的 64.7%。沉积岩主要分布于地壳表层及不太深的范围内，占地壳岩石总体积的 7.9%，但占了地表面积的 75%。变质岩介于前两者之间，占地壳岩石总体积的 27.4%。

二、沉积岩

（一）沉积岩的物质成分

沉积岩中已知的矿物有 160 多种，其中比较常见的矿物近 20 种，约占沉积岩矿物组成总量的 99%，主要为石英类、黏土矿物类、长石类、云母类、碳酸盐类等。但在各种沉积岩中，相共生的矿物一般都不超过 5～6 种，常见的只有 2～3 种。

根据组成沉积岩的原始物质成分，可将其分为以下四种类型。

1. 碎屑矿物

碎屑矿物指原岩经风化破碎而生成的呈碎屑状态的物质或火山喷发形成的火山碎屑等。主要矿物包括石英、长石及某些重矿物（如蓝晶石、金红石）等。

2. 黏土矿物

黏土矿物为硅酸盐和铝磷酸盐类矿物化学分解的产物，是沉积岩中数量较多的矿物。它们的种类很多，主要有高岭石、绢云母等。这类矿物的颗粒极小，一般具有很大的亲水性、可塑性和膨胀性等。

3. 化学沉积矿物

化学沉积矿物指真溶液沉淀和胶体凝聚而成的矿物，如硅质矿物有蛋白石、石髓等；碳酸盐矿物有方解石、白云石等；硫酸盐矿物有石膏等；氢氧化物矿物有褐铁矿、铝土矿等；盐类矿物有石盐等。

4. 有机质

有机质指由生物残骸或有机化学变化而成的物质，如贝壳、珊瑚礁、泥炭等。

（二）沉积岩的颜色

颜色是沉积岩很重要的特征，根据其特征可以了解岩石的成分、结构和成因。按颜色的成因，可将其分为原生色和次生色；其中，原生色又可分为继承色和自生色。

1. 原生色

(1) 继承色

它取决于碎屑物质的颜色，常为碎屑岩所具有。如纯石英砂岩的白色，是由于无色透明的碎屑石英造成的。

(2) 自生色

它取决于沉积和成岩阶段形成的自生矿物的颜色，为大多数黏土岩、化学岩和部分碎屑岩所具有的颜色。如含三价铁的页岩呈红色或黄褐色。

2. 次生色

指在后生作用或风化作用过程中，原生色发生次生变化而形成的颜色。如露头上所见的红褐色砂岩，有可能是原来的黄铁矿、菱铁矿氧化生成红褐色的褐铁矿所致。

原生色的特点是在同一层内常稳定不变；而次生色则呈斑点状，或沿裂隙孔洞分布，可切穿层理，在风化带发育。岩石的颜色除与成分有关外，还与粒度、干湿情况等有关。

(三) 沉积岩的结构

沉积岩的结构指组成岩石的矿物颗粒大小、形状及颗粒间相互关系。根据沉积岩的成因，可分为以下四种类型。

1. 碎屑结构

碎屑结构指由碎屑物质颗粒和填隙物组成的一种结构。具有这种结构的岩石，其成分可分为两个部分：一部分是碎屑颗粒，为矿物或岩石的碎屑；另一部分是填隙物，包括胶结物和基质。胶结物指起胶结作用的主要化学物质，有硅质、泥质、钙质或铁质等；基质指起填充作用的细碎屑物。按碎屑颗粒粒径大小，可将碎屑结构进一步分为：① 砾质结构，$d \geqslant 2$ mm；② 砂质结构，$d < 2 \sim 0.06$ mm；③ 粉砂质结构，$d < 0.06 \sim 0.004$ mm。

碎屑物粒径大小的均匀程度，称为分选性。碎屑粗细均匀者，分选性很好；粗细混杂者，分选性差；介于二者之间，分选性好或中等(图 2-16)。

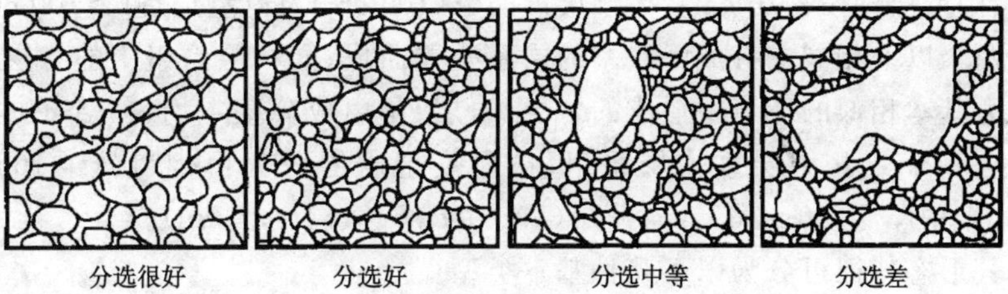

图 2-16　碎屑物分选性示意图

碎屑物棱角被磨蚀而圆化的程度，称为磨圆度。按碎屑的棱角磨损程度，磨圆度可分为棱角状、次棱角状、次圆状及圆状等四级(图 2-17)。碎屑颗粒的磨圆度，反映碎屑经历搬运的路途或时间的长短。碎屑经过长距离搬运，其磨圆度变好，多呈圆状。

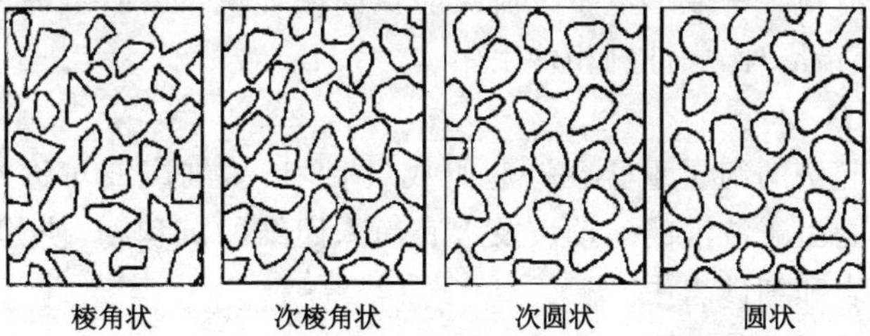

图 2-17　碎屑物磨圆度示意图

2. 泥质结构

泥质结构指由颗粒直径小于 0.004 mm 的黏土矿物形成的岩石结构，外观致密，如黏土岩。

3. 结晶结构

结晶结构指由溶液中沉淀或经重结晶形成的结构，一般为化学岩石所具有。如灰岩中的鲕状结构、豆状结构等，其中，鲕状结构指直径小于 2 mm 的圆球状鲕粒(像鱼子大小的圆粒)经胶结而成的沉积结构，若颗粒直径大于 2 mm，称豆状结构。

4. 生物结构

具有这种结构的沉积岩是由大量生物遗体组成的。在生物化学沉积岩中，常可见到很多保存完好或破碎的介壳等，如生物石灰岩就具有明显的生物结构。

(四) 沉积岩的构造

沉积岩的构造指其各个组成部分的空间分布以及它们之间的相互排列关系所反映出来的岩石综合特征。沉积岩的典型构造标志主要包括层理构造和层面构造两种。

1. 层理构造

层理构造指沉积岩因为成分、结构、颜色等的变化而沿垂直方向显示的一种层状构造。层理是沉积岩区别于岩浆岩和变质岩的最主要标志。根据沉积岩的层理特征，不仅可确定沉积介质的性质和能量，而且还可判断沉积环境。描述层理的基本术语有细层、层系、层系组及层(岩层)。细层是层理的最基本、最细小的组成单位，具有明显的上下边界，内部颜色、成分或粒度比较均匀而不可再分。层系是由一组在成分、结构、厚度和产状上都相似的同类型的细层组成的；层系上下界面之间的垂直距离为层系厚度；按层系厚度把层理分为小型层理(＜3 cm)、中型层理(3～10 cm)、大型层理(10～100 cm)及巨型层理(＞100 cm)。层系组是由两个或两个以上相同或有成因联系的层系叠置而成；同一层系组中的各层系是在沉积环境和水动力基本相似的环境中形成的。层(岩层)是由成分基本均匀一致的岩石组成，一个岩层可包含一个或几个层系或层系组；按厚度把岩层分为：块状层(＞100 cm)、厚层(100～50 cm)、中厚层(50～10 cm)、薄层(10～1 cm)、微层(＜1 cm)。

层理按其形态特征可分为以下几种基本类型：

(1) 水平层理

由许多呈直线状彼此平行且平行于层面的细层组成。它形成于平静的或微弱流动的水介质中，如海洋、湖泊的深水地带及潟湖。

(2) 平行层理

在形态上与水平层理极相似，不同的是纹层厚度较大，分布范围较广，构成粒度较粗，纹理常不如水平层理清晰。一般形成于急流及能量高的环境，如河流、海滩等环境，主要产于砂岩中，常与大型交错层理、底冲刷相伴生。

(3) 波状层理

由许多呈波状起伏的细层重叠在一起组成(图 2-18)，细层或对称或不对称，其总体方向平行于层面。它是由于波浪的运动波及水底尚未团结的沉积物，使其表面呈波状起伏所致。常出现于粉砂岩和细砂岩中。

(4) 透镜状层理

砂质小透镜体连续地且有规律地包裹于泥质层中，在潮汐沉积物中常见。

（5）斜层理与交错层理

由一系列倾斜层系重叠组成，层系间界面较平直。若相邻层系互相平行，各层系中的细层均向一个方向倾斜，称为单向斜层理；若相邻层系相互交错，各层系中细层的倾斜方向也多变，称为交错层理（图 2-19），常形成于动力水条件较强的沉积环境。

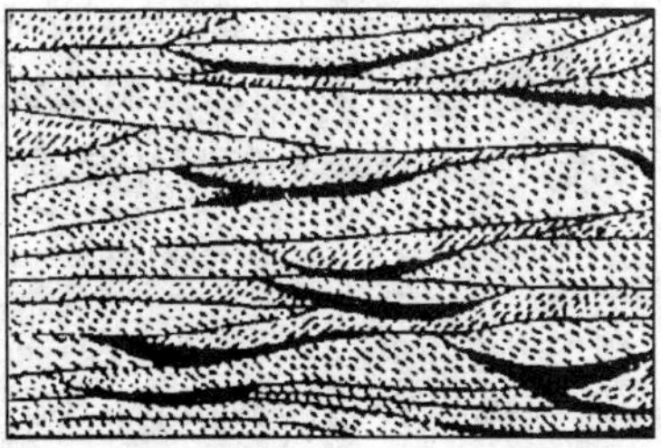

图 2-18　波状层理

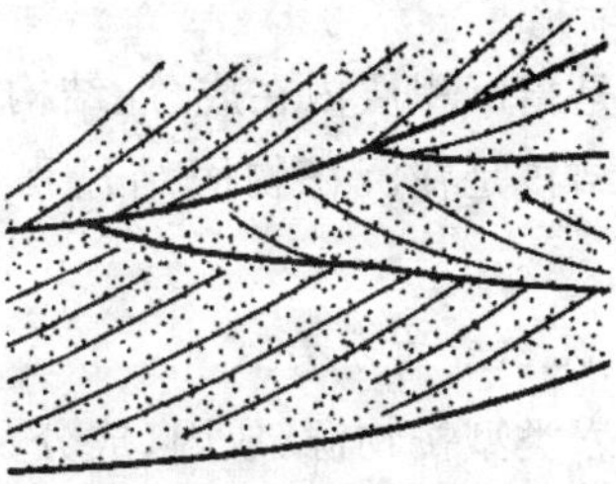

图 2-19　交错层理

（6）粒序层理

层理中没有任何纹层或纹理显示，只是粗细颗粒在垂向上连续递变，又称递变层理。其特点是由底部向上至顶部粒度由粗逐渐变细的称正粒序；反之，由底部向上至顶部粒度由细逐渐变粗的称反粒序。

2. 层面构造

层面构造为在沉积岩层面上保留的一种原生构造，是由于未固结的沉积物因机械原因或生物活动在其表面造成的痕迹，被后来的沉积物覆盖而保留在层面上的构造现象。常据此分析岩层的形成环境，判断水流方向，确定岩层的顶、底等。常见的层面构造有以下几种：

（1）波痕

波痕是沉积层面上有规律的波状起伏的痕迹。它由一系列近平行的呈线性延伸的波峰与波谷组成，是由运动介质作用于沉积物表面而产生的。波痕有对称波痕与不对称波痕之分（图 2-20）。对称波痕是来回规则运动的波浪形成的；不对称波痕是介质做定向运动形成的。按其成因可分为风成波痕、流水波痕和浪成波痕。

（2）泥裂

泥裂又称干裂，是在沉积层表面垂直向下的多边形裂缝。裂缝断面呈上宽下窄的“V”形，裂缝内往往充填与沉积层性质不同的物质（图 2-21），可以作为鉴别地层顶底的依据。泥裂是浅水地带未固结的泥质等细粒沉积物暴露出水面脱水收缩而形成的，是浅水环境的标志。

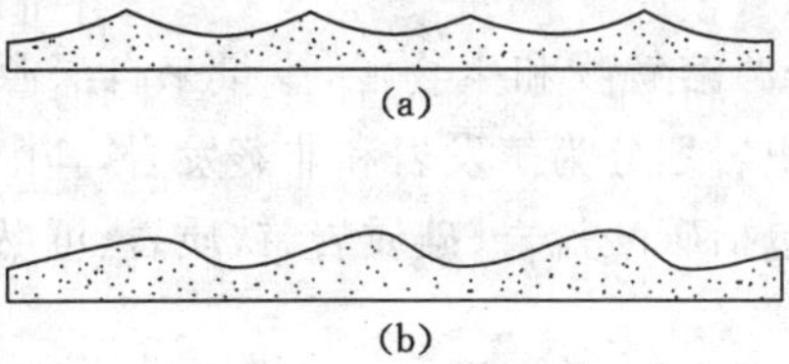

图 2-20　波痕示意图

(a) 对称波痕；(b) 非对称波痕

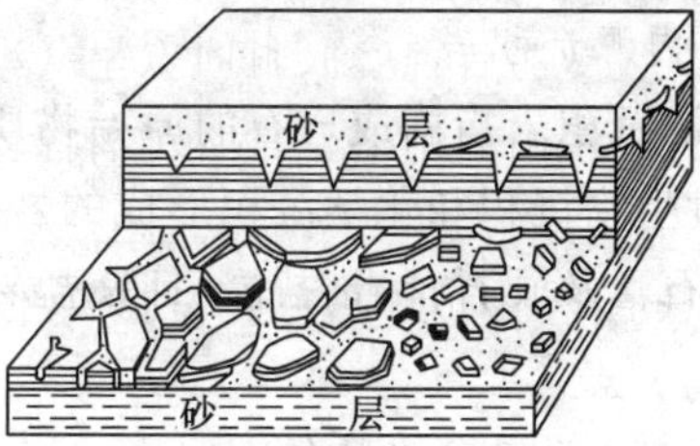

图 2-21　泥裂及其形成示意图

(3) 印模

印模是一种底面构造，又称槽模。在沉积层底面有许多突起，呈线状、舌状及不规则瘤状。线状突起平行排列就是泥质沉积物顶面受流水冲刷，或物体刻划形成沟槽，后被上覆砂质沉积物充填铸模而成。

(4) 结核

结核是指沉积层内在成分、结构、颜色等与围岩物质成分截然不同的球或椭球状的矿物集合体。结核是在沉积物固结过程中物质重新分配的产物。例如，石灰岩中常含硅质结核等。

(五) 沉积岩的分类

沉积岩类型按物源、成因、成分及结构等，可划分为外源沉积岩和内源沉积岩两大类；其中外源沉积岩又可分为陆源碎屑岩和火山碎屑岩。沉积岩基本类型的具体划分，见表 2-3。

表 2-3　　沉积岩基本类型的划分

外源沉积岩		内源沉积岩	
火山碎屑岩	陆源碎屑岩	蒸发岩	非蒸发岩
集块岩	粗碎屑岩 (砾岩和角砾岩)	石膏、硬石膏岩	碳酸盐岩 铝质岩
火山角砾岩	中碎屑岩 (砂岩)	盐岩	铁质岩 硅质岩
凝灰岩	细碎屑岩 (泥质岩)	钾镁盐岩	磷质岩 可燃有机岩

1. 外源沉积岩

外源沉积岩指沉积物质来源于沉积盆地之外的沉积岩。外源沉积岩分为陆源碎屑岩和火山碎屑岩。

(1) 陆源碎屑岩

陆源碎屑岩是指由母岩经物理风化作用形成的陆源碎屑物质，经机械搬运、沉积、压实和胶结而成的岩石。陆源碎屑岩根据其碎屑颗粒的大小，又可分为粗碎屑岩、中碎屑岩和细碎屑岩。

(2) 火山碎屑岩

火山碎屑岩是指由火山喷发形成的火山碎屑物质经过堆积、压实、胶结或熔结作用而形成的岩石。火山碎屑岩按粒度粗细等可进一步分为集块岩、火山角砾岩和凝灰岩。

2. 内源沉积岩

内源沉积岩指构成岩石的原始物质主要来自陆源溶解物和生物源，少量来自深源气热液，通过生物沉积和化学沉积形成的岩石。内源沉积岩划分为蒸发岩和非蒸发岩，其中蒸发岩包括石膏及硬石膏岩、盐岩、钾镁盐岩，非蒸发岩包括碳酸盐岩、硅质岩、铁质岩、可燃有机岩等。

(六) 主要沉积岩特征

1. 砾岩与角砾岩

砾岩与角砾岩是指粗碎屑(粒径≥2 mm)含量在 50%以上的沉积岩。砾石以岩屑为主，其成分或单一，或复杂，主要取决于母岩的性质。砾间空隙由砂、泥或化学沉淀物充填，化学沉淀物可能为硅质、钙质、铁质等。如果粗碎屑中呈圆状或次圆状的碎屑含量大于50%，称为砾岩(图2-22)；如果粗碎屑中呈棱角状和次棱角状的碎屑含量大于50%，称为角砾岩。

2. 砂岩

砂岩又称中碎屑岩，是指中碎屑(粒径<2～0.06 mm)含量在50%以上(图2-23)的沉积岩。砂粒为矿屑或岩屑，成分主要是石英、长石等，取决于母岩性质。砂粒间的空隙由泥质或化学沉淀物充填，化学沉淀物可能为硅质、钙质、铁质等。按砂粒径(d)大小，可进一步分为粗砂岩(d<2～0.5 mm)、中砂岩(d<0.5～0.25 mm)、细砂岩(d<0.25～0.06 mm)和粉砂岩(d<0.06～0.004 mm)；按砂粒成分分为石英砂岩(石英含量>90%)、长石砂岩(长石含量>25%)和岩屑砂岩(岩屑含量>25%)等。

图2-22　砾岩

图2-23　细砂岩

3. 泥岩

泥岩主要由粒径小于0.004 mm的颗粒组成(图2-24)。其主要成分为黏土矿物，其次为石英、白云母等。常见的黏土矿物有高岭石、水云母、蒙脱石等。按有无纹层、页理构造，泥质岩又分为泥岩和页岩。页岩具有纹层与页理构造，而泥岩不具有该特征。

4. 石灰岩

石灰岩主要成分是方解石。石灰岩的颜色呈灰～灰黑色，硬度低于小刀，遇冷的稀盐酸剧烈冒泡(图2-25)。石灰岩按方解石晶粒粒径，分为巨晶(d≥2 mm)、粗晶(d<2～0.5 mm)、中晶(d<0.5～0.25 mm)、细晶(d<0.25～0.06 mm)、粉晶(d<0.06～0.03 mm)、微晶(d<0.03～0.004 mm)、泥晶(d<0.004 mm)等类型；按结构成因，又分为内碎屑石灰岩、生物屑石灰岩。

图2-24　泥岩

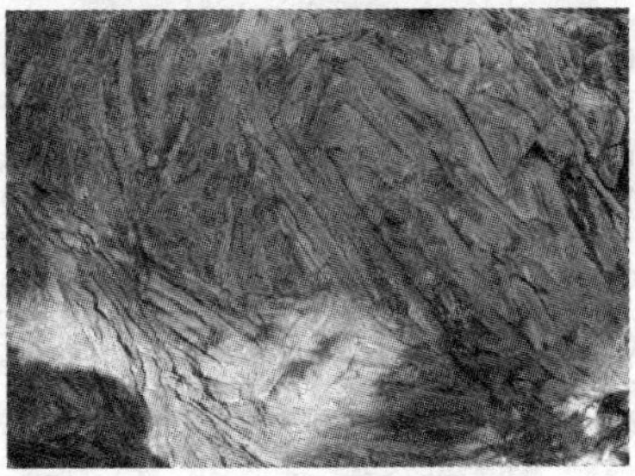

图2-25　竹叶状灰岩

5. 白云岩

白云岩主要成分是白云石。原生的白云岩很少见，一般是因石灰岩中的方解石在成岩或后生过程中被白云石交代而形成。白云岩的颜色呈灰～浅棕色，遇冷的稀盐酸反应微弱。在石灰岩与白云岩之间存在一系列过渡类型，根据方解石和白云石的相对含量可细分为石灰岩、含白云质石灰岩、白云质石灰岩、灰质白云岩、含灰质白云岩、白云岩等。

6. 硅质岩

硅质岩是由化学作用、生物作用和某些火山作用所形成的富含 SiO_2 的岩石，多为胶状结构、隐晶质结构。主要由硅藻遗体堆积形成的硅质岩称为硅藻土，疏松多孔，吸附性强。灰黑色、致密坚硬、击之起火星的硅质岩称为燧石岩。富含氧化铁、颜色较鲜艳的硅质岩称为碧玉岩。

三、岩浆岩

岩浆是在地下深处天然形成的、富含挥发性组分的高温、黏稠的硅酸盐熔融体，它可以侵入到地壳不同深度或喷出地表，从而形成岩浆岩。因此，根据岩浆冷凝的位置不同，岩浆岩可分为侵入岩和喷出岩两类。当岩浆侵入到地壳深部或浅部结晶和冷凝而形成的岩石，称侵入岩；当岩浆喷出或溢出地表后冷凝而形成的岩石，称喷出岩。

（一）岩浆岩的物质成分

1. 化学成分

地壳中的各种元素几乎都能在岩浆岩中找到，但是数量较多、分布广泛的主要造岩元素也只有 O、Si、Al、Fe、Mg、Ca、K、Na、Ti 等，其含量约占岩浆岩总质量的 99%以上，尤其以 O 含量最高，占岩浆岩总质量的 46%以上。因此，在岩浆岩中，主要造岩元素的分析结果一般以氧化物的质量分数的形式给出，在不同的岩浆岩中其含量变化范围较大(表 2-4)。

表 2-4　常见岩浆岩平均化学成分质量分数　单位：%

氧化物	岩浆岩平均	酸性岩浆岩	中性岩浆岩	基性岩浆岩	超基性岩浆岩
SiO_2	59.12	71.23	57.94	49.20	42.26
Al_2O_3	15.34	14.32	17.02	15.74	4.23
Fe_2O_3	3.08	1.21	3.27	3.79	3.61
FeO	3.8	1.64	4.04	7.13	6.58
MgO	3.49	0.71	3.33	6.73	31.24
CaO	5.08	1.84	6.79	9.47	5.05
Na_2O	3.84	3.68	3.48	2.91	0.49
K_2O	3.13	4.07	1.62	1.10	0.34
TiO_2	1.05	0.31	0.87	1.84	0.63
MnO	0.12	0.05	0.14	0.20	0.41
P_2O_5	0.30	0.12	0.21	0.35	0.10
H_2O	1.15	0.77	1.17	0.95	3.91
CO_2	0.10	0.05	0.05	0.11	0.30

2. 矿物成分

组成岩浆岩的矿物常见的约 20 种，有长石、石英、云母、角闪石、辉石和橄榄石等主要造岩矿物，以及少量磁铁矿、钛铁矿、锆石、磷灰石及榍石等次要造岩矿物。根据化学成分的特点和颜色，造岩矿物可分为硅铝矿物和铁镁矿物。硅铝矿物是指含有较多 SiO_2 和 Al_2O_3，不含铁、镁的铝硅酸盐矿物，由于颜色较浅，又称为浅色矿物。铁镁矿物是指富含镁、铁、钛等的硅酸盐和氧化物矿物，如橄榄石、辉石、黑云母等，由于颜色较深，又称为暗色矿物。

（二）岩浆岩的颜色

岩浆岩的颜色取决于浅色矿物和暗色矿物的含量比。富含 SiO_2 的酸性岩浆岩中浅色矿物最多，暗色矿物最少，因此颜色最浅。在 SiO_2 含量少的超基性岩和基性岩中，浅色矿物极少或没有，主要是暗色矿物，因此颜色最深。

（三）岩浆岩的结构和构造

岩浆岩的结构和构造主要是研究岩石中的矿物或玻璃质等组成岩石的方式，而组成方式又与岩石的成分和形成条件密切相关。结构和构造不仅是岩石形态外貌上的特征，还是岩浆岩各组成物质的化合、分解、结晶、流动等各种作用过程与结果的物质记录，蕴含着岩浆的物质成分及冷凝过程物理化学条件的丰富信息。

1. 岩浆岩的结构

岩浆岩的结构指岩石中主要矿物的结晶程度、颗粒大小、形状以及这些矿物彼此间的相互关系所反映出来的特征。岩浆岩的结构种类较多，按照不同的划分标准，其类型不同。

(1) 按矿物的结晶程度，可分为以下三种类型。

全晶质结构：岩石全部由矿物晶体组成而不含玻璃质的结构。此种结构表明岩浆岩是在缓慢冷却的条件下从容结晶而形成，如辉长岩、花岗岩等常具有这种结构。

半晶质结构：岩石中既有矿物晶体，又有非晶质玻璃存在的结构。喷出岩或超浅层侵入岩常具有此结构。

玻璃质结构：岩石几乎全部由非晶质玻璃组成的结构。由岩浆喷出地表，各种物质在急剧冷凝条件下来不及结晶而形成，为喷出岩所特有的结构。

(2) 按矿物颗粒绝对大小，可分为以下两种类型。

显晶质结构：矿物颗粒在肉眼或放大镜下可以分辨或识别的结构。大多数深成侵入岩都具有这种结构。按粒径大小，常进一步分为粗粒结构（$>$5 mm）、中粒结构（1～5 mm）和细粒结构（0.1～1 mm）。

隐晶质结构：矿物颗粒极细，用肉眼和放大镜不能分辨或识别的结构。一般喷出岩、浅成侵入岩具有该结构。

(3) 按矿物颗粒相对大小，可分为以下两种类型（图 2-26）。

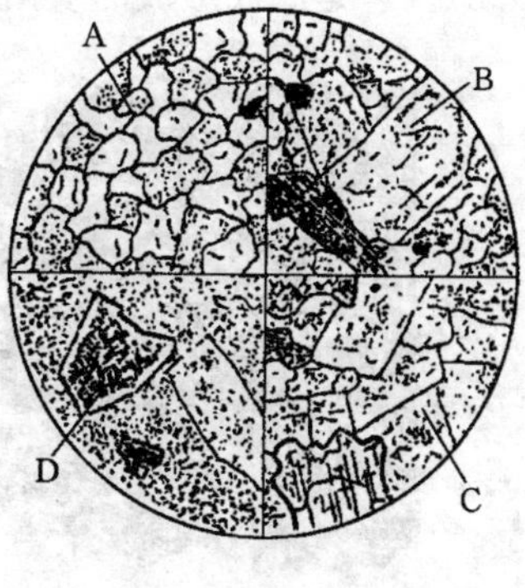

图 2-26　按矿物颗粒大小划分的岩浆岩结构示意图

A——等粒结构；B——似斑状结构；C——不等粒结构；D——斑状结构

等粒结构和不等粒结构：等粒结构是指岩石中同种主要矿物颗粒大小大致相等的一种结构，常见于侵入岩中；不等粒结构是指岩石中同种主要矿物颗粒大小不等的一种结构。

斑状和似斑状结构:岩石的组成部分大小相差悬殊,分成截然不同的两组,大的称斑晶,小的称基质。若基质为隐晶质或玻璃质,为斑状结构;若基质为显晶质,为似斑状结构。

(4) 按晶粒的自形程度,可分为以下三种类型。

自形粒状结构:岩石中同种主要矿物晶体具有完整的固有晶形。这种结构说明岩浆结晶缓慢,矿物晶体有足够的生长空间,能够按自身的结晶习性发育形成基本完整的晶形。

半自形粒状结构:岩石中矿物晶体自形程度不一致,有些是自形或他形,但大多数是半自形的。这种结构表明岩石形成时,同时结晶的矿物较多、互相干扰、自由空间有限,多见于侵入岩中。

他形结构:由晶形不规则的矿物颗粒所构成的结构。这种结构反映岩浆冷却较快,结晶中心较多,来不及形成较完整的晶形,常见于喷出岩等。

2. 岩浆岩的构造

指岩浆岩中矿物的排列方式或充填方式所反映出来的岩石外表形态。常见有以下几种主要类型:

(1) 块状构造

又称均一构造。岩石各组成部分的成分和结构是均一的,无气孔,矿物排列无一定次序。

(2) 斑杂构造

又称不均一构造。岩石的不同组成部分在结构构造上、颜色上和矿物成分上有明显差异,整个岩石是不均一的,这是由岩浆分异作用或同化混染作用造成的。

(3) 气孔构造和杏仁构造

岩石中分布有大小不等的近圆形的孔洞(气孔),称为气孔构造(图 2-27)。熔岩喷出时,由于压力降低,气体从熔岩中逸散,形成各种大小和数量不同的圆形或椭圆形气孔,个别呈管状气孔。如果气孔被岩浆期后形成的矿物(如石英等)充填,则称为杏仁构造。

(4) 枕状构造

在喷出岩层顶面有许多大小不同、形似枕头的扁椭球体堆积在一起,每个岩枕下平上凸(图 2-28)。它是海底形成的喷出岩与海水接触迅速冷却、收缩而凝结成的。

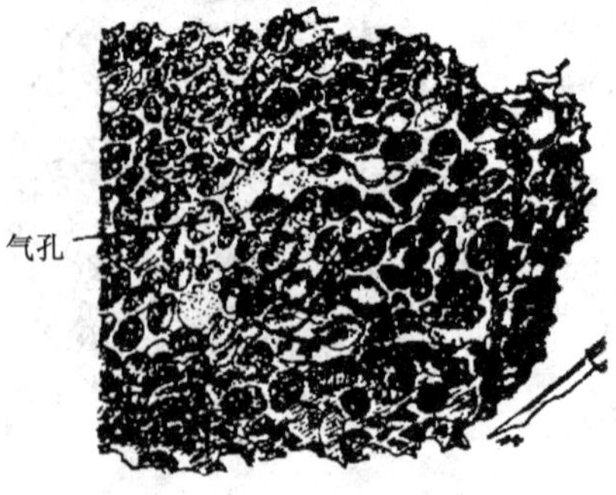

图 2-27　气孔状构造

图 2-28　枕状构造

(5) 流纹构造

流纹构造指由不同颜色、不同成分、不同粒度的条纹或条带相间分布显示的构造。它是熔岩流在流动过程中形成的，多见于酸性喷出岩中。

（四）岩浆岩的产状

岩浆岩的产状指岩体的大小、形状、与围岩的接触关系，以及形成时所处的地质构造环境和距离当时地表的深度等。根据岩浆的活动方式不同，可分为两大类，即侵入岩产状和喷出岩产状。

1. 侵入岩产状

(1) 岩床

岩浆沿层面流动铺开，形成与地层呈整合接触的板状侵入体。岩床厚度一般较小（见图2-29中4），从数厘米到数十米，极少可达百米以上，但分布面积较大。

(2) 岩盆

岩盆是一种层间整合接触的侵入体，呈中心下凹的盆状（见图2-29中5），因岩浆顺层侵入时其重量使底板弯曲下凹或断裂所致。岩盆规模大小不等，一般直径为数千米，大者可达数十千米至数百千米，厚度一般小于1 km。

(3) 岩盖与岩盘

岩浆侵入成层的围岩，侵入体的展布与围岩层理方向大致平行，但其中间部分略向下凹或向上凸，下凹者似盘状称为岩盘；如果侵入体底平而顶凸，上凸者似蘑菇状称为岩盖。

(4) 岩脉与岩墙

由侵入的岩浆沿围岩的裂隙或断裂带挤入后冷凝而形成的狭长形的侵入体。它切割围岩的层理，其规模变化较大，通常把岩体较宽厚，且近于直立的称为岩墙（见图2-29中3）；把较小的枝状或条状侵入岩体称为岩脉。

(5) 岩株

岩株指横剖面上近圆形或不规则状，纵剖面上呈树干状，规模较大的侵入岩体（见图2-29中2）。有的岩株独立产出，有的岩株向下与岩基相连，成为岩基顶部的突出部分。

(6) 岩基

规模庞大的侵入岩体，出露面积一般在100 km^2 以上，形态不规则，岩性均匀。岩浆侵入位置深，冷凝速度慢，晶粒结晶粗大，通常由花岗岩类组成（见图2-29中1）。

2. 喷出岩产状

(1) 火山锥

火山锥是指火山口附近由喷溢出来的熔岩流和火山碎屑物质堆积而成的锥状岩体（见图2-29中8）。火山锥一般规模不大，高一般为数十米至数百米，锥体坡角可达30°。

(2) 岩钟

火山口溢出的熔岩流黏度较大，不易流动而形成钟状、穹丘状岩体。

(3) 熔岩流

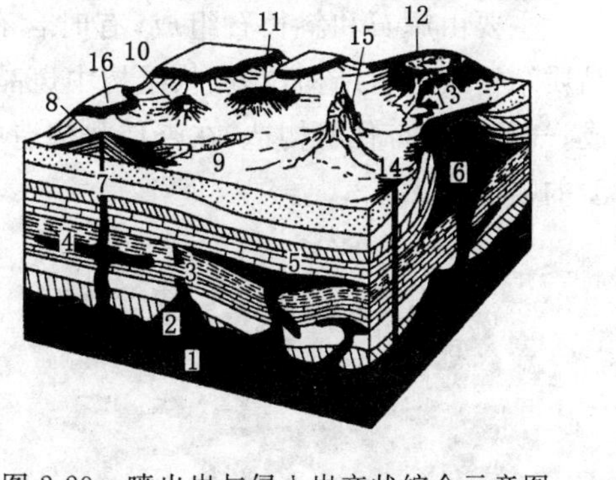

图2-29　喷出岩与侵入岩产状综合示意图

1——岩基；2——岩株；3——岩墙；4——岩床；5——岩盆；6——被侵蚀露出岩盖；7——火山顶；8——火山锥；9——熔岩流；10——熔渣锥；11——小型火山口；12——大型火山口；13——火山碎屑流；14——小火山；15——具有放射状岩墙的火山顶；16——熔岩被

黏度较小的熔岩流溢出地表，流入低洼狭长河谷地带，形成熔岩流（见图 2-29 中 9）。熔岩流遇到悬崖或陡坎，则形成熔岩瀑布。

（4）熔岩被

黏度较小的熔岩流溢出地表，沿地面流动，形成面积广大的熔岩被（见图 2-29 中 16）。

（五）岩浆岩的分类

1. 根据化学成分分类

根据 SiO_2 的质量分数，可将岩浆岩分为酸性岩、中性岩、基性岩和超基性岩。其中，酸性岩 SiO_2 含量＞65％；中性岩 SiO_2 含量 65％～52％；基性岩 SiO_2 含量 52％～45％；超基性岩 SiO_2 含量＜45％。

2. 根据矿物成分分类

根据长石的性质与含量，以及石英、橄榄石等矿物的有或无及其含量，可将岩浆岩分为橄榄岩-苦橄岩类、辉长岩-玄武岩类、闪长岩-安山岩类、正长岩-粗面岩类、花岗岩-流纹岩类五大类。

按矿物成分划分的岩浆岩类型与按化学成分划分的岩浆岩类型对应关系如下：

橄榄岩-苦橄岩类	超基性岩
辉长岩-玄武岩类	基性岩
闪长岩-安山岩类	中性岩
正长岩-粗面岩类	中性岩
花岗岩-流纹岩类	酸性岩

（六）主要岩浆岩特征

1. 花岗岩

主要由正长石、石英、黑云母组成，有时含斜长石、角闪石和白云母（图 2-30）。常呈肉红色、淡红色；粗粒等粒结构；块状构造。花岗岩为酸性岩和深成侵入岩。

2. 玄武岩

主要由辉石和斜长石组成，有时含有少量橄榄石（图 2-31）。呈黑、褐灰、棕黑等色；隐晶质结构或斑状结构，在斑状结构中斑晶为橄榄石、辉石、斜长石；基质由隐晶质或玻璃质组成；气孔状及杏仁状构造，在杏仁状构造中常充填有方解石、玉髓等。玄武岩为基性岩和典型的喷出岩。

图 2-30　花岗岩

图 2-31　玄武岩

3. 安山岩

主要由斜长石及角闪石组成，有时含少量辉石、黑云母。呈灰、褐、棕绿、紫红等色；斑状结构或隐晶质结构，浅色斑晶为斜长石，暗色斑晶为角闪石、辉石或黑云母，基质为玻璃质或隐晶质；气孔状或杏仁状构造，有时也有块状构造。安山岩为中性岩和喷出岩。

4. 橄榄岩

主要由橄榄石组成，含量在50%以上，其次为辉石及少量角闪石。完全由橄榄石组成的岩石，称为纯橄榄岩。橄榄岩多呈黑、暗绿或黄绿等色；全晶质等粒结构，块状构造。橄榄岩为超基性岩和深成侵入岩。

5. 正长岩

主要由钾长石和中性斜长石组成，含有少量角闪石、黑云母、辉石等，有时含很少的石英。浅灰、浅肉红、浅灰红等色；中～粗粒半自形粒状结构，也有似斑状结构；以块状构造为主。正长岩为中性岩和深成侵入岩。

四、变质岩

（一）变质作用的因素

地壳中已存在的岩石，由于受到构造运动、岩浆活动或地壳内热流变化以及陨石冲击地球表面的影响，物理和化学条件发生改变，原岩的矿物成分或化学成分和结构构造发生了不同程度的变化，这些变化统称变质作用。引起岩石变质的原因很多，但最根本的原因是地质环境的改变，如地层埋深加大等，这种变化导致了区域性的温度场、压力场、物质化学平衡等发生剧烈变化，为变质作用创造了条件。因此，通常把温度、压力、化学活动性流体等视为变质作用的重要因素。

1. 温度

高温是引起岩石变质最基本、最重要的因素。促使岩石温度升高的原因主要有三种：地下岩浆侵入地壳带来热源；随地层埋深加大，岩石温度增高；地壳岩石中放射性元素蜕变释放出热量。高温提高了原岩中元素的化学活泼性，使矿物重新结晶，隐晶变显晶，细晶变粗晶，从而改变原结构，并产生新的变质矿物。

2. 压力

压力也是控制变质作用的重要因素。在变质作用过程中，压力增加有利于体积缩小的反应发生，形成高密度矿物组合。压力主要分为负荷压力和定向压力。负荷压力即静水压力，是由上覆岩石重力产生的，是一种各方向相等的压力，随深度增加而增大。负荷压力使岩石体积受到压缩而变小、密度变大，从而形成新矿物。定向压力由地壳运动产生，使原岩中各种矿物发生不同程度变形甚至破碎的现象，并形成垂直于压力方向的定向构造，如线理、片理构造等。

3. 化学活动性流体

主要指岩石中沿裂隙或孔隙中循环的气态或液态物质，其成分主要是 H_2O 和 CO_2，其次是 O_2、F_2、B 等易挥发物质。在温度和压力的综合作用下，这些化学流体容易与围岩发生反应，或起催化剂、溶剂等作用，产生新的变质矿物。

（二）变质岩的物质成分

1. 化学成分

变质岩的化学成分复杂多样，既取决于原岩的性质，又与变质作用的特点相关。在变质作用过程中，如无交代作用，其化学成分基本上取决于原岩的化学成分；如有交代作用，其化学成分可以发生很大变化，除与原岩化学成分有关外，还与交代作用的类型和强度等相关。

主要的造岩氧化物仍是 SiO_2、Al_2O_3、Fe_2O_3、FeO、MnO、MgO、CaO、K_2O、H_2O 和 CO_2 等，但在不同的变质岩中其含量变化很大。

2. 矿物成分

变质岩的矿物成分一方面对原岩有较大的继承性；另一方面受到变质作用类型和强度等影响，产生新的矿物。因此，变质岩的矿物成分按其成因可分为残留矿物和新生矿物两种。经过变质作用后仍保留的部分矿物称为残留矿物，如石英、长石、辉石类等。经过变质作用后出现的某些新矿物称为新生矿物，如红柱石、蓝晶石、十字石、蛇纹石等。

（三）变质岩的结构和构造

1. 变质岩的结构

变质岩的结构是指组成岩石的矿物晶粒大小、形状、自形程度和相互关系，它着重于矿物个体的特征。根据其成因分为变余结构、变晶结构、交代结构和碎裂结构。

（1）变余结构

变余结构是指在变质作用过程中，原岩的结构特征未被彻底改造，仍保留有原岩的结构，例如变余砾状结构、变余斑状结构等。变余结构常见于变质程度较浅的变质岩中，是判断原岩性质的依据之一。

（2）变晶结构

变晶结构是指原岩经变质作用在固态下重结晶形成的晶质结构。按变晶矿物粒径大小，可划分为粗粒（>3 mm）、中粒（1～3 mm）、细粒（0.1～1 mm）、显微（<0.1 mm）变晶结构；按变晶物形态可以划分为粒状、鳞片状、纤状变晶结构等。

（3）交代结构

交代结构是指在变质作用或混合岩化作用过程中，由交代作用形成的结构。其特点是，在形成过程中有物质成分的加入和带出，而岩石中原有矿物的分解和新矿物的形成是同时的。既指新生矿物置换原有矿物而反映出的形象特征（交代残留结构），又指交代作用形成的新生矿物的形象特征（交代变晶结构），例如交代斑状结构等。

（4）碎裂结构

碎裂结构又称为压碎结构，是动力变质作用造成的一种结构。原岩在应力作用下，当应力不超过岩石或矿物的弹性极限时，便发生弹性变形；如应力超过其强度极限时，则发生破裂和粒化作用，形成各种碎裂结构。

2. 变质岩的构造

变质岩的构造是岩石组分在空间上的排列和分布所反映的岩石构成方式，着重于矿物集合体的空间分布特征。根据其成因分为变余构造与变成构造。

（1）变余构造

变质岩中由于变晶作用不彻底，仍不同程度保留了原岩的构造，例如，变余气孔构造、变余流纹构造、变余层理构造、变余波痕构造等。常见于变质程度较浅的变质岩中。

（2）变成构造

变成构造是指在变质作用过程中变形作用和重结晶作用所形成的构造。由于变质岩中往往有大量片状、柱状矿物定向排列，所以变成构造中常见的是片理构造。按结晶程度从低到高，将其进一步分成板状构造、千枚状构造、片状构造、片麻状构造等。

板状构造：岩石在地应力作用下，产生一组密集平行的破裂面，称板状构造，又称劈理构造。它伴有轻微的重结晶，但肉眼不能分辨出颗粒，因此劈理面常光滑平整。

千枚状构造：岩石中各组分基本已重结晶，并呈定向排列，岩石呈薄片状，矿物颗粒细，肉眼不易分辨，片理面上具丝绢光泽，称为千枚状构造。

片状构造：岩石主要由鳞片状、柱状变晶矿物组成，并作定向排列和分布，一般颗粒稍粗，肉眼能分辨颗粒，具有沿片理面劈开成不平整薄片状的特征。

片麻状构造：岩石中的粒状变晶矿物、鳞片状和柱状变晶矿物相间排列，形成浅色与深色相间的断续条带，称为片麻状构造。

（四）变质岩的分类

目前，主要根据变质作用的类型进行分类。一般分为五大类：接触变质岩类、气-液变质岩类、动力变质岩类、区域变质岩类和混合岩类。

1. 接触变质岩

接触变质岩指由接触变质作用形成的变质岩。当炽热的岩浆侵入围岩时，由岩浆带来的热能以及气态、液态物质在接触带附近的岩石中引起的变质作用称接触变质作用。

2. 气-液变质岩

气-液变质岩指由气成热液变质作用形成的变质岩。岩浆期后具化学活动性的气水溶液，对已冷凝的岩浆岩及其围岩或其他岩石进行交代的变质作用称气成热液变质作用。

3. 动力变质岩

动力变质岩指由动力变质作用形成的变质岩。受构造运动产生的应力影响使原岩发生变形、破碎和重结晶的一种变质作用称动力变质作用。

4. 区域变质岩

区域变质岩指由区域变质作用形成的变质岩。在温度、围压、应力、流体等多种因素联合作用下，在广阔区域内发生的十分复杂的具有多种变质方式的变质作用称区域变质作用。

5. 混合岩

混合岩指由混合岩化变质作用形成的变质岩。在区域变质的核心区，由于埋藏深度加大，温度升高，致使发生局部重熔而产生的花岗质熔浆灌入变质岩中，形成各种混合岩的变质作用称混合岩化变质作用，也称超变质作用。

（五）主要变质岩特征

1. 大理岩

大理岩是由石灰岩、白云岩等碳酸盐岩经热接触变质作用或区域变质作用形成的变质岩(图 2-32)。主要矿物为方解石或白云岩，可出现少量硅灰石、透辉石、透闪石等。具等粒状变晶结构和块状构造，有时可具条带状构造。

2. 矽卡岩

矽卡岩是由中、酸性岩浆岩侵入碳酸盐岩中发生交代作用形成的，主要矿物有石榴子石、绿帘石、透辉石等。粒状或不等粒变晶结构，块状构造。

3. 片麻岩

片麻岩是强烈变质作用的产物，主要成分为长石、石英、云母及角闪石。具有片麻状构造，粒状或斑状变晶结构，晶粒较粗。

4. 千枚岩

千枚岩具千枚状构造，为泥质、粉砂质岩石经轻微变质而成(图 2-33)。矿物重结晶程度较差，颗粒更为细小，常由绢云母、绿泥石组成。岩石多呈浅色，有黄褐、灰绿、灰等色。

5. 板岩

板岩具板状构造，是由页岩或泥质岩石变质而成。颜色常呈灰色和黑色。变质程度最浅。与页岩的区别是坚硬而不吸水，敲击时发出较清脆的声音。

图 2-32　大理岩

图 2-33　千枚岩

第三节　岩石与岩体的工程地质性质

一、岩石工程性质的常用指标

（一）物理性质

1. 密度

岩石单位体积的质量称为岩石的密度。

$$\rho=m/V \tag{2-1}$$

式中，ρ 为岩石的密度，g/cm^3；m 为被测定岩样的质量，g；V 为被测定岩样的体积，cm^3。

岩石密度的大小与岩石的矿物成分、孔隙度及其含水情况等相关。岩石孔隙中完全没有水存在时的密度称为干密度。岩石中的孔隙全部被水充满时的密度称为饱和密度。一般来讲，如果组成岩石矿物的密度大，或岩石的孔隙度小，则岩石的密度就大。相同条件下的同一种岩石，如果密度大，说明岩石的结构致密、孔隙度小，因而岩石的强度和稳定性较高。

2. 重度

岩石单位体积的重力称为岩石的重度。

$$\gamma=W/V \tag{2-2}$$

式中，γ 为岩石重度，kN/m^3；W 为被测定岩样的重量，kN；V 为被测定岩样的体积，m^3。

影响因素与岩石密度相同，主要和岩石的矿物成分、孔隙度及含水量等相关。岩石孔隙中完全没有水存在时的重度称为干重度。岩石中的孔隙全部被水充满时的重度称为饱和重度。

3. 相对密度

固体岩石的重力(质量)与同体积水在 4 ℃时重力(质量)的比值称为岩石的相对密度，

又称比重。

$$G_s = W_s/(V_s\gamma_w) \tag{2-3}$$

式中，G_s 为岩石的相对密度；W_s 为绝对干燥时体积为 V_s 的岩石重力，kN；V_s 为岩石的实体体积，m^3；γ_w 为水的重度，在 4 ℃时等于 10 kN/m^3。

相对密度的大小，取决于组成岩石的矿物相对密度及其在岩石中的相对含量。

4. 孔隙度

岩石中的空隙包括孔隙、洞穴和裂隙，但人们习惯用孔隙代替空隙，即赋予孔隙广义的含义。岩石中孔隙的发育程度，就用孔隙度衡量。

岩石中孔隙的体积与岩石总体积的比值称为孔隙度，常以百分数表示。

$$n = V_v/V \times 100\% \tag{2-4}$$

式中，n 为孔隙度；V_v 为岩石中孔隙的体积，m^3；V 为岩石的总体积，m^3。

岩石孔隙度的大小，主要取决于岩石的结构构造，同时也受风化作用、岩浆作用、构造运动等影响。

（二）水理性质

1. 天然含水量

天然状态下，岩石中含有水的质量与岩石烘干质量的百分比称为天然含水量。

$$\omega = (m_w/m_s) \times 100\% \tag{2-5}$$

式中，ω 为天然含水量；m_w 为水的质量，g；m_s 为岩石的质量，g。

2. 吸水率

常温、常压条件下，岩石吸入水的质量与烘干质量之比称为吸水率。

$$\omega_a = [(m_o - m_s)/m_s] \times 100\% \tag{2-6}$$

式中，ω_a 为吸水率；m_o 为烘干岩样浸水 48 h 后的质量，g；m_s 为烘干岩样的质量，g。

岩石的吸水率与岩石的孔隙数量、大小、开闭程度和空间分布等因素有关。岩石的吸水率愈大，则水对岩石的侵蚀、软化作用就愈强，岩石强度和稳定性受水作用的影响也就愈显著。

3. 饱水率

高压或真空条件下，岩石吸入水的质量与干燥岩石质量之比称为饱水率。

$$\omega_b = [(m_p - m_s)/m_s] \times 100\% \tag{2-7}$$

式中，ω_b 为饱水率；m_p 为岩样浸水饱和后的质量，g；m_s 为烘干岩样的质量，g。

4. 饱水系数

岩石的吸水率与饱水率的比值称为饱水系数。

$$k_w = \omega_a/\omega_b \tag{2-8}$$

式中，k_w 为饱水系数；ω_a 为吸水率；ω_b 为饱水率。

饱水系数反映了岩石大开型空隙与小开型空隙的相对数量，饱水系数越大，表明岩石的吸水能力越强，受水作用越显著。一般岩石的饱水系数为 0.5～0.8；当饱水系数小于 0.8 时，通常认为岩石的抗冻性较高。

5. 渗透率

岩石的渗透性是指在一定压力差下，岩石能使流体通过的能力。这里主要讨论岩石对水的渗透性，其透水性大小主要取决于岩石中孔隙、裂隙等的大小和连通情况。

渗透率是指水在单位压差作用下，在单位时间内通过单位岩石截面积的流量。单位为达西(D)，国际标准计量单位为 μm^2，1 D=0.987 μm^2。

$$K=\frac{\mu LQ}{(P_1-P_2)A} \tag{2-9}$$

式中，K 为渗透率；Q 为单位时间内水通过岩石的流量，cm^3/s；A 为水通过岩石的截面积，cm^2；μ 为水的黏度，Pa·s；L 为岩石的长度，cm；P_1-P_2 为水通过岩石前后的压差，MPa。

6. 抗冻系数

岩石在+25 ℃的区间内，反复冻结、融解、降温、升温，测定其抗压强度的下降值($\sigma_c-\sigma_{cf}$)，此值与冻融试验前的抗压强度 σ_c 之比，称为抗冻系数。

$$C_f=(\sigma_c-\sigma_{cf})/\sigma_c\times 100\% \tag{2-10}$$

式中，C_f 为抗冻系数；σ_c 为冻融前抗压强度，MPa；σ_{cf} 为冻融后抗压强度，MPa。

抗冻系数是衡量岩石抵抗冻融破坏能力的一个参数，与岩石的饱水系数、软化系数关系密切。一般饱水系数越小，岩石的抗冻性越强；易于软化的岩石，其抗冻性也低。

7. 软化系数

岩石的软化性是指岩石在水的作用下，强度和稳定性降低的性质。软化性的大小取决于岩石的孔隙性、矿物成分及岩石结构构造等因素。

岩石饱和状态的抗压强度与干燥状态抗压强度之比称为软化系数。

$$K_d=\sigma_{bc}/\sigma_c \tag{2-11}$$

式中，K_d 为软化系数；σ_{bc} 为饱水抗压强度，MPa；σ_c 为干燥抗压强度，MPa。

8. 溶解性

岩石的溶解性是指岩石溶解于水的性质，常用溶解度或溶解速度来表示。溶解性主要取决于岩石的化学成分，但与水的性质也关系密切。常见的可溶性岩石有石灰岩、白云岩等。

(三) 力学性质

1. 弹性模量

弹性模量是应力与弹性应变的比值。

$$E=\sigma/\varepsilon_e \tag{2-12}$$

式中，E 为弹性模量，MPa；σ 为应力，MPa；ε_e 为弹性应变。

弹性是指岩石在外力作用下发生变形，当外力撤去后又恢复其原有的形状及体积的性质。外力撤去后能够恢复的变形称为弹性变形。

2. 变形模量

变形模量是应力与总应变的比值。

$$E_o=\sigma/(\varepsilon_p+\varepsilon_e) \tag{2-13}$$

式中，E_o 为变形模量，MPa；σ 为应力，MPa；ε_p 为塑性应变；ε_e 为弹性应变。

塑性是指岩石在外力作用下发生变形，当外力撤去后不能完全恢复其原有的形状及体积的性质。外力撤去后不能恢复的变形称为塑性变形。

3. 泊松比

泊松比是横向应变与纵向应变的比值。

$$\mu=\varepsilon_x/\varepsilon_y \tag{2-14}$$

式中，μ 为泊松比；ε_x 为横向应变；ε_y 为纵向应变。

4. 抗压强度

岩石单向受压时，抵抗压碎破坏的最大轴向压应力称为岩石的极限抗压强度，简称抗压强度。抗压强度主要与岩石的矿物成分、颗粒大小、结构构造、风化程度及含水性等相关。

$$\sigma_u = P/A \tag{2-15}$$

式中，σ_u 为抗压强度，MPa；P 为岩石破坏时的压力，N；A 为岩石受压面面积，mm^2。

5. 抗拉强度

岩石单向受拉，达到破坏时所能承受的最大拉应力称为岩石的单轴抗拉强度，简称抗拉强度。抗拉强度主要取决于岩石中矿物组成之间黏聚力的大小，一般其值为抗压强度的1/10～1/30。

$$\sigma_t = \frac{2P}{\pi Dt} \tag{2-16}$$

式中，σ_t 为抗拉强度，MPa；P 为岩石破坏时的拉力，N；D 为岩石的直径，mm；t 为岩石的厚度，mm。

6. 抗剪强度

岩石抵抗剪切破坏的能力称为抗剪强度。根据岩石的受力情况及自身特征，抗剪强度可分为以下三种强度(图 2-34)：

(1) 抗剪断强度

抗剪断强度指在垂直压力作用下的岩石剪切强度。

$$\tau_b = \sigma\tan\varphi + c \tag{2-17}$$

式中，τ_b 为抗剪断强度，MPa；σ 为破裂面上的法向应力，MPa；φ 为内摩擦角，(°)；$\tan\varphi$ 为摩擦因数；c 为黏聚力，MPa。

(2) 抗剪强度

抗剪强度指沿着已有的破裂面发生剪切时的强度，又称摩擦强度。

$$\tau_c = \sigma\tan\varphi \tag{2-18}$$

式中，τ_c 为抗剪强度，MPa；σ 为破裂面上的法向应力，MPa；φ 为内摩擦角，(°)；$\tan\varphi$ 为摩擦

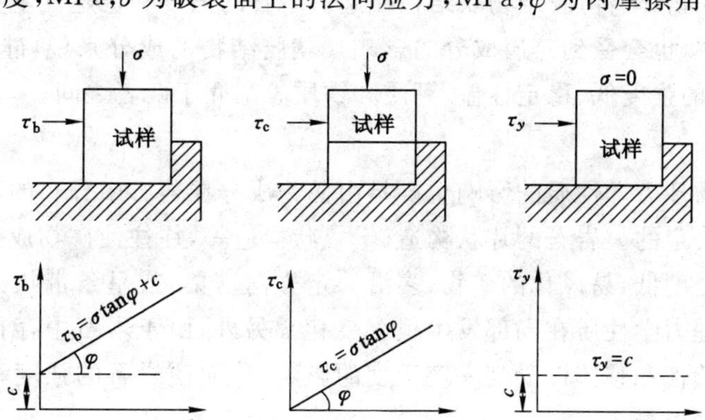

图 2-34　岩石抗剪强度试验原理示意图

(a) 抗剪断试验与抗剪断强度曲线；(b) 摩擦试验与摩擦强度曲线；

(c) 抗切试验与抗切强度曲线

因数。

（3）抗切强度

抗切强度指压应力等于零时的岩石剪切强度。

$$\tau_y = c \tag{2-19}$$

式中，τ_y 为抗切强度，MPa；c 为黏聚力，MPa。

二、影响岩石工程地质性质的因素

影响岩石工程地质性质的因素主要包括岩石的地质特征和岩石形成后所受的外部条件影响两方面。具体来看，主要内容有岩石的矿物成分、结构、构造、风化作用等，详细特征如下所述。

（一）矿物成分

岩石的矿物成分会对岩石的物理力学性质产生直接影响。例如，石英岩的抗压强度比大理岩高得多，这是因为石英的强度比方解石高。但也不能简单地认为，含有高强度矿物的岩石，其强度一定就高。因为高强度的矿物如果在岩石中分布不均匀，也没有作为岩石结构的骨架存在，它们就没有起到支撑作用，也不会提高岩石的强度。从工程要求来看，岩石的强度相对来说都是比较高的。所以在对岩石的工程地质性质进行分析和评价时，应更注意那些可能降低岩石强度的因素，如花岗岩中的黑云母含量是否过高等。

（二）结构

岩石的结构特征是影响岩石物理力学性质的一个重要因素。根据岩石的结构特征，可将岩石分为两类：一类是结晶联结的岩石，如大部分岩浆岩、变质岩和少量沉积岩；另一类是由胶结物联结的岩石，如沉积岩中的碎屑岩等。

结晶联结是由岩浆或溶液中结晶或重结晶形成的，矿物的结晶颗粒靠直接接触产生的力牢固地固结在一起，结合力强，孔隙度小，结构致密、容重大、吸水率变化范围小，比胶结联结的岩石具有较高的强度和稳定性。结晶颗粒的大小对岩石的强度有明显影响，如粗粒花岗岩的抗压强度一般小于细粒花岗岩。

胶结联结是矿物碎屑由胶结物联结在一起。岩石的强度和稳定性主要取决于胶结物的成分和胶结的形式，也会受到碎屑成分的影响。就胶结物的成分来说，硅质胶结强度高、稳定性好，泥质胶结的强度低、稳定性差，钙质和铁质胶结介于两者之间。

（三）构造

构造对岩石物理力学性质的影响主要是由矿物成分在岩石中分布的不均匀性和岩石结构的不连续性所决定的。岩石的片状构造、千枚状构造等，往往使矿物成分在岩石中的分布极不均匀。一些强度低、易风化的矿物，多沿一定方向富集，或呈条带状分布，或局部聚集，从而使岩石的物理力学性质在局部发生很大变化。另外，由于岩石中存在层理、裂隙等，致使岩石结构的连续性和整体性受到一定程度的影响，从而使岩石的强度和透水性在不同的方向上发生明显的差异。

（四）风化作用

风化是在温度、水、气体及生物等综合因素影响下，改变岩石状态、性质的物理化学过程。风化作用促使岩石原有的裂隙进一步扩大，并产生新的风化裂隙，使岩石矿物颗粒间的联结松散，并使矿物颗粒沿解理面崩解。因此，风化作用常常使岩石的结构、构造和整体性遭到破坏，孔隙度增大，重度减小，吸水性和透水性显著增高，强度和稳定性降低。

（五）水

大量试验资料证实，岩石被水饱和后，会发生强度降低。当岩石受到水的作用时，水会沿着岩石中可见和不可见的孔隙、裂隙等浸入，浸湿岩石全部自由表面上的矿物颗粒，并继续沿着矿物颗粒间的接触面向深部浸入，削弱矿物颗粒间的联结，使岩石的强度受到影响。与上述几种因素相比，水对岩石强度的影响在一定程度上是可逆的，当岩石干燥后，其强度可恢复。但如果遇水发生了化学溶解或结构状态变化等，其强度就不可逆了。

三、岩体工程地质性质

岩体是指包括各种地质界面，如层面、断层面、节理面、不整合面等结构面的单一或多种岩石构成的地质体，它被各种结构面切割，由形状不一、大小不等的块体组合而成。工业与民用建筑地基、道路与桥梁地基、地下洞室围岩、港口岸坡、库岸边坡等，都可能属于工程岩体。在工程施工、使用过程中，这些岩体自身的稳定性对工程建设的安全性具有重要作用，因此，要对岩体稳定性进行全面、系统的分析与评价。

（一）岩体结构及特征

1. 结构面

（1）概念

结构面包括各种破裂面（如劈理、节理、断层面、顺层裂隙或错动面、卸荷裂隙、风化裂隙等）、物质分异面（如层理、层面、沉积间断面、片理等），以及软弱夹层或软弱带、构造岩、泥化夹层、充填夹泥（层）等。

（2）分类

按地质成因，结构面可分为原生和次生两大类。

① 原生结构面

原生结构面指成岩时形成的结构面。它主要包括沉积结构面、火成结构面和变质结构面三种。

沉积结构面指沉积岩的层理、层面、沉积间断面及沉积软弱夹层等。沉积结构面一般延伸性较强，在海相沉积岩中分布尤为稳定，在陆相岩层中常呈透镜状。对岩体稳定影响最显著的是沉积软弱夹层，因为力学强度低，遇水易软化，最容易引起滑动。

火成结构面指岩浆侵入、喷溢及冷凝过程中形成的结构面，如流层、冷凝节理及岩浆间歇喷溢所形成的软弱接触面等。

变质结构面分为变余结构面和变成结构面两种。前者为沉积岩浅变质所具有，层面仍保留，但在层面上有绢云母、绿泥石等鳞片状矿物密集并呈定向排列。后者主要为片理和片麻理等，由于片状或柱状矿物富集并高度定向排列，对岩体特性常起控制性作用。

② 次生结构面

次生结构面指岩石成岩以后形成的结构面。它主要包括构造结构面和外营力结构面两种。

构造结构面：指在构造应力作用下，在岩体中形成的断裂面、错动面（带）、破碎带的统称，其中劈理、节理、断层面、层间错动面等属于破裂结构面。断层破碎带、层间错动破碎带均易软化、风化，其力学性质较差，属于构造软弱带。

外营力结构面：指在风化、卸荷、地下水等作用下形成的风化裂隙、破碎带、卸荷裂隙、泥化夹层、夹泥层等。

(3) 特征

① 规模

结构面的规模大小相差悬殊。大者长可延展数十千米，宽度可达数十米；中等长一般为数米至数千米，宽度为数十厘米至数米；小者长可为微米级至厘米级，宽度仅为微米级至毫米级，主要是一些很微小的不连续裂隙。

② 间距

指相邻结构面间的垂直距离，通常是指一组结构面的平均间距。它是反映岩体完整程度和岩块大小的重要指标。节理间距分级情况见表 2-5。反映结构密集程度的另一指标是单位长度上的结构面条数，即线密度，它与结构面间距互为倒数。一般结构面越密集，岩体变形越大，强度越低，而渗透性越好。

表 2-5　　　　节理间距分级表

分级	Ⅰ	Ⅱ	Ⅲ	Ⅳ
节理间距/m	＞2	0.5～2	0.1～0.5	＜0.1
岩体完整性	完整	块状	碎裂	破碎

③ 连通性

连通性指在一定空间范围内的岩体中，结构面在走向、倾向方向的连通程度。结构面的抗剪强度与连通程度有关，其剪切破坏的性质也有区别。

④ 粗糙度

粗糙度指结构面的平整光滑程度。一般粗糙度不同，其抗剪强度也不同。结构面的形态有平直状、波状、锯齿状、台阶状及不规则状等。

⑤ 张开度

张开度指结构面两壁间的垂直距离。结构面的张开度一般不大，小于 1 mm。根据张开程度，可将其分为四级：闭合（张开度小于 0.2 mm）、微张（张开度为 0.2～1.0 mm）、张开（张开度为 1.0～5.0 mm）、宽张（张开度大于 5.0 mm）。闭合结构面的力学性质取决于岩石成分及结构面的粗糙程度。未完全张开的结构面，其两侧壁之间有时保持点接触，其抗剪强度较完全张开者要大。

⑥ 充填物

结构面内常见的充填物有砂、黏土、角砾、岩屑及硅质、钙质、石膏质沉淀物。结构面经胶结后强度会提高，其中以铁或硅质胶结者强度最高，泥质及易溶盐类胶结者强度低、抗水性差。未胶结的充填物强度低，充填物厚度不同时，结构面的变形与强度也不同。

2. 岩体结构

(1) 概念

岩体结构是指岩体中结构面与结构体的组合方式。不同类型的岩体结构具有不同的工程地质性质（承载能力、变形、抗风化能力、渗透性等）。

(2) 分类

根据岩体的地质背景、结构面及结构体特征等，将岩体结构分为五种类型：整体结构、块状结构、层状结构、碎裂结构和散体结构（图 2-35）。

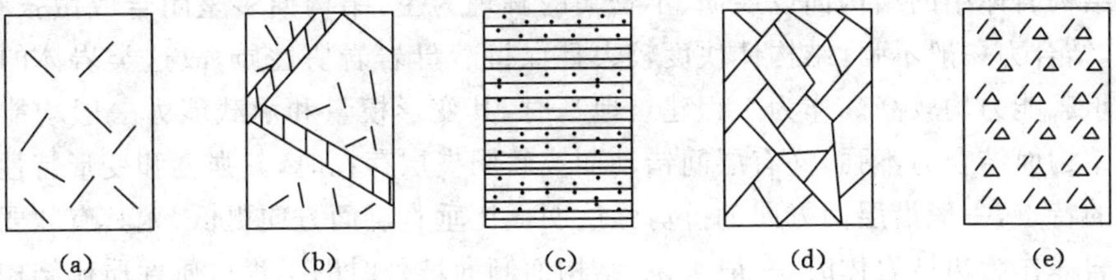

图 2-35　岩体结构类型

(a) 整体结构；(b) 块状结构；(c) 层状结构；(d) 碎裂结构；(e) 散体结构

① 整体结构

发育于构造变动轻微的大型岩浆岩体、厚层沉积岩层与块状变质岩系中，为巨型块体。岩性坚硬单一，结构面仅发育 1～2 组，延展性差，多呈闭合型，摩擦因数大于 0.6，地下水活动微弱。

② 块状结构

发育于构造变动中等以下的岩浆岩体与厚层或中厚层沉积岩中，为大型块体、柱体。岩性坚硬单一，结构面发育 2～3 组，延展性差，多呈闭合状态，偶含少量充填物，具一定连接力，面粗糙，摩擦因数 0.4～0.6，伴有少量裂隙地下水。

③ 层状结构

发育于构造变动中等以上的薄层或中厚层沉积岩、变质岩中，为中型或大型层状、板状体。岩性中等复杂，结构面发育 2～3 组或 3 组以上，以层面与不密集的节理为主，多呈闭合～微张状，一般风化微弱，结合力不强，摩擦因数 0.3～0.5。

④ 碎裂结构

发育于构造变动较强烈至强烈、节理发育的岩石中，为软硬相间的较破碎岩体。岩性复杂，结构面发育较多，节理、层间错动面、裂隙等彼此交切，常有泥质充填物质，结合力较弱，摩擦因数 0.2～0.4。

⑤ 散体结构

发育于构造变动强烈、节理及风化作用发育的岩石中，为破碎岩体。岩性复杂，结构面发育很多或模糊不清，节理、层间错动面、裂隙等密集交错，常有泥质充填物质，结合力很弱。

（二）岩体的工程地质性质

岩体的工程地质性质首先取决于岩体结构类型与特征，其次才是组成岩体的岩石的性质（或结构体本身的性质）。例如，层状结构的页岩岩体的工程地质性质还要好于散体结构的花岗岩岩体的工程地质性质。下面对不同结构类型岩体的工程地质性质进行简单阐述。

1. 整体与块状结构岩体

整体结构与块状结构特征接近，因此，其岩体的工程地质性质也相似。整体与块状结构岩体结构面稀疏、延展性差、结构体块度大且常为硬质岩石，故其整体强度高，变性特征接近于各向同性的均质弹性体，变形模量、承载能力和抗滑能力均较高，抗风化能力一般也较强，所以这类岩体具有良好的工程地质性质，往往可作为较理想的各类工程建筑地基、边坡岩体及洞室围岩。

2. 层状结构岩体

层状结构岩体中的结构面以层面、不密集的解理为主，结构面多呈闭合或微张状，一般风化微弱，结合力一般不强，结构体块度较大且保持着母岩岩块性质，故这类岩体的总体变形模量和承载能力均较高。作为工程建筑地基时，其变形模量和承载能力一般均能满足要求。但当结构面结合力不强，又有层间错动面或软弱夹层存在时，其强度和变形特性均具有各向异性的特点，一般沿层面方向的抗剪强度明显比垂直层面方向更低，尤其有软弱结构面时。这类岩体作为边坡岩体时，一般来说，结构面倾向坡外时的工程地质性质比结构面倾向坡里时差。

3. 碎裂结构岩体

碎裂结构岩体中解理、裂隙发育，常有泥质充填物质，结合力不强。其中，层状岩体中平行层面的软弱结构面常常比较发育，结构体块度不大，岩体完整性破坏较大，变形模量和承载能力均不高，工程地质性质较差。镶嵌结构岩体因其结构体为硬质岩石，尚具有较高的变形模量和承载能力，工程地质性能相对较好。

4. 散体结构岩体

散体结构岩体解理、裂隙非常发育，岩体十分破碎，岩石手捏即碎。变形模量和承载能力均很低，工程地质性质很差。

第三章　地层与古生物

地层就像一部万卷巨著，记录和保存着从地球形成以来地球发展和演化的历史。研究地层及其分布规律、确定地层层序、进行地层划分和对比，对地质科学、地质工作的开展以及工程建设等都具有十分重要的意义。古生物是地球发展和演化史的主要标志之一，在一定程度上能够准确地反映一段时间内地球的环境特征。研究古生物对于解决地层时代和地层划分与对比、恢复古地理和古气候、沉积矿产研究等具有重要作用。

第一节　地　　层

一、地层单位

地层是具有某种共同特征或属性的岩石体，能以明显界面或经研究后推论的某种解释性界面与相邻的岩层和岩石体相区分。地层单位是指依据岩石所具有的任一特征或属性划分的、并能被识别的一个独立的特定岩石体或岩石体组合。由于地层划分是多重的，所以地层单位也是多样的，所以以不同特征或属性为基础所建立的地层单位是不同的。地层单位目前主要划分为三类：第一，以岩性为主要依据划分的地层单位，称岩石地层单位；第二，以地层的形成时间为主要依据所划分的地层单位，叫作年代地层单位；第三，以岩石中所含的化石为依据划分的地层划分，称生物地层单位。

（一）岩石地层单位

岩石地层单位是根据可观察到并呈现总体一致的岩性（或岩性组合）、变质程度或结构特征，以及与相邻地层间关系所定义和识别的三维空间岩石体。它一般可分为正式岩石地层单位和非正式岩石地层单位两种。

1. 正式岩石地层单位

（1）群

群是比组高一级的岩石地层单位，可以由 2 个或 2 个以上相邻或相关的具有共同岩性（或岩性组合）特征的组组成；有时也可能是一套尚未经研究、暂未分组，一经详细研究后有可能被划成若干组的岩石系列。

（2）组

组是岩石地层划分的基本单位，用于地质填图、描述和阐明区域地质特征。组是野外宏观岩类或岩类组合相同、结构类似、颜色相近、呈现整体岩性和变质程度特征一致、空间上有一定延展性，并能据以填图的地层体。组的顶底界线（岩性界线）清楚，有一定的厚度（一般几米到几百米），一般要求在区域地质图上能够表达出来；岩性、岩相在空间上相对稳定。

（3）段

段是组内较其低一级的岩石地层单位。段以明显的岩石特征区别于组的其他部分，它总是组的一个组成部分，不能脱离组而独立存在。

（4）层

层是最小的岩石地层单位。一般只限于对那些能识别出来而且特别有用的一个层，或许多单层组成的单位才给予命名。层的厚度通常为 1 cm 到几米。只有有层面限制的层才是岩石地层单位的层。层可以在段中存在，也可以在不分段的组中存在。

2. 非正式岩石地层单位

非正式岩石地层单位是为某些特殊需要而提出的一个无需命名的岩石体。如含水层、煤层、采石层或其他有经济价值的层均可作为非正式岩石地层单位的名称。

（二）年代地层单位

年代地层单位是指在特定的地质时间间隔中形成的成层或非成层的岩石体。年代地层单位的顶、底界线都是以等时面为界。年代地层单位按地质年代时间级别由大到小依次为宇、界、系、统、阶、亚阶；每一年代地层单位代表相应地质时代时间所形成的地层。

宇：最大的年代地层单位，代表一个宙的时间内形成的全部地层。

界：宇内划分的次一级年代地层单位，代表一个代的时间内形成的全部地层。

系：界内划分的次一级年代地层单位，代表一个纪的时间内所形成的全部地层。

统：系内划分的次一级年代地层单位，代表一个世的时间内所形成的全部地层。

阶：统内划分的次一级年代地层单位，代表一个期的时间内形成的全部地层。

亚阶：级别最小的年代地层单位，代表一个“亚期”的时间内所形成的地层。

（三）生物地层单位

生物地层单位是根据地层中所含生物化石来定义和说明地层特征的地层体。从整体上看，生物化石显示了随地质时间推移的进化演变，这种演变在地层记录中是不重复的，因而生物地层单位就具有相对地质年龄的价值。生物带是生物地层带的简称，也是任何一种生物地层单位的统称。经常使用的生物带有 5 种，即延限带、间隔带、谱系带、组合带和富集带。

延限带：指在地层序列的化石组合中，经过筛选的任何一个或几个化石分子的已知延限（地层或地理上）所代表的那段地层体。所选分子可以是某一个分类单位（种、属、科、目等），或某一组分类单位，或任一特定的古生物特征的地层延限。

间隔带：指两个特定生物面间含化石的地层体。

谱系带：指含有代表一个演化谱系中某一特定片断的化石标本地层体。它可以是某一分类单位在一个谱系中的总延限，也可以是该分类单位在其后裔分类单位出现以前的那段延限。

组合带：一个组合带是 3 个以上分类单位整体构成一个独特组合或共生的地层体。它强调一起埋葬在岩层中的全部或某类化石的整体特征，更能反映该岩层生物的客观、自然总貌。

富集带：代表某一类或某一群特定分类单位的总存在范围中相对富集的那一段地层体。富集代表着某一分类单位的标本数量或某一群分类单位数量的突然增大。

此外，还有磁性地层极性单位、层序地层单位等，这里不再详细阐述。

二、地质时代

(一) 地质时代表

将整个地史时期所划分的地质时代，按时间顺序依次编制成表，即地质时代表(表 3-1)。表中各地质时代单位是地壳历史的自然分期，反映了时间早晚顺序和先后阶段。以反映各种地质事件(含岩性、接触关系等)发生与年代地层单位相对应的时间，称为地质时代。地质时代单位的划分，主要依据是地层形成的时间，具体是地层所含的古生物化石以及地壳运动、古地理、古气候和同位素地质年龄等。

(二) 相对地质时代

相对地质时代的产生，是全球性地层划分与对比的结果。通过对各地区地层的划分与对比，建立了统一的地层系统，而地质时代单位与时代地层单位相对应，由大到小依次为宙(宇)、代(界)、纪(系)、世(统)、期(阶)、亚期(亚阶)。

宙：最大的地质时代单位，整个地质时期分为三个宙：太古宙、元古宙和显生宙。

代：宙中划分的次一级地质时代单位，如显生宙可分为古生代、中生代和新生代。

纪：代内划分的次一级地质时代单位，如中生代可分为三叠纪、侏罗纪和白垩纪。

世：纪内划分的次一级地质时代单位，如二叠纪分为早二叠世、中二叠世、晚二叠世。

期：世内划分的次一级地质时代单位，如华北晚寒武世分为固山期、长山期和凤山期。

亚期：级别最小的地质时代单位。

(三) 绝对地质时代

绝对地质时代又称同位素地质年龄。它是根据岩石中存在的微量放射性同位素蜕变规律，测定的地层生成年龄，通常以百万年为单位。

相对地质时代与绝对地质时代，都是研究地壳历史所采用的时代，表明了地壳演化过程中各种地质事件发生和岩石、矿产等形成的时间，两种地质时代互为补充、印证。前者反映了地壳发展的阶段性，后者突出了地质事件发生的具体时间。

三、地层划分与对比

(一) 地层划分与对比定义

对一个地区的地层剖面根据岩层具有的不同特征或属性，把岩层组织成不同的单位、建立区域地层层序的工作称地层划分。如果地层形成以后，一直保持其原始生成顺序，即老地层在下，新地层在上，称正常层序，即地层层序律。但在构造运动强烈地区，地层常常发生产状变动或倒转。由于地层属性是多种多样的，如岩层的几何形态、接触关系、岩性、岩石组合、化石特征和地球化学性质等，因此，划分地层的依据可以是这些属性的任何一种。

在地层划分的基础上，将不同地区(或剖面)的地层进行比较，论证其地质时代、地层特征和地层层位的对应关系，称为地层对比。在实际工作中，由于强调的特征和依据不同，可有不同种类的对比。

(二) 地层划分和对比方法

地层的各种特征和属性都可用于划分和对比，所以其方法很多，如岩石地层学划分与对比、生物地层学划分与对比等。地层划分和对比要遵循的原则主要有地层的物质属性相当的原则和不同地层单位的地层对比不一致的原则。

表 3-1 **中国地质时代表**

宙(宇)	代(界)	纪(系)	世(统)	Ma
显生宙(宇)PH	新生代(界)Cz	第四纪(系)Q	全新世(统)Qh	
			更新世(统)Qp	2.6
		新近纪(系)N	上新世(统)N_2	
			中新世(统)N_1	23.3
		古近纪(系)E	渐新世(统)E_3	
			始新世(统)E_2	
			古新世(统)E_1	65
	中生代(界)Mz	白垩纪(系)K	晚(上)白垩世(统)K_2	
			早(下)白垩世(统)K_1	137
		侏罗纪(系)J	晚(上)侏罗世(统)J_3	
			中侏罗世(统)J_2	
			早(下)侏罗世(统)J_1	205
		三叠纪(系)T	晚(上)三叠世(统)T_3	
			中三叠世(统)T_2	
			早(下)三叠世(统)T_1	250
	古生代(界)Pz	二叠纪(系)P	晚(上)二叠世(统)P_3	
			中二叠世(统)P_2	
			早(下)二叠世(统)P_1	295
		石炭纪(系)C	晚(上)石炭世(统)C_2	
			早(下)石炭世(统)C_1	354
		泥盆纪(系)D	晚(上)泥盆世(统)D_3	
			中泥盆世(统)D_2	
			早(下)泥盆世(统)D_1	410
		志留纪(系)S	晚(上)志留世(统)S_3	
			中志留统(世)S_2	
			早(下)志留世(统)S_1	438
		奥陶纪(系)O	晚(上)奥陶世(统)O_3	
			中奥陶世(统)O_2	
			早(下)奥陶世(统)O_1	490
		寒武纪(系)Є	晚(上)寒武世(统)$Є_3$	
			中寒武世(统)$Є_2$	
			早(下)寒武世(统)$Є_1$	543
元古宙(宇)PT	新元古代(界)Pt_3	震旦纪(系)Z	晚(上)震旦世(统)Z_2	680
			早(下)震旦世(统)Z_1	800
		南华纪(系)Nh	晚(上)南华世(统)Nh_2	
			早(下)南华世(统)Nh_1	1 000
		青白口纪(系)Qb	晚(上)青白口世(统)Qb_2	
			早(下)青白口世(统)Qb_1	
	中元古代(界)Pt_2	蓟县纪(系)Jx	晚(上)蓟县世(统)Jx_2	
			早(下)蓟县世(统)Jx_1	
		长城纪(系)Ch	晚(上)长城世(统)Ch_2	
			早(下)长城世(统)Ch_1	1 800
	古元古代(界)Pt_1	滹沱纪(系)Ht		
				2 500
太古宙(宇)AR	新太古代(界)Ar_3			
	中太古代(界)Ar_2			
	古太古代(界)Ar_1			
	始太古代(界)Ar_0			3 800

1. *岩石地层学方法*

凡是以地层的岩石特征为主要研究内容、以岩性界面为标准划分地层来建立区域地层层序的方法，称为岩石地层学方法。在一定范围内，同一地层由于沉积条件相似，可表现为相似的岩石组合，所以可根据岩石特征划分和对比地层。应用该方法时，除考虑岩石成分、颜色、结构、构造及沉积旋回等外，还须考虑地层剖面及上下层位的关系及横向的岩相等变化。

(1) 根据岩性划分对比地层

在同一地质时代、环境相似的情况下形成的地层，其岩石成分、结构、构造等方面具有一定的相似性。图 3-1 为蓟县和昌平的新元古界青白口群剖面。蓟县剖面地层发育较齐全、构造简单、化石丰富、厚度大。据岩性特征青白口群由下至上分为下马岭组、龙山组和景儿峪组；其中下部页岩为主，中部砂岩为主，上部泥灰岩为主。昌平剖面与其在沉积环境及距物源区远近不完全相同，岩性也有差异，但在弄清岩性变化规律后，两者仍可对比，可作同样划分。

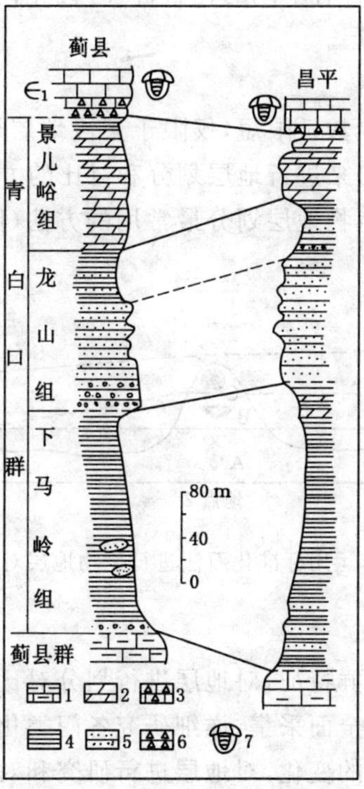

图 3-1　蓟县、昌平“青白口群”地层柱状对比图

1——硅质灰岩、白云岩；2——泥灰岩；3——角砾灰岩；

4——页岩；5——砂岩；6——角砾岩；7——三叶虫

(2) 利用标志层划分对比地层

标志层是指在地层剖面中，某些分布范围较广、特征突出和容易识别的岩层，可以作为地层划分对比的标志。选择标志层首先要研究地层剖面中稳定沉积层的分布规律，弄清分布范围。利用标志层对比地层时，不仅要注意标志层本身的特征及其在剖面中的顺序，还要注意其邻层的特征和标志层在平面上的变化规律,以免弄错层位。根据分布范围、稳定程度及特征明显性,标志层可分为不同的级别。通常一级标志层可用于全盆地的地层划分与对比;二级或更低级一般用于区域或局部地区的地层划分对比。

(3) 根据旋回结构划分对比地层

旋回结构是指在地层垂直剖面上一套岩性或岩相多次有规律交替的现象。每个沉积旋回都有其自身的特点,也是地壳不同发展阶段的自然产物。同一时期在同一沉积区或构造区形成的沉积旋回性质相同或相似,所以沉积旋回是划分对比地层的重要依据。沉积旋回在地层剖面上常表现出不同的级次,即大幅度的旋回内包含若干次一级旋回。利用沉积旋回划分对比地层时应从大到小逐级进行。不同级次沉积旋回的控制因素和影响范围不同,用于地层划分对比的范围也不同。一般来说,一级旋回可用于整个沉积盆地,二级旋回可用于盆地内二级构造范围内,依次类推,三级、四级和五级旋回应用的范围也逐渐变小。

2. 生物地层学方法

生物层序律是指根据生物演化的前进性和不可逆性原理来进行地层划分、对比,以确定地层层序。不同时代的地层中含有不同的化石群,时代相同的地层含有相同或相近的化石群,据此可以用来划分、对比地层。

(1) 标准化石法

在一个地层单位中,选择少数延限短,仅限于某段地层层位,而且有广泛地理分布的标准生物化石(如笔石、牙形石等)来进行地层划分和对比的方法,叫标准化石法。标准化石法的优点是简便、易行、经济,是生物地层划分最常用的方法(图 3-2);但标准化石并非到处都有,因此,运用有时会受到限制。

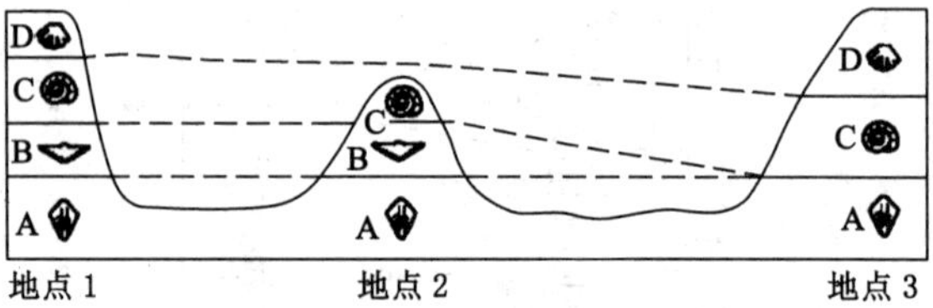

图 3-2 运用标准化石法进行生物地层对比示意图

(2) 生物组合法

综合分析地层中所含生物群特征,对地层进行划分对比的方法,称生物组合法。具体做法是对地层中的生物化石进行全面采集,详细研究各门类化石出现的情况并进行综合分析,根据生物群总貌及其在地层中的变化,对地层进行研究和对比。按照生物地层学的原则,应根据新生物的出现来确定地层分界。

3. 地层接触关系方法

(1) 沉积地层

当某地质时期某地的地壳连续发生沉降,表示该区连续接受沉积,形成一套很厚的连续沉积地层;当地壳发生上升运动,表示该区遭受剥蚀,发生长时期沉积中断,缺失这一时期地层;有时由于强烈地壳运动,使原来大致成水平状态的地层,变得倾斜、直立甚至倒转。根据上述三种情况,可以把地层间接触关系也分为整合、假整合和不整合三种。

① 整合接触

新老两套地层彼此平行接触，并且连续沉积，没有明显沉积间断，称整合接触(图 3-3)。整合接触具有以下特征：上下两套地层为连续沉积；上下两套地层之间的岩性、古生物基本一致；上下两套地层之间没有明显的剥蚀面。

② 假整合(平行不整合)接触

由于区域性升降运动的影响，造成新老两套地层虽然平行一致，但它们之间不是连续沉积，曾有过沉积间断，地层有或多或少的缺失，称为假整合(平行不整合)接触。在老地层顶面可见遭受风化剥蚀的痕迹，剥蚀面上沉积了新地层，新地层底部常见底砾岩(图 3-4)。假整合接触具有以下特征：上下两套地层之间有明显的沉积间断，岩性、古生物突变；上下两套地层之间存在广泛分布的沉积间断面；上下两套地层之间的产状基本一致。

图 3-3　地层整合接触示意图

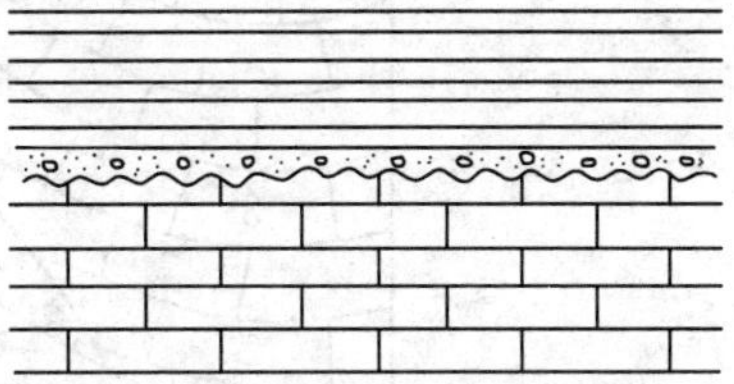

图 3-4　地层假整合接触示意图

③ 不整合(角度不整合)接触

新老两套地层彼此不平行，有一交角，其间有明显的剥蚀面，称为不整合(角度不整合)接触。老地层形成后，曾经历较强烈的地壳运动，使老地层发生褶皱，并且地壳上升，经受长期剥蚀，后来地壳又再度沉降，在老地层的剥蚀面上沉积了新地层(图 3-5)。不整合接触具有以下特征：与假整合接触相比，除了上下两套地层之间有明显的沉积间断(面)，岩性、古生物突变外，在不同地段，不整合面以下缺失的地层也不同；上下两套地层之间的产状不一致；在不整合面以上的地层中，不可能见到不整合面形成之前的岩浆岩体，它与围岩的接触面常被不整合面以上的地层覆盖和截割，且有时可见到不整合面上、下两套新老地层的变质程度差异很大。

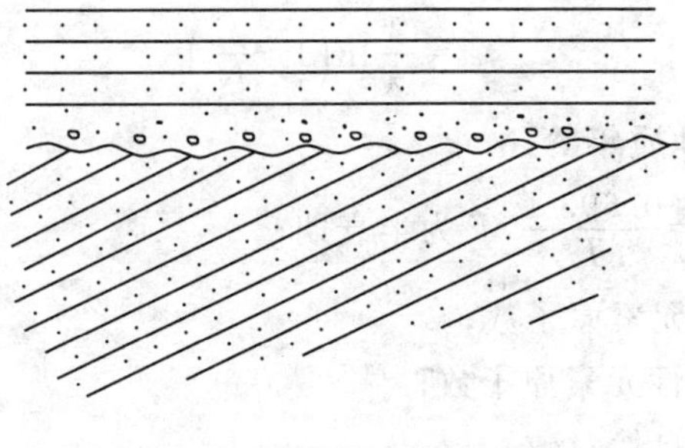

图 3-5　地层不整合接触示意图

上述三种接触关系，特别是不整合和假整合，在划分对比地层方面起着十分重要的作用。因为它们反映的地壳运动一定是区域性的，使地球表面面貌发生巨大变化，例如海陆变迁、地形升降等，从而也影响到生物的演化。

(2) 非沉积地层

岩浆岩等非沉积地层的划分对比不能依据沉积地层的方法和标准，如岩浆岩中的侵入岩时代确定主要根据侵入岩与围岩的接触关系确定，即切割穿插定律。具体为侵入（切割）者年代新，被侵入（切割）者年代老（图 3-6）。喷出岩的时代确定主要根据上、下围岩的时代确定。

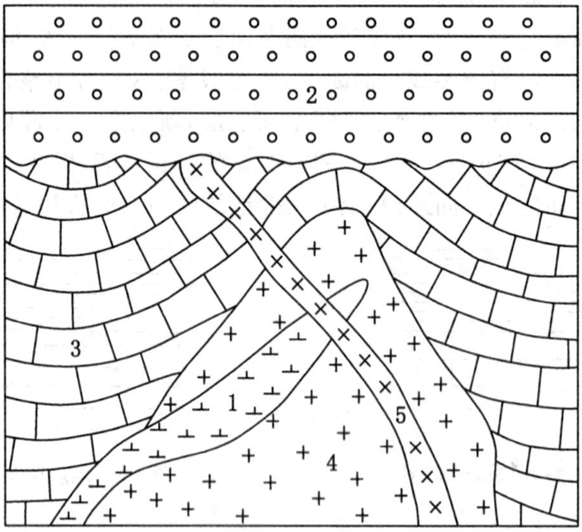

图 3-6　侵入岩接触关系示意图

4. 同位素地质年龄测定方法

同位素年龄法是利用放射性同位素原子核的衰变原理来测定地质年代的一种方法。放射性同位素是不稳定的，它产生裂变，释放出能量，最后变成稳定的终极元素，如放射性铀（^{238}U）变为铅（^{206}Pb）、铷（^{87}Rb）变为锶（^{87}Sr）等。若岩石中含某一放射性元素，开始时有 N_0 个原子，由于衰变，现在只剩下 N 个原子，则产生出新元素的原子数 $D=N_0-N$。如果测出岩石中已知放射性元素的原子数 N 及其衰变产物——终极元素的原子数 D，则岩石形成的年龄可按下式计算：

$$t=\frac{1}{\lambda}\ln\left(1+\frac{D}{N}\right) \tag{3-1}$$

式中　t——岩石生成的地质年龄，Ma；

λ——衰变常数，$\lambda=\frac{0.6931}{T}$，T 为半衰期；

D——产生的终极元素原子数；

N——测得的放射性元素原子数；

ln——以 e 为底的自然对数。

岩石同位素地质年龄的测定，对地质时代的确定，特别是对于很少含化石或不含化石的古老变质岩系年代划分对比是十分有用的方法。

5. 其他地层划分对比方法

（1）古地磁

沉积物沉积或成岩期的磁性特征称之为剩余磁性。根据岩石体剩余磁性方向的变化（倒转、长期变化）可以进行地层的划分对比。古地磁学研究发现较老岩石的磁化方向与现在地磁场的方向并不一致，有些磁化方向恰恰与现代地磁场方向相反，称为磁场反向(倒转)。如果地球磁场在某些时期是倒转的，那么不管在什么地方，在这个时期形成的岩石亦应具有反向磁化；反之亦然。

(2) 事件地层学方法

事件地层学方法将突然发生的灾变事件造成的影响用于地层的对比和地层界线的划分。地史时期有许多重大的地质事件，在地层中保留了明显的痕迹，可作为地层学研究的标志。地质事件，按其成因包括地球成因事件和地外成因事件两大类，前者包括构造运动、地震、海平面升降及生物迁移、灭绝等，后者包括超新星爆发、小星体撞击等。

四、地壳演化

根据同位素年龄测定，地球形成的时间大约距今 46 亿年，在这漫长的历史中，地壳经历了若干个重大的发展演化阶段，具体阶段划分及特征如下所述。

(一) 冥古宙

冥古宙具体时间为(4 600～3 800) Ma，为地球形成的天文时期或前地质时期，即地球形成的初期。一般认为，这个时期地球的圈层还没有形成，地壳运动强烈，岩浆活动剧烈，火山爆发频繁，表面覆盖着熔化的岩浆海洋。后期，随着地球温度的缓慢下降和冷却，地球开始分异，出现了水和二氧化碳，变质岩也开始出现。

(二) 太古宙

太古宙具体时间为(3 800～2 500) Ma，是地质年代中最古老的一个时期，也是地壳发展史中最古老的一个阶段。地壳经历了多次强烈的地壳运动和岩浆活动，形成厚度很大、强烈褶皱、变质很深的一套古老变质岩系，如片麻岩、结晶片岩等。在太古宙，世界各地均发现重要铁矿，我国鞍山市铁矿产于此地层中。

虽然在太古宙中，至今还很少找到生物遗迹，但目前认为，此时代已存在有生命物质了，由于岩石变质较深，所以不易保存遗迹。生命物质的起源是无生命物质运动发展到一定阶段的必然结果。先是碳氢化合物的形成，在适宜的环境中(例如温暖富含多种盐质的原始海洋中)转变为蛋白质，然后再逐步发展成原始的有机体。地球上最早的生命记录有格陵兰3 800 Ma的地层中发现的碳氢化合物，最古老的生物遗迹是发现于南部非洲距今约 3 200 Ma 的地层中的原始细菌化石(图 3-7)。

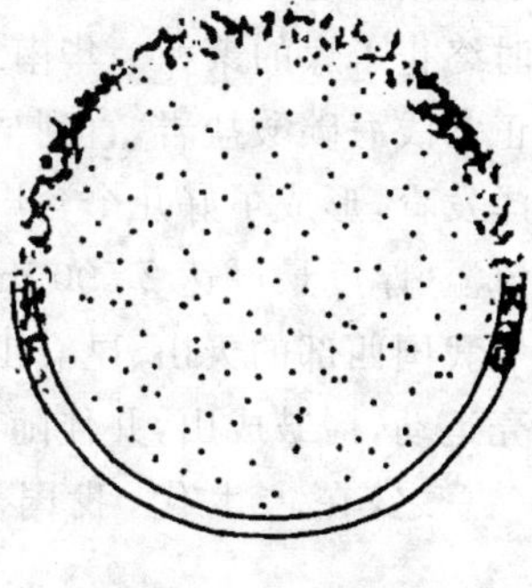

图 3-7　原始细菌化石

(三) 元古宙

元古宙具体时间为(2 500～543) Ma，地层较太古宙变质程度浅，与太古宙呈不整合接触。元古宙地壳发生多次大规模运动，主要有吕梁、晋宁运动，形成多个区域性的不整合接触。元古宙是古老的地质发展时代，延续时间很长，虽然在这些古老的地层中保存的化石不多，但这是地球上生物孕育、萌芽和发展的初期阶段，为生物的大爆发奠定了基础。元古宙可分为古元古代、中元古代和新元古代三部分。其中新元古代地层在我国分布广泛，发育完整，从老到新依次被命名为青白口系、南华系和震旦系，其时代相应地被称为青白口纪、南华纪和震旦纪。

在震旦纪，海洋中藻类已经有了较广泛的分布，因此在我国不少地方均发现含有大量钙藻化石的石灰岩。此外，在震旦纪地层中也发现了石煤(图 3-8)，其成因与藻类遗体有关。此外，震旦纪中有重要的铁、锰、磷等沉积矿产形成。

图 3-8 石煤

(四) 显生宙

显生宙具体时间为 543 Ma 至今，这一时期地球经多次地壳运动和气候变化，岩石圈、水圈、大气圈和生物圈不断发展，演化为现今面貌。显生宙包括古生代、中生代和新生代三部分。从距今大约 5.4 亿年的寒武纪始，生物逐渐演化出较高级的动物，直到今天主宰地球的人类出现。

1. 古生代

古生代是地球上第一个大量出现生物的时代，大约开始于距今 543 Ma 前，一直延续到距今 250 Ma 前。古生代包括六个纪：寒武纪、奥陶纪、志留纪、泥盆纪、石炭纪及二叠纪。前三个纪称为早古生代，后三个纪又称为晚古生代。

古生代初期，我国大部分地区为广阔的浅海，经过早古生代的加里东构造运动和晚古生代的海西-印支构造运动，使陆地面积进一步扩大，古老地台更趋于稳定。华北地块在寒武纪至早奥陶世是地壳缓慢下降，接受沉积的时期，普遍发育以滨、浅海相碳酸盐岩为主的地层。在中奥陶世之后，整体上升为陆地，经历了长期的风化、剥蚀，形成较平坦的地形。到晚石炭世，海水多次侵入重新接受沉积。当时气候潮湿、暖热，在广阔的滨海地区发育了大片沼泽，植物生长极为繁茂，成为聚煤的良好场所，形成了我国最重要的含煤地层。早二叠世海水开始撤退，华北大多数地区自此以后成为陆地。到早二叠世末期由于气候逐渐变旱，才暂时终止了煤的聚积。华南地块长期遭受海侵、接受沉积，大多被海水多次淹没，主要沉积了正常浅海碳酸盐岩，直到早石炭世、二叠世海水短暂撤退。滨海的不少地带也有大片聚煤沼泽发育，形成了好几个含煤地层。另外，晚二叠世初，云、贵、川三省交界区曾有大片玄武岩流溢，厚度最厚达 2 500 m 左右。

我国西部的天山、昆仑山、祁连山、秦岭和东北的大兴安岭等地，在古生代经历了强烈的地壳运动，褶皱成山，并伴随有岩浆活动和变质作用。

总之，在古生代，我国境内大多曾沦为浅海，因此，沉积矿产十分丰富。除了煤(图 3-9)、石油外，还有铁、铝、铜、铅、锰、磷等金属矿产。

图 3-9 煤

古生物方面，当时存在的生物与现在有很大的不同，且大多早已绝灭。从动物界看，早古生代以海生无脊椎动物为主。例如寒武纪以三叶虫最为繁盛，奥陶纪以笔石及头足类中的直角石、珠角石最繁盛，并从无脊椎动物进化出最早的脊椎动物。从无脊椎动物到脊椎动物的演化经历了漫长的过程，也存在过渡型的生物代表，如文昌鱼。文昌鱼其实还不是鱼，它没有脊椎骨，而有一条纵贯全身的脊索作为支柱，这条支柱代表了脊椎骨的先驱。志留纪有珊瑚及腕足类大量繁殖，到了晚古生代的泥盆纪，则有水生脊椎动物——鱼类大量繁殖，所以泥盆纪有人称之为“鱼类时代”。泥盆纪后期，由于气候的变化，水域缩小，有些地区由于植物的腐烂、水中缺氧，不适于鱼类生活，这时，鱼类的一个分支则不断地爬上陆地直接呼吸空气，这样世世代代传下去，它们的胸鳍和腹鳍转变成为四肢。与此同时，鳃退化了，肺发达起来，最后形成了新的一类动物——两栖类。泥盆纪地层中的总鳍鱼化石，为这种推论提供了证据。总鳍鱼的胸鳍和腹鳍的骨骼排列方式和陆生动物的四肢基本相同，这种强有力的鳍便于在陆地上支撑和移动身体（图 3-10）。石炭、二叠纪海生无脊椎动物仍占重要地位。例如，珊瑚及腕足类均有各自的重要代表，而蜓类则成为这个时期最重要的标准化石，两栖类在这时也获得了很大的发展。

图 3-10　总鳍鱼复原图

从植物界看，早古生代以生长在海水中的藻类最为繁盛，到了志留纪晚期，在滨海地区有大量原始的陆生植物。这种植物没有叶子和根，只有假根，茎枝裸露，所以称为裸蕨。裸蕨在晚古生代的早、中泥盆世达到极盛，到晚泥盆世完全绝灭而被较高级的该类植物所代替。石炭纪及二叠纪的陆生孢子植物极为繁盛。当时的蕨类是叶子发达、茎干粗壮的高大乔木。例如，鳞木高达 30～40 m、直径 2～3 m，芦木高达 20～30 m。还有属于裸子植物的科达树，高达 20～30 m 的乔木。

2. 中生代

中生代是古生代之后、新生代之前的一个地史发展阶段，大约从距今 250 Ma 前开始，延续到距今 65 Ma 以前。中生代划分为三个纪：三叠纪、侏罗纪及白垩纪。

在中生代初期，我国北部早已成为陆地，而南部地区仍大多为浅海；至三叠纪末，由于印支运动，我国南部也大多成为陆地。在侏罗纪，除了西藏、新疆的西南部、云南、四川的西部、广东中部、湖南东南部、黑龙江东北部等边缘地区尚有海水侵入之外，其他地方主要是陆相沉积。到白垩纪，只有台湾、西藏以及昆仑山南部还有海相沉积。

在我国，中生代是地壳运动比较强烈的时期，特别是东部地区，在侏罗纪、白垩纪曾多次发生强烈的褶皱和岩浆活动。由于这时期的地壳运动在华北燕山地区明显，所以称为燕山运动。我国东部十分丰富的铁、铜、锑、锡、钨、钼及其他稀有金属矿产的形成常与这时期的岩浆活动有关。

由于强烈的地壳运动，发生褶皱和断裂，形成一系列的山间盆地和若干个大型的内陆盆地（例如四川、鄂尔多斯、准格尔、松辽等）。在合适的气候条件下，这些盆地常成为聚积煤、油页岩或生成石油的良好场所。

在中生代，我国的气候大致经历了由干旱转为潮湿，再由潮湿转为干旱的变化。例如，在中三叠世四川中部曾是浅海和潟湖环境，由于受干旱气候带的控制，有丰富的岩盐和石膏等矿产沉积。从晚三叠世开始，气候逐渐转为潮湿，有利于植物生长和煤的聚积，因此，晚三叠世和侏罗纪成为我国第二个重要的聚煤期。由于我国西南及南方各省的中生代含煤地层,其时代多为晚三叠世～早侏罗世,而东北地区的中生代含煤地层多属晚侏罗世～早白垩世,因此表明,中生代的潮湿气候带最先分布在我国的西南角(云南),然后随着时间的推移,逐渐向东北方向迁移。

在潮湿气候带逐渐向东北迁移的同时,干旱气候带又逐渐控制了我国大陆。例如在中、晚侏罗世,四川盆地的气候已不适于聚煤,而形成红色砂页岩。这是由于岩层受高价氧化铁、锰等成分浸染而呈红色,在地质上常称这类地层为红层,它们是典型的干旱气候下的产物。在白垩纪,我国许多地区也有红色岩系沉积,其中常发现岩盐、石膏矿产。例如,在江西南部白垩纪红色地层中发现了大盐矿。

在动物界方面,古生代末期经历了一次巨大的变化,许多曾经盛极一时的生物,如三叶虫、笔石及蜓等相继绝灭;而新兴的爬行类取代了两栖类。由于这是爬行动物最繁盛的时期,所以有人将中生代称为“恐龙时代”(图 3-11)。在晚侏罗世开始出现鸟类的祖先——始祖鸟(图 3-12)。1861 年在德国晚侏罗世地层里,发现了第一个始祖鸟化石,身体大小像乌鸦,不但骨骼齐全,而且还有清楚的羽毛印痕。始祖鸟化石在生物进化上亦属关键性的材料,它代表了爬行类过渡到鸟类的一个中间环节。

图 3-11　恐龙时代示意图

图 3-12　始祖鸟化石

在植物界方面,中生代的特点是裸子植物群的兴起和繁盛,它们取代了孢子植物群,而居于统治地位,主要的代表是银杏、苏铁和松柏等。其中银杏目开始出现于晚石炭世,至中生代侏罗纪中期最发达,遍布世界各地,白垩纪后期大多已绝灭。现只残留一种,而且分布地区仅限于东亚,主要是我国,这就是银杏,俗称白果树。现代的苏铁种属不多,在我国俗称铁树,但在中生代曾是植物界的重要组成部分,在三叠纪和侏罗纪达到极盛,大部分在白垩纪后期绝灭。松柏的祖先在上石炭世已有发现,到晚侏罗世及早白垩世达到极盛,晚白垩世开始衰退,但现在仍然是残留的裸子植物中最重要的代表。

3. 新生代

新生代是地球演化史上最新的一个阶段,与中生代相比,生物界又有了明显的新发展。它从大约距今 65 Ma 前开始,一直延续到现在。新生代划分为古近纪、新近纪及第四纪。

在我国,新生代后期的海陆分布大致已与现代相近,仅在东部沿海边缘地区曾发生过海侵。在初期,除了西藏喜马拉雅山地区、东部沿海某些边缘地区以及台湾等为海水所占,其余各地均为大陆,所以我国新生代地层以陆相为主。这些新生代的陆相地层,由于经历的时间短,受地壳运动的影响轻微,所以不少地区地层尚保存着原来的近水平状态,或仅发生断裂而未遭强烈褶皱，特别是第四纪的沉积物，大多仍呈松散状，尚未固结成坚硬的岩石。但在经历了强烈地壳运动地区（如台湾岛及喜马拉雅山地区），岩层受到褶皱和断裂，并伴随有岩浆活动和变质作用。新生代的大规模地壳运动主要发生在新近纪，由于喜马拉雅山脉是这时形成的最著名的代表，所以这一时期的地壳运动被命名为“喜马拉雅运动”。

此外，第四纪由于气候的变化，在我国也曾发生过多次冰期（寒冷）和间冰期（温暖或炎热）的交替。但即使在寒冷的冰期，也并不是全国均为冰层所覆盖，而只是冰川分布的地区较广。在冰期，生物界也并没有全部遭毁灭，只是一些不善于适应新环境的种属被淘汰，各种动植物经受冰期严峻的锻炼，反而促进了进一步的演化。在气候转暖的间冰期，生物界又开始了大量发展，现在就是处于间冰期时代。

在动物界，曾在中生代盛极一时的恐龙类全部绝灭，脊椎动物中演化为最高级的哺乳动物继而兴起，种类和数量都很多，所以有人称新生代为“哺乳动物时代”。哺乳动物是从爬行动物演化而来的，从爬行动物到哺乳动物过渡阶段的代表，是生活在澳大利亚的鸭嘴兽。

在植物界，与现代所见的已很相近，被子植物替代了裸子植物，在陆地占主导地位。古近纪与新近纪气候比较温暖，有利于植物的大量繁殖，所以这是地球发展历史中第三个重要的聚煤期。由于当时我国常受干旱气候影响，所以古近纪和新近纪的含煤地层在我国远不及前两个聚煤期重要，但属于这一时期的个别煤田仍有很大经济价值，其中常赋存厚度超过 100 m 的特厚煤层，例如辽宁抚顺矿区就是最著名的代表。

综上所述，从生物界演化历程看，无论植物界还是动物界都经历了许多次质变的飞跃。每次飞跃之后就产生更高级的生物，然后又大量繁殖，形成盛极一时的新生物群。这样，随着地球的不断演化，特别是地球表面地理环境和气候条件等的变化以及生物有机体本身的矛盾发展，使生物界从简单到复杂，从低级到高级不断演化，于是，新的种属替代了原始的种属，就使得不同地质时代中的生物群具有了不同的时代特征。最终，导致人类的出现。人类的出现开创了地球历史新纪元，从此地球历史从生物史时代进入了人类史的时代。

第二节 古 生 物

一、古生物学概念

古生物指存在于地质历史时期的生物。古生物学是研究地质历史时期的生物界及其发生、发展、演化的科学。随着科学的发展，现在古生物学研究的范围已不仅限于古生物本身，而且还包括了各地质时代地层中所保存的一切与生物有关的资料。

古生物学研究对象是化石。化石一般反映出一定的生物特征，如形状、大小、结构、纹饰等，是地史时期的生物遗体或遗迹。随着古生物学的发展，化石的概念和范围也有所扩大。

二、化石的形成过程及类型

（一）化石的定义及化石化作用

1. 化石的定义

化石是指保存在各地质时期岩层中的生物遗体和生命活动的痕迹。严格地说，古、今生物很难以某一时间界线截然分开，但为了研究方便，一般以全新世的开始(距今约1万年)作为古、今生物的分界。那么，埋藏在现代沉积物中的生物遗体或人类有史以来的考古文物都不属于化石。凡化石都能指示古生物的存在。化石必须具有一定的生物特征，如形态、结构、纹饰和有机成分等；而一些保存在地层中与生物和生物活动无关的物体，虽然在形态上与某些化石十分相似，但只能称为假化石，如姜结石、龟背石、矿质结核等。

2. 化石化作用

化石化作用是指埋藏在沉积物中的生物遗体在成岩作用中经过物理化学的改造而成为化石的过程。它一般包括以下几种作用：

(1) 矿质充填作用

生物硬体结构中或结构间一般都有空隙，当空隙被地下水中的矿物质充填，就可以使硬体变得致密和坚实。

(2) 置换作用

在埋藏情况下，原来生物体的组成物质逐渐被溶解，而由外来的矿物质逐渐补充的过程叫置换作用。在这个过程中，如果溶解和补充的速度相等，而以分子相交换，即可保存原来生物体的细微结构。常见的置换作用有硅化、钙化及白云岩化等。

(3) 碳化作用

埋藏后生物遗体组分中的不稳定的成分经分解和升溜作用而挥发消失，仅留下碳质薄膜而保存为化石的过程叫碳化作用。

(二) 化石的形成条件

地史时期所生存的生物并非都能以化石的形式保存下来，保存都要求一定的特殊条件。

1. 生物本身的条件

化石的形成及保存首先需要一定的生物自身条件。首先，具硬体的生物保存为化石的可能性较大，如贝壳、骨骼等，因为它们主要由矿物质组成(如方解石、磷酸钙等)，能够较持久地抵御各种破坏作用。其次，具角质层、纤维质和几丁质薄膜的生物，如植物的叶子等，因为它们虽易遭受破坏，但不易溶解，在高压下易碳化而保存成为化石。而生物的软体，如内脏等容易腐烂，保存下来较难。

2. 环境与埋藏条件

从环境条件看，生物死后遗体如处于高能的水动力条件下，容易受到磨蚀损坏；在pH值小于7.8的环境中，碳酸钙质硬体易溶解；在氧化条件下有机质容易腐烂，不易保存。从埋藏条件看，生物死后若能迅速埋藏，则保存为化石的机会就多，如在海洋、湖泊等水体中沉积物能够迅速堆积的地方，生物遗体能够较快地被埋藏；若生物死后长期暴露于地表或长期在水底而未被泥沙所掩埋，就会被其他动物吞食、被细菌腐蚀，或遭受风化、水动力作用的破坏等。

3. 时间因素

时间因素在化石的形成中也是必不可少的。生物遗体或其硬体部分必须经历长期的埋藏，才能随着周围沉积物的成岩过程而石化成化石。有时生物遗体虽被迅速埋藏，但在很短的时间内又因冲刷等自然营力的作用而暴露出来，仍然不能形成化石。

4. 成岩条件

沉积物的成岩作用对化石的形成和保存具有显著影响。一般来说，沉积物在固结成岩过程中的压实作用和结晶作用都会影响化石的保存。碎屑沉积物的压实作用较为显著，常常导致碎屑岩中的化石很少保持原始的立体形态。化学沉积物的结晶作用则常使生物遗体的微细结构遭受破坏，因其是深部成岩和重结晶作用，可使已形成的化石严重破坏甚至消失。

（三）化石的类型

根据化石的保存特点，大体上可以将化石分为四大类，即实体化石、模铸化石、遗迹化石和化学化石。

1. 实体化石

全部生物遗体或一部分生物遗体保存下来而形成的化石。一般来说，只有生物的硬体部分经历不同程度的石化作用之后，才能保存为实体化石，如珊瑚、菊石化石等。但在特殊条件下，生物的硬体乃至软体也可以比较完整地保存下来。例如，1901 年在西伯利亚第四纪冻土层发现的猛犸象化石。

2. 模铸化石

在地层中保存下来的生物遗体的印模和铸型。根据其与围岩的关系，又可分为以下四种类型。

（1）印痕化石

生物遗体陷落在细粒碎屑或化学沉积物中留下生物软体的印痕，经过腐蚀作用和成岩作用后，生物遗体完全消失，但印痕仍然保存，而且这种印痕常常可反映该生物的主要特征，如水母、植物叶子等的印痕。

（2）印模化石

生物硬体（如贝壳等）在围岩表面上的印模，包括内模和外模。外模反映了原来生物硬体的外表形态和构造特征；内模反映了生物的内部构造。需要指出的是，外模和内模所表现的纹饰和构造凹凸情况与原生物体的实际情况正好相反。

（3）模核化石

由生物体结构形成的空间或生物硬体溶解后形成的空间，被沉积物充填固结后，形成与原生物体空间大小和形态类似的实体，包括内核和外核两种。内核是充填于生物硬体内部空腔中形成的核化石，其表面就是生物硬体内模；外核是被埋藏的生物硬体溶解后在沉积物中留下的空腔被再次充填形成的核化石。

（4）铸形化石

当贝壳埋在沉积物中已经形成了外模和内核后，贝壳全部溶解，并被后来的矿质填充所形成的化石。它的表面与原来贝壳的外饰一样，内部还包有一个内核，但壳本身的微细结构没有保存。

3. 遗迹化石

保存在岩层中的古生物生活活动留下的痕迹和遗物，如足迹、爬痕、粪便等（图 3-13）。

4. 化学化石

生物有机质软体部分虽然遭受破坏未能保存为化石，但分解后的有机成分，如脂肪酸、氨基酸等仍可残留在岩层中，借助于现代化的手段和分析设备，仍能分离或鉴别出来。

三、古生物的主要门类

古生物的种类很多，分类方法与现代生物类似。它们首先被分为古动物和古植物两大

图 3-13 遗迹化石(据杨遵仪等,1957)

1——禽龙足印;2——蠕虫觅食迹(右图是左图的放大);

3——鱼粪化石;4——北京周口店山顶洞人的石器

类,每大类下分“门”,门下分“纲”,纲下分“目”,目下分“科”,科下分“属”,属下分“种”。

按照上述分类方法,古动物分为原生动物、腔肠动物、软体动物、腕足动物、节肢动物等门。古植物分为蕨类植物、裸子植物和被子植物等门。这里由于篇幅所限,仅对地层中常见的和重要的古动物门类和古植物门类进行介绍。

(一) 古动物

1. 原生动物门

原生动物是一类最低等的真核单细胞动物。个体由一个细胞组成,但它是一个能够独立生活的有机体,具有新陈代谢、刺激感应、运动、繁殖等机能。原生动物没有真正的器官,但其细胞产生分化,形成了“类器官”。原生动物身体上的鞭毛、纤毛、伪足是运动类器官。

划分、对比地层较重要的有放射虫目和有孔虫目。蜓类是有孔虫目的一个亚目,又称纺锤虫,常具纺锤形或椭圆形,一般长 2 mm,最小不到 1 mm,大者可达 30～60 mm。一般认为蜓类是浅海底栖生物,生活于水深 100 m 左右的热带或亚热带平静正常的浅海环境。早石炭世晚期最早出现,到早二叠世达到极盛,晚二叠世开始衰退,至二叠纪末全部绝灭。蜓类分布时限短,演化迅速,地理分布广泛,是石炭系、二叠系的标准化石。

2. 腔肠动物门

这里主要介绍腔肠动物门的珊瑚纲,它包括现代的海葵、石珊瑚、红珊瑚和已绝灭的四射珊瑚、横板珊瑚等,全为海生。珊瑚纲大多具外骨骼,以钙质为主;其中化石最多、地层和生态意义最大的是四射珊瑚亚纲和横板珊瑚亚纲。下面以四射珊瑚为例作简单介绍。

四射珊瑚形态分单体、复体,外形多样。单体外形多呈角锥状或弯锥状(图 3-14);复体珊瑚由多个个体组成,有丛状复体和块状复体。始现于中奥陶世,至二叠纪末绝灭。在其发展历程中有 4 个繁盛期,即晚奥陶世至中志留世、早～中泥盆世、早石炭世、早二叠世。

大多数复体珊瑚生存范围较窄,生活在温暖的正常浅海中,水深 20 m 左右,水温 25～30 ℃最为适合。单体珊瑚和少量复体珊瑚生态范围较广,各种深度和低温环境均可有不同类型的珊瑚生存。造礁珊瑚多为群体珊瑚,主要分布在南北纬 28°之间的热带及亚热带浅海,尤其在太平洋赤道附近南北纬 13°之间的地带珊瑚礁更为发育。

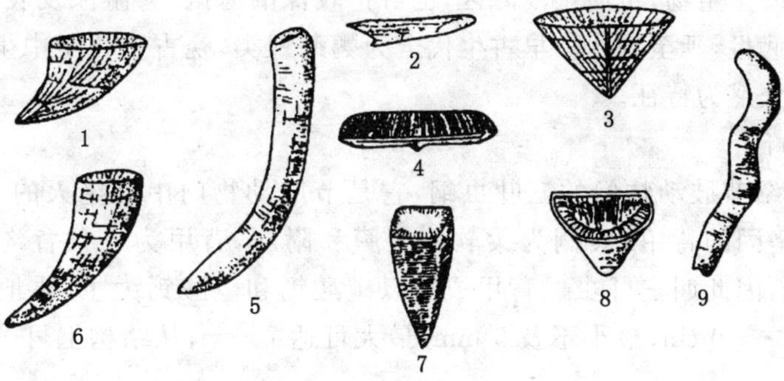

图 3-14　四射珊瑚单体外形

1——阔锥状；2——荷叶状；3——陀螺状；4——盘状；
5——圆柱状；6——狭锥状；7——方锥状；8——拖鞋状；9——曲柱状

3. 软体动物门

它是无脊椎动物中种类众多的一个门类，仅次于节肢动物。它们分布广泛，陆上和海中均有代表，如蜗牛、田螺、河蚌、海螺和章鱼等。地层中化石保存较多的为双壳纲和头足纲。

(1) 双壳纲

双壳类一般具有互相对称、大小一致的左右两壳瓣(每壳瓣本身前后一般不对称，如海扇、蚰、珠蚌等)，故最早被命名为双壳纲，其壳形多样。

双壳类始现于早寒武世；奥陶纪为双壳类主要辐射分化时期；志留纪至泥盆纪进一步分化，许多新类别出现，并出现了淡水类型；至中生代，双壳类迅速发展，现在达到全盛。

(2) 头足纲

头足纲包括地史时期曾大量繁盛并具有重要意义的鹦鹉螺类、菊石、箭石和现代的章鱼、乌贼等。雌雄异体，鳃 4 个或 2 个。4 个鳃者具外壳，如鹦鹉螺；2 个鳃类壳体被外套膜包裹而成内壳或无壳，如乌贼、章鱼。

外壳类的壳形多种多样，有直形壳、弓形壳、环形壳和旋卷形壳，少数为螺旋形壳和异形壳(图 3-15)。壳体大小差别很大，小者长 5～6 mm，大者长达 9 m 左右。

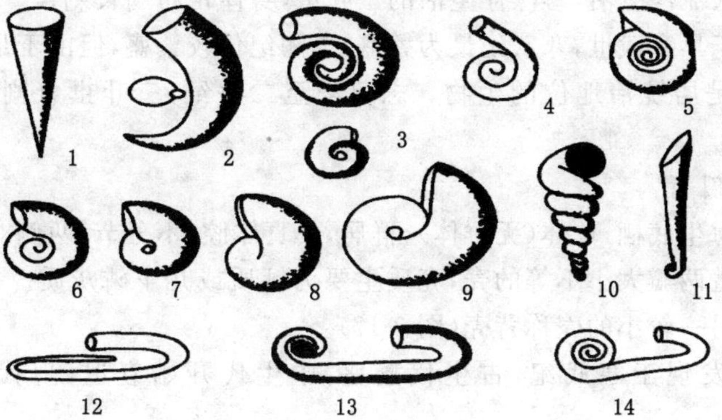

图 3-15　头足类的外壳形状

1——直形；2——弯形；3——环形；4——半旋形；
5～9——旋卷形；10——锥旋；11～14——松旋

头足动物为海生生物，生活于浅海区，也可达较深的海区，喜游泳及底栖爬行生活。头足类始现于晚寒武世，延至现代。早古生代全为鹦鹉螺类，晚古生代至中生代菊石较繁盛，新生代以贝壳类繁盛为特征。

4. 节肢动物门

这里主要介绍节肢动物门的三叶虫纲，它是节肢动物门中已绝灭的一个纲。三叶虫身体扁平，披以坚固的背甲，腹侧为柔软的腹膜和附肢，背甲为二条背沟，纵向分为1个轴叶和2个肋叶，因此叫三叶虫。背甲成分以碳酸钙和磷酸钙为主，质地较硬；呈长卵形或圆形，通常长3～10 cm，最小不及5 mm，最大可达70 cm；从结构上可分头甲、胸甲和尾甲（图3-16）。

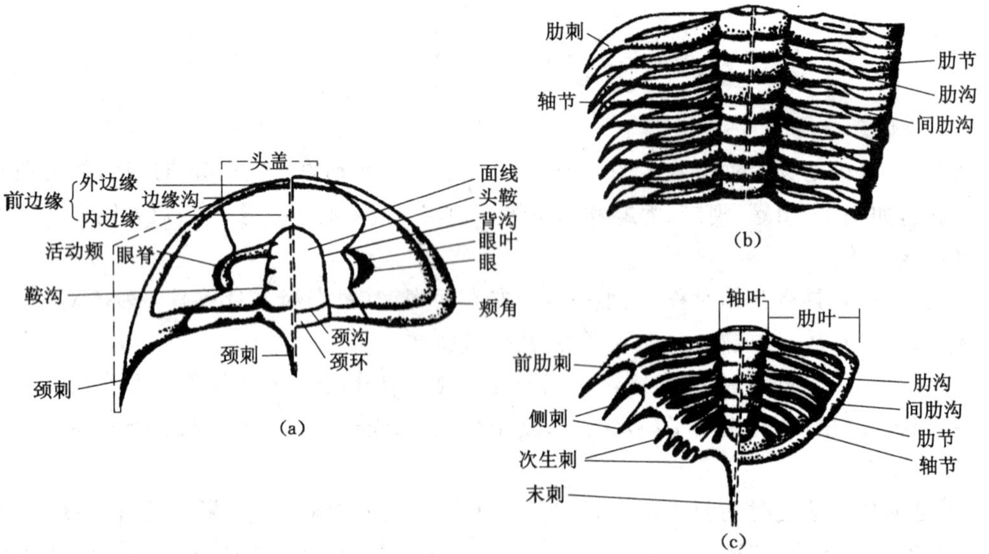

图3-16 三叶虫背甲构造模式图

三叶虫全为海生，大部分三叶虫为浅海底栖爬行或半游泳生活。底栖三叶虫身体扁平。有的三叶虫可钻入泥沙生活，喜漂浮生活的三叶虫，身体常布满长刺。

三叶虫始现于早寒武世，寒武纪最为繁盛，奥陶纪仍较繁盛，但由于足类和笔石的兴起，它在海洋中不再是居统治地位的生物。志留纪至二叠纪，三叶虫急剧衰退，至二叠纪末绝灭。

5. 腕足动物门

腕足动物是海生底栖，单体（无群体），群居，具真体腔，不分节，两侧对称的无脊椎动物。腕足动物体外披着两瓣大小不等的壳，壳质主要为钙质或几丁磷灰质。一般茎孔所在的壳较大，称为腹壳；另一较小的壳称背壳（图3-17）。

腕足类最早发现于寒武纪，古生代繁盛，中生代开始衰退，现代海洋中仅有少数存在。

（二）古植物

1. 蕨类植物门

蕨类植物门是高等植物中较低级的一类，包括裸蕨纲、石松纲、节蕨纲、真蕨纲。

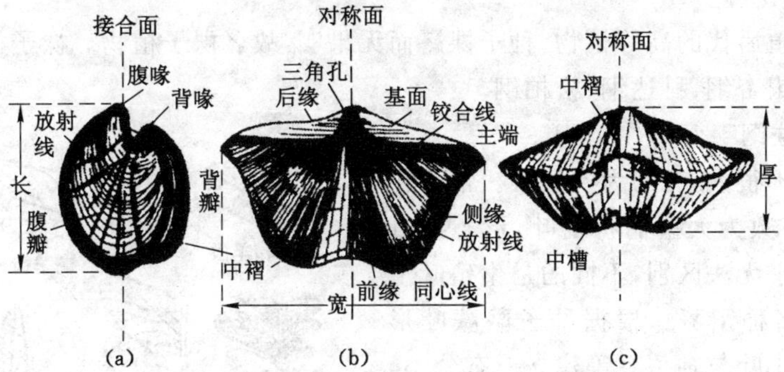

图 3-17　腕足动物弓石燕硬体外部构造图

(a) 侧视；(b) 背视；(c) 前视

(1) 裸蕨纲

裸蕨纲是一类原始的陆生维管植物。一般矮小(十几厘米至两米)，分化不明显，茎二歧式分枝，无叶，无真正根，为拟根状茎或假根。裸蕨植物完成了从水生到陆生的飞跃，是植物进化史上重要的转折点。裸蕨植物始现于晚志留世，繁盛于早、中泥盆世，晚泥盆世全部灭绝。

(2) 石松纲

植物茎二歧式分枝，单叶，小而密布于枝，呈螺旋状排列，单脉。孢子囊单个着生于孢子叶的叶腋或叶的上表面近基部处。石松植物叶的基部膨大，脱落后的印痕称叶座。

石松植物始现于早泥盆世，晚泥盆世开始繁盛，极盛于石炭纪，二叠纪后期开始衰退。

(3) 节蕨纲

茎单轴式分枝，明显地分为节和节间，节间上有纵脊和纵沟，枝和叶都自节部伸出；单叶、叶小、轮状排列。最常见的化石是带叶小枝，称为楔叶，每轮叶的数目为 3 的倍数，通常为 6 枚，每枚叶的基部收缩成楔形，扇形脉(图 3-18)。

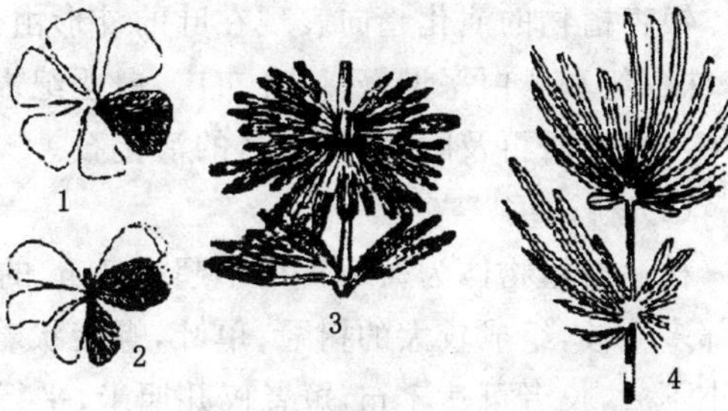

图 3-18　节蕨植物叶化石代表

1,2——楔叶；3——轮叶；4——瓣轮叶

节蕨植物始现于早、中泥盆世，石炭纪至二叠纪为全盛时期，遍及全球，有乔木、草本和小型藤本各种类型；中生代只有草本的木贼目，早白垩世后更趋衰退；现代仅存木贼一属。

(4) 真蕨纲

现代生存的藻类植物中数量最多的是真蕨。它最突出的特征是有大型的羽状复叶，也有单叶或掌状分裂叶，总称为蕨叶。蕨叶叶柄分裂方式与茎的分枝方式相似，以二歧合轴式及单轴式为主；茎不发育，多数为根状茎，热带雨林区也有高达十数米的树蕨。

真蕨最早出现于中泥盆世，石炭纪、二叠纪繁盛，现在仍有大量属种。

2. 裸子植物门

以种子繁殖后代的高等植物,种子裸露而无果实,故名裸子植物。裸子植物门包括种子蕨纲、苏铁纲、银杏纲、科达纲、松柏纲。

(1) 种子蕨纲

绝大多数不很大,有的为树蕨状。常见化石是叶部,大多数为大型羽状复叶,形态与真蕨纲的蕨叶几乎无法区别,不同的是生殖叶上长有种子,故名种子蕨。根据种子蕨蕨叶形状、叶脉形式、小叶与轴关系等建立形态分类,与真蕨植物一起通称为羊齿植物(图 3-19)。

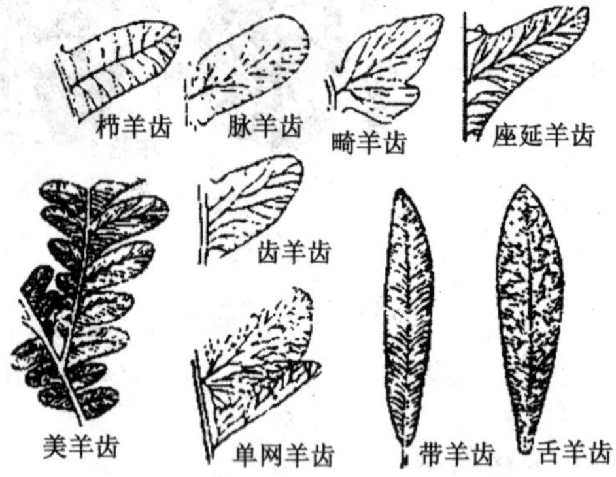

图 3-19 蕨形叶类型

种子蕨植物是古老的裸子植物,始现于晚泥盆世,石炭纪至二叠纪极盛,晚二叠世衰退,少数延续至中生代,中生代后期灭绝。

(2) 苏铁纲

化石苏铁常为细茎类型,分枝很少或不分枝;茎顶端丛生坚硬的一次羽状复叶或单叶;羽状分裂的裂片着生于羽轴两侧或羽轴腹面,大多数具平行脉、放射脉,个别单脉或网脉。常见的叶化石有侧羽叶、毛羽叶等。

苏铁植物起源于二叠纪或晚石炭世,晚三叠世到早白垩世为繁盛期。现代衰退,仅存 9 属,如铁树,分布于热带、亚热带区。

(3) 银杏纲

现代银杏是典型的温带落叶乔木,首先出现于热带或亚热带区,如我国华北二叠系中发现有似银杏和楔拜拉,中生代则广泛分布于全球的热带或暖温带区,是重要的成煤植物。

银杏植物的演化趋向表现在叶的外形由分裂较多、较深向简化方向发展,始现于早二叠世,侏罗纪和早白垩世繁盛,分布广,白垩纪末衰退;第四纪冰期后孑遗银杏一种于中国,唐代传至日本后再及欧美,为著名的活化石。

(4) 科达纲

科达纲植物体为树干直径不超过 1 m 的细高乔木,茎干基部有的有高位支持根;树干上部多分枝,组成较大的树冠;单叶,螺旋状着生于枝;叶通常名为科达,无柄;叶多呈带状,大小不一,长者可达 1 m,短者仅几厘米,平行叶脉。

始现于晚泥盆世,晚石炭世至早二叠世最繁盛,为重要造煤植物;三叠纪后灭绝。

(5) 松柏纲

松柏纲始现于晚石炭世早期;在早二叠世,北半球各地的干旱环境就有古老型的松柏植物;中生代全面繁盛,至新生代松柏纲仍是裸子植物中生存最多的类群。

3. 被子植物门

被子植物是植物界中结构最完善的、最高级的一类种子植物。有明显的花,以种子繁殖,且种子被果实包裹。被子植物的孢子体高度发达,类型众多,对各种自然环境有着广泛的适应能力,不但有陆生,还有水生或寄生,茎有木本、藤本和草本。

最早的被子植物发现于晚侏罗世,至晚白垩世就迅速广泛分布,很多古老类型的科已出现。新近纪是草本植物大发展阶段,由于生活周期短,结构趋向极度简化,使得被子植物迅速取代了裸子植物，在植物界中占绝对优势。

四、古生物的应用

一定类别的古生物只生存于一定的地质历史阶段和一定的古地理环境，而且随着地史的发展，生物也在不断地发展和演化。因此，利用古生物可以帮助人们研究古地理、古环境，划分和对比地层，勘探矿产资源等。生物与其生活环境是互相联系、紧密相关的，环境从根本上决定着生物的分布和生活习性等。因此，根据地层中的古生物化石可以推断古地理环境。影响生物生存的主要环境因素包括水深、温度、盐度及能量等，而不同生物代表了当时沉积水体的特征。例如，发现造礁珊瑚、蓝藻等，表明当时沉积水深在 20 m 以内；发现头足类、棘皮类等，表明当时沉积水体为正常盐度海水；黑色笔石页岩相代表较深的滞流水还原环境。另外，生物的丰度和分异度也可反映介质的物理化学条件。一般在温暖、浅水、动荡、富氧及清洁的海域，生物大量繁殖，生物丰度和分异度就高。生物化石的保存状态可以反映介质的动力状态，如在动荡浅水条件下，生物难以原地、完好的保存，多为化石碎片。根据地层中所含有的古生物，可以推断地层的形成时代，进行地层的划分和对比。早在 18 世纪，科学家在寻找矿产的生产活动中就发现，古生物化石的面貌最能反映地层系统的新老顺序。地质年代越新，地层层位越高，生物化石的面貌越接近现代。含有相同化石的地层，其时代相同；不同时代的地层，所含化石不同，这就形成了化石的层序律。许多元素的富集与古生物有关，如磷的富集与几丁质生物壳有关，硅藻土是大量硅藻硬壳堆积而成的，石油的生成与大量的浮游微生物相关。

第四章 地质构造

自然界中的岩层主要包括沉积岩层、层状喷出岩体和部分变质岩层，其中分布面积最广的是沉积岩层，占全球面积的75%，沉积岩层地质构造是研究的重点。在广阔而平坦的沉积盆地（如海洋和大湖泊）中所形成的沉积岩层，是水平或近水平的，只有在受沉积盆地边缘、岛屿、水下隆起等局部地形的影响，岩层才会出现一定程度的倾斜，称为原始倾斜。岩层形成以后，在内、外动力地质作用下发生变形与变位而遗留下来的形态，称为地质构造。简单来说，地质构造在一定范围内表现为单斜构造、褶皱构造和断裂构造三种基本类型。

第一节 岩层的产状及厚度

一、水平岩层和单斜构造

在地壳运动影响较轻微的地区，岩层层面保持近水平状态，在同一层面上各点海拔高度基本相等，具有这样特征的岩层称为水平岩层。水平岩层具有以下特征：

（1）在地层层序正常没有发生倒转的前提下，地质时代较新的岩层覆盖在较老岩层之上，在地形切割强烈的地区，较新的地层出露的位置较高，一般分布在山顶或分水岭上，较老的岩层出露的位置较低，主要分布在低洼处，如河谷和冲沟。

（2）水平岩层的厚度就是岩层顶面标高和底面标高之差。

（3）水平岩层的露头宽度是指岩层上、下层面在地面上的出露界线之间的水平距离，受控于岩层厚度和地面坡度。当岩层厚度一定时，地面坡度越陡，水平岩层出露宽度越窄，反之出露宽度越宽；当地面坡度相等时，厚度大的岩层出露宽度宽，厚度小的岩层出露宽度窄（图4-1）。

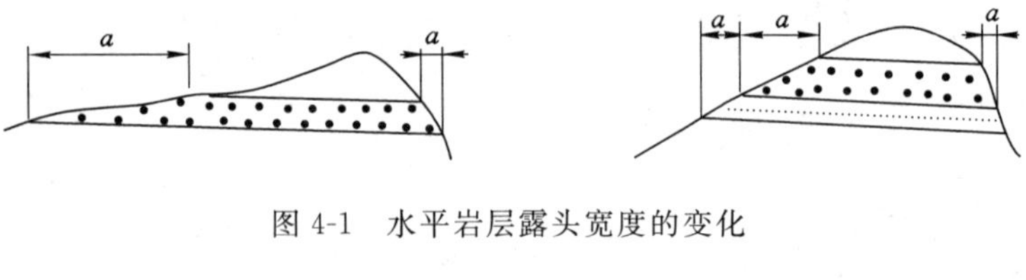

图4-1 水平岩层露头宽度的变化

在一定范围内，由于地壳运动，使一系列原始水平的岩层发生构造变动，形成向一个方向倾斜的岩层，且倾斜角度变化不大，这种简单的构造形态称为单斜构造。在较大的区域内，它往往是某种构造的一部分，如褶皱的一翼或断层的一盘（图4-2），也可以是地壳不均匀抬升或下降引起的区域性倾斜。

二、岩层产状

岩层在空间的产出状态和方位称为岩层的产状，观测岩层的产状及分布特征，是研究地质构造的基础工作。

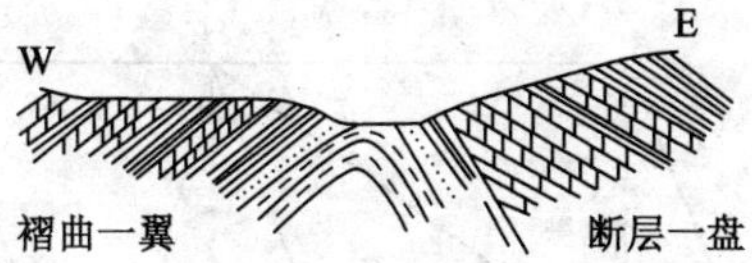

图 4-2 单斜构造与断层、褶皱的空间关系

(一) 岩层产状要素

岩层产状是以岩层面在三维空间的延伸方位及其倾斜程度来确定的,可以用岩层面的走向、倾向、倾角三个产状要素的数值来表示(图 4-3)。

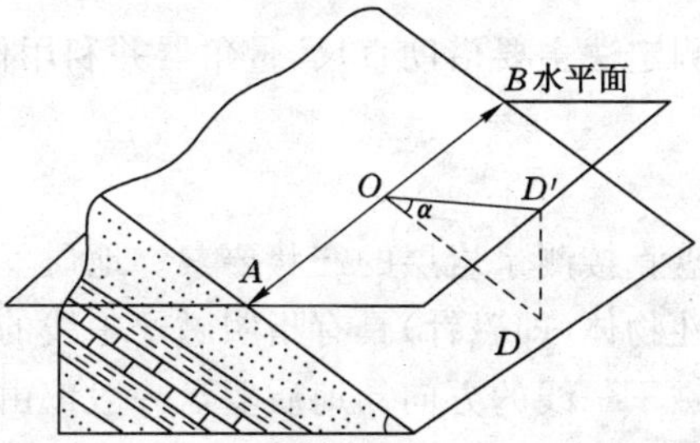

图 4-3 岩层产状要素

AOB——走向线;*OD*——倾斜线;*OD′*——倾向线;α——倾角

1. 走向线和走向

岩层面与水平面的交线称为走向线(图 4-3 中 *AOB*),走向线两端延伸的方向即为岩层的走向。走向有两个方位,两者相差 180°,如 NE20°和 SW200°。

2. 倾斜线、倾向线和倾向

在岩层面上与走向线垂直,并沿斜面向下所引的直线叫倾斜线(图 4-3 中 *OD*)。倾斜线在水平面上的铅直投影线称为倾向线(图 4-3 中 *OD′*)。倾向线向岩层侧倾的一方所指的水平方位,称为倾向。在一个点上的岩层倾向只有一个方向,与岩层走向相差 90°。在岩层面上凡与该点走向不垂直的任一条直线均为视倾斜线,其在水平面上投影线所指的倾斜方位叫视倾向或假倾向,岩层在一个点的视倾向有无数个。

3. 倾角和视倾角

岩层面与水平面所夹的最大锐角,或者说倾斜线和其对应的倾向线所夹的锐角,称为倾角或真倾角(图 4-3 和图 4-4 中 α 角)。水平岩层的倾角为 0°,无走向和倾向,直立岩层的倾角为 90°,倾向为指向新岩层的一方。

视倾线和它的水平面上的投影线之间的锐夹角,叫视倾角或假倾角(图 4-4)。岩层面上一点的视倾角可以有无数个,这些视倾角都小于真倾角。

真倾角和视倾角可以相互换算,其数学表达式为:

$$\tan\beta = \tan\alpha \cdot \cos\omega$$

(二) 岩层产状测定方法

岩层产状的测定方法有直接测定法和间接测定法两类,直接测定法主要是利用地质罗

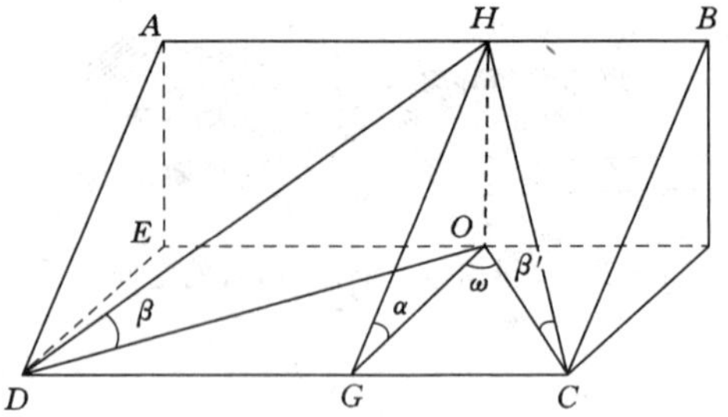

图 4-4 倾角和视倾角的关系

α——倾角；β、β'——视倾角；ω——真倾向与视倾向之间的夹角

盘直接测定产状要素，间接测定法主要借助直尺、量角器并利用作图、计算，间接求得岩层产状要素。

1. 直接测定法

目前，仍然使用地质罗盘直接测量岩层的产状要素。地质罗盘仪式样较多，但其原理和构造大体相同，它是利用磁性物体（即磁针）具有指明磁子午线的一定方向的特性，配合刻度环的读数，确定目标相对于磁子午线的方向。地质罗盘一般都由磁针、磁针制动器、刻度盘、测斜器、水准器、瞄准器、底盘等几部分组成（图 4-5）。

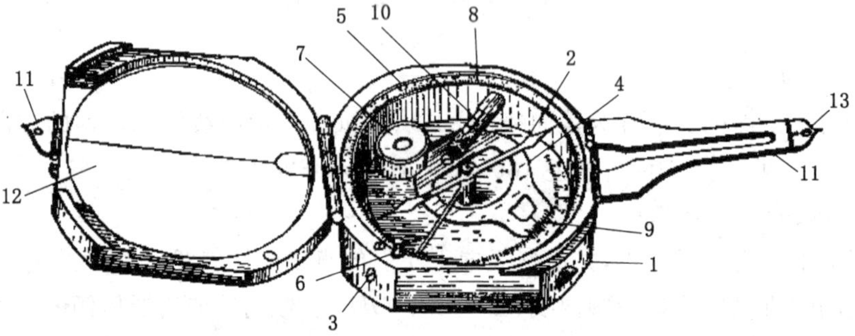

图 4-5 地质罗盘构造

1——罗盘底盘；2——磁针；3——罗盘校正螺丝；4——倾斜仪；5——圆盘；6——磁针制动器；7——水准气泡；8——方位角刻度；9——倾斜角刻度；10——倾斜仪上水准气泡；11——折叠式瞄准器；12——玻璃镜；13——观测孔

在测量岩层产状之前，应首先找到要测岩层的较为稳定和平整的岩层面，然后利用图 4-6 所示的测量方法测量岩层的产状。

(1) 测量岩层走向：将罗盘长边与层面紧贴，然后转动罗盘，使底盘水准器的水泡居中，读出指针所指刻度即为岩层之走向（图 4-6）。

(2) 测量岩层倾向：将罗盘北端或接物觇板指向倾斜方向，罗盘南端紧靠着层面并转动罗盘，使底盘水准器水泡居中，读指北针所指刻度即为岩层的倾向。假若在岩层顶面上进行测量有困难，也可以在岩层底面上测量。仍用对物觇板指向岩层倾斜方向，罗盘北端紧靠底面，读指北针即可。

(3) 测量岩层倾角：将罗盘直立，并以长边靠着岩层的真倾斜线，沿着层面左右移动罗盘，并用中指扳动罗盘底部之活动扳手，使测斜水准器水泡居中，读出悬锥中尖所指最大读数，即为岩层之真倾角。

在穿层巷道中，有时找不到理想的岩层面，可以利用巷道两壁或掘进头上同一岩层的露头线并借助罗盘测量岩层的产状要素（图 4-7）。在出露线上，任取在同一高程上的两点如 D、E，连接 DE，用罗盘测量 DE 的方位则为岩层的走向，在同一岩层上另找一点 A，且满足 A、D、E 不在同一条直线上，由 A 点拉一线 AF 垂直 DE，则 AF 倾伏向和倾伏角就是所测岩层的倾向和倾角。

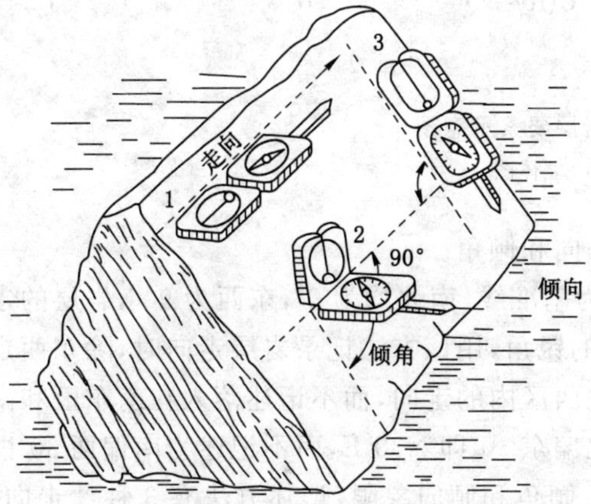

图 4-6　地质罗盘测量岩层产状要素示意图

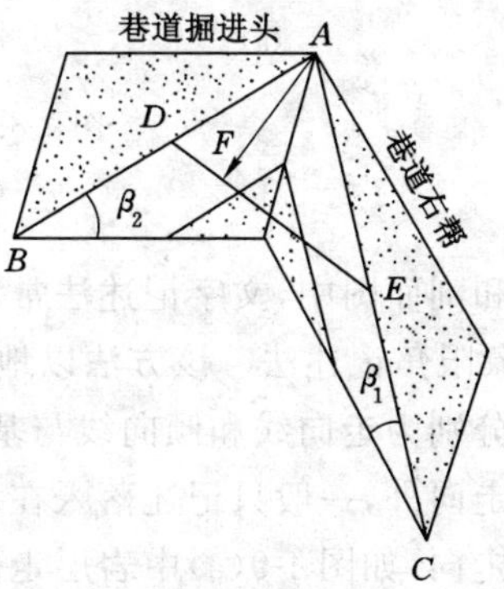

图 4-7　巷道拉线测量岩层产状要素

2. 间接测定法

在实际工作中，有时因地形和岩层揭露情况等条件的限制，或岩层倾角很小而不能或不容易用罗盘直接测定岩层产状，这时就需要用间接方法测定岩层产状。其中最基本和最常用的就是三点法，该方法是利用同一岩层面上 3 个点的高程及坐标，间接求出岩层的产状要素。利用三点法求解岩层产状须满足以下 3 个条件：3 个点位于同一岩层面，且不在同一条直线上；3 个点坐标及标高均为已知；3 个点之间岩层产状基本稳定。

三点法测定岩层产状见图 4-8，详细作法为：以一定比例尺将 A、B、C 三点按照坐标投影到一个平面上，连接最高点 A 和最低点 C，用平行线法等分线段 AC，从中找到与 B 点高程相等的点 E，过 B、E 两点作直线，则直线 BE 为岩层过 B 点的走向线，过 C 点（或 A 点）作 BE 的平行线 CN，在 BE 上任选一点 D，过 D 点作走向线 BE 的垂线交走向线 CN 于 F，则 DF 为岩层的倾向线，DF 方向为岩层的倾向。在 BE 线上截取 DG，使 DG 的长度等于 B 点和 C 点的高程差，连接 FG，则 $\angle DFG$ 即为岩层的倾角(α)。图 4-8(b)是三点法求岩层产状要素的立体图，该图可以更加形象地说明三点法的原理。

另外还可以利用地形地质图求解岩层产状。

（三）岩层产状表示方法

岩层产状表示方法有两种：文字记述方法和符号表示法。

1. 文字记述法

文字记述法又可分为象限角记述法和方位角记述法，这种方法常用于野外或井下记录、

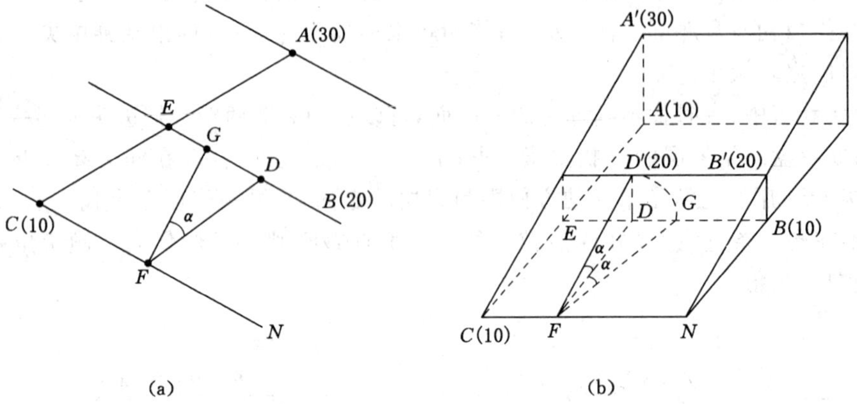

图 4-8　三点法求岩层要素示意图

(a) 平面图；(b) 立体图

文字报告和剖面图中，文字记述法常常只记录倾向和倾角。

(1) 象限角记述法。该方法以地理子午线为基准线，南北均为 0°，东西为 90°，岩层的走向和倾向分别为走向线和倾向线与基准线所夹的锐角，用该方法记录岩层走向时，除东西走向和南北走向外，一般只记述落入在北东区和北西区内的走向，而不记述落入在南东区和南西区内的走向，如图 4-9(a)中岩层走向记述为北偏东 30°即 N30°E，而不记述为南偏西 30°即 S30°W。用象限角记述岩层方位一般测记走向、倾角和倾向象限，记述方法有 3 种："走向、倾向倾角"记述法、"走向/倾角倾向"记述法和"倾向倾角"记述法，如岩层走向北偏东 30°，倾向南东，倾角 28°，可以记述为 N30°E、SE∠28°(走向、倾向倾角)或 N30°E/28°SE(走向/倾角倾向)，或 S60°E∠28°(倾向倾角)。

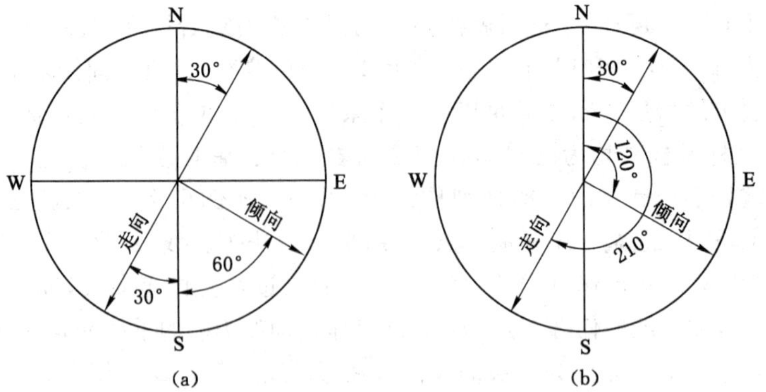

图 4-9　文字记述岩层产状示意图

(a) 象限角表示法；(b) 方位角表示法

(2) 方位角记述法。以地理正北(N)为起点(0°)，顺时针旋转到岩层的走向线、倾向线的角度，即为岩层走向和倾向的方位角。该方法一般只测记倾向和倾角。如图 4-9(b)所示，岩层的走向为 30°或者 210°，岩层的倾向为 120°，如果岩层的倾角为 28°，则岩层产状可记述为 120°∠28°。

2. 符号表示法

在各种平面地质图上，岩层产状用符号表示法(图 4-10)，其中长线代表岩层走向，短线代表岩层倾向(水平岩层无倾向和走向，直立岩层短线指向新岩层一方)，度数代表岩层倾角。

图 4-10　岩层产状符号示意图

(a) 水平岩层；(b) 倾斜岩层；(c) 直立岩层；(d) 倒转岩层

第二节　褶皱构造

一、褶皱和褶曲

(一) 褶皱的概念

岩层或岩体在地壳运动等地质作用的影响下形成波状弯曲，但仍然保持着他们的连续完整性，这种构造形态称为褶皱构造，简称褶皱。褶皱构造是地壳上最常见的一种地质构造，它在层状岩石中表现得最明显(图 4-11)。

图 4-11　褶皱构造

褶皱构造形态各异，规模差别较大，大者可达数千米乃至数百千米，只有在卫星照片上才能完整地观察得到。小者可在手标本上显现，甚至需借助显微镜才能观察得到。

研究褶皱的形态、产状、分布和组合规律，可以帮助分析地质构造的演化过程，恢复地壳运动的历史。许多矿产在成因上或矿体产状和空间分布上与褶皱有密切关系。因此，研究褶皱构造具有重要的理论意义和实用意义。

(二) 褶曲的基本形式和基本特征

褶曲是褶皱构造中的一个弯曲，是褶皱构造的基本单位，有两种基本形式，即背斜和向斜。背斜是核心部位岩层较老，向两侧依次对称出现较新的岩层的形态，一般向上弯曲，如图 4-12(a)所示。向斜是核心部位岩层较新，外侧岩层较老的形态，一般向下弯曲，如图 4-12(b)所示。如褶皱岩层的新老层序不明，或褶皱的变形面不是层理面而是其他构造面,则向上弯曲的岩层称为背形,向下弯曲的称为向形。

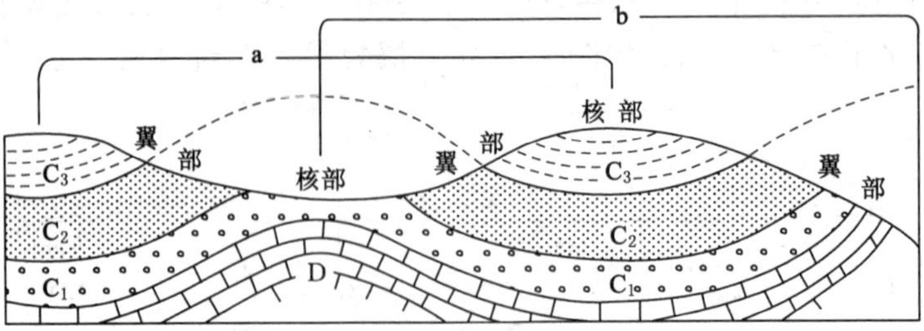

图 4-12　褶曲基本类型

a——背斜;b——向斜

褶曲有以下基本特征:

(1) 一般情况下背斜向上弯曲,两侧地层产状相背;向斜向下弯曲,两侧地层产状相向。

(2) 背斜核心部位岩层较老,两侧地层较新,越向外地层越新,呈对称重复出现;向斜核心部位岩层较新,两侧地层较老,越向外地层越老,也呈对称重复出现。

(3) 在地貌特征上,常会出现反向地貌即向斜成山,背斜成谷。在背斜核心部位岩层受到张应力的作用,发育断裂构造,容易剥蚀形成背斜谷;而在向斜核心部位,则常会出现向斜山。

(4) 背斜核心部位因断裂构造发育,常见岩浆等侵入充填,而向斜的核心部位则很少见岩浆侵入充填。

(三) 褶皱要素

褶皱的各个组成部分总称为褶皱要素(图 4-13),褶皱要素的正确描述是研究褶皱的形态特征、成因等的基础,地质中常用的褶皱要素主要有以下几种:

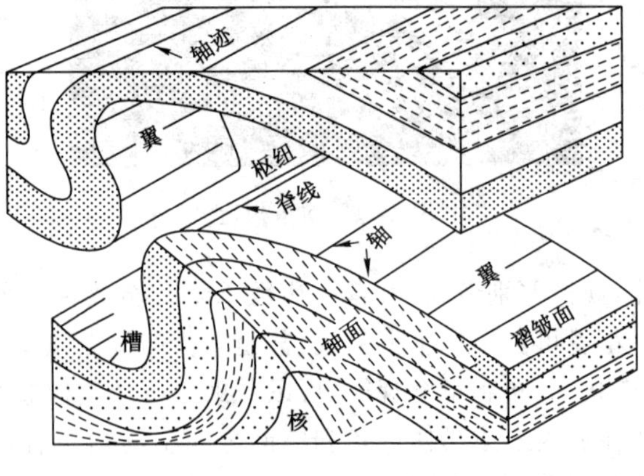

图 4-13　褶皱要素示意图

(据 E. S. Hills 修改)

(1) 核:泛指褶曲的中心部分。当剥蚀后,常把出露在地面的褶皱中心部分的地层称为核部,因此核部的地层随剥蚀、出露程度或观察研究的范围不同而有所改变。

(2) 翼:指褶皱核部两侧的地层,简称翼。背斜两翼地层较核部地层新,向斜则两翼地层较核部地层老。

(3) 翼角：两翼岩层与水平面的夹角，即翼部岩层的倾角。

(4) 转折端：褶皱一翼向另一翼过渡的部分。

(5) 顶角：两翼同一岩层之间的夹角，也称为翼间角。圆弧形褶皱的顶角是指通过两翼上两个拐点的切线之间的夹角(图 4-14)。

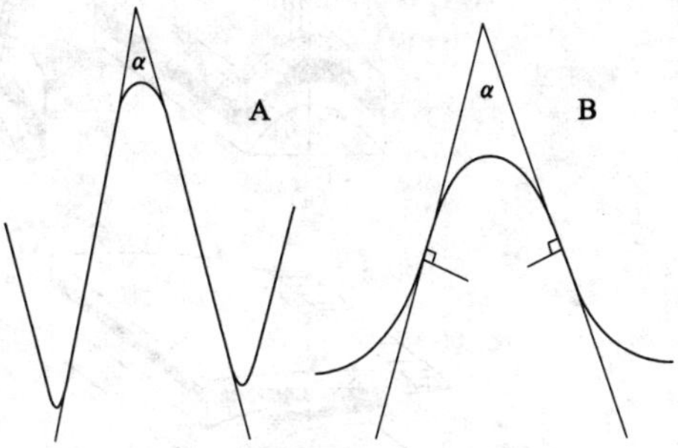

图 4-14　褶曲顶角示意图

(6) 枢纽：枢纽点是指在同一背斜或向斜的横剖面上同一岩层面最大的弯曲点。将同一个褶曲岩层面枢纽点连线，即为枢纽线，简称为枢纽。同一褶曲每个岩层面都有一条枢纽，可以是直线也可以是曲线，它的延伸方向和形态，反映了褶曲的延伸方向，从一个侧面反映了褶曲的空间形态。

(7) 轴面和轴迹：一个褶皱内各相邻褶皱面上的枢纽连成的面，它是大致平分褶皱两翼的对称面。轴面是一个假想的面，它可以是平面，也可是曲面，可用走向、倾向、倾角来确定。轴迹又称为轴线或轴，是指轴面与地面或任一水平面的交线，可以是条水平线，也可以是弯曲线。

(8) 脊、脊线、脊面：背斜或背形的同一褶皱面的各横剖面上的最高点称为脊；它们的连线称为脊线；若干相邻褶皱面上的脊线连成的面称为脊面。

(9) 槽、槽线、槽面：向斜或向形的同一褶皱面的各横剖面上的最低点称为槽；它们的连线称为槽线；若干相邻褶皱面上的槽线连成的面称为槽面。

(10) 脊迹和槽迹：脊面和槽面与地面的交线。

二、褶曲形态描述与分类

自然界中褶曲的形态千姿百态，人们从不同的方面对褶曲的形态进行描述和分类，下面引述一些最常用的褶曲形态描述与分类方法。

(一) 褶曲的横剖面形态描述与分类

(1) 根据轴面产状和两翼产状，褶曲可以分为：直立褶曲、斜歪褶曲、倒转褶曲、平卧褶曲、翻卷褶曲五种类型(图 4-15)。

① 直立褶曲：褶曲轴面直立或近于直立，两翼岩层层序正常，产状倾向相反，倾角相等或近于相等。

② 斜歪褶曲：褶曲轴面倾斜，两翼岩层层序正常，倾向相反，但倾角不等，一翼稍陡，另一翼稍缓，轴面倾向指向较缓的一翼。

③ 倒转褶曲：褶曲轴面倾斜，两翼岩层向同一方向倾斜，一翼岩层层序正常，另一翼岩层层序倒转，两翼可以相等也可以不等。

④ 平卧褶曲：褶曲轴面水平或近于水平，一翼岩层正常，另一翼岩层倒转。

⑤ 翻卷褶曲：轴面弯曲的平卧褶曲。

(2) 根据翼间角的大小，褶曲可以分为：平缓褶曲、开阔褶曲、闭合褶曲、紧闭褶曲、等斜

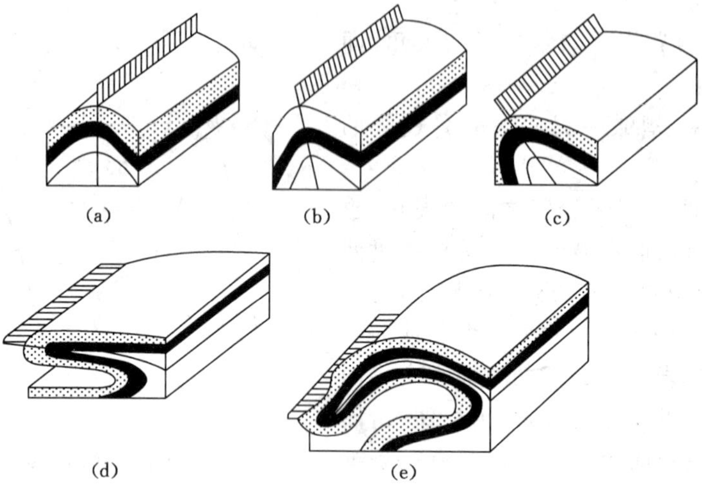

图 4-15 根据轴面产状和两翼产状褶曲分类示意图

(a) 直立褶曲;(b) 斜歪褶曲;(c) 倒转褶曲;(d) 平卧褶曲;(e) 翻卷褶曲

褶曲五种类型。

① 平缓褶曲:翼间角>120°。

② 开阔褶曲:翼间角 70°~120°。

③ 闭合褶曲:翼间角 30°~70°。

④ 紧闭褶曲:翼间角 0°~30°。

⑤ 等斜褶曲:翼间角近于 0°,两翼岩层产状近于平行。

(3) 根据褶曲面(或转折端)的弯曲形态,褶曲可以分为:圆弧褶曲、尖棱褶曲、箱状褶曲、扇状褶曲、挠曲五种类型(图 4-16)。

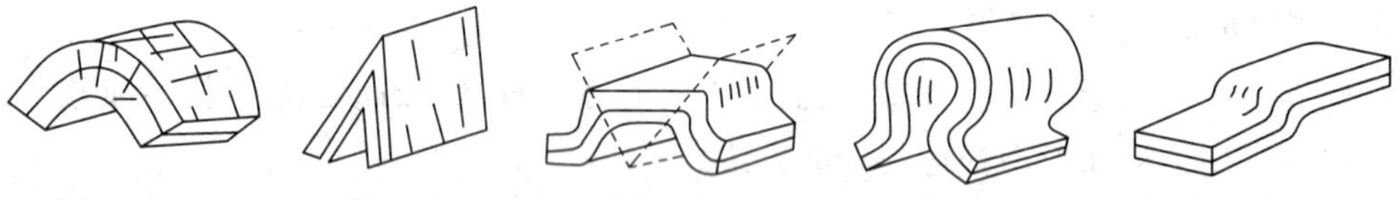

图 4-16 根据褶曲面的弯曲形态褶曲分类示意图

(a) 圆弧褶曲;(b) 尖棱褶曲;(c) 箱状褶曲;(d) 扇状褶曲;(e) 挠曲

① 圆弧褶曲:褶曲面呈圆弧形弯曲。

② 尖棱褶曲:两翼褶曲面平直相交,转折端呈尖角状,且两翼等长。两翼不等长的尖棱褶曲叫膝褶褶曲。

③ 箱状褶曲:褶曲两翼陡,转折端平直,呈箱状,常具一对共轭轴面。

④ 扇状褶曲:两翼岩层均倒转,褶曲面呈扇状弯曲。

⑤ 挠曲:缓倾斜岩层中一段突然变陡,呈台阶状弯曲。

(二) 褶曲的纵剖面形态描述与分类

在纵剖面上根据枢纽的产状,褶曲可以划分为水平褶曲、倾伏褶曲和倾竖褶曲。

(1) 水平褶曲:褶曲枢纽水平或近于水平,两翼走向大致平行,褶曲沿水平方向延伸(图 4-17)。

(2) 倾伏褶曲:褶曲枢纽产状倾斜,褶曲两翼相应岩层的走向线不平行延伸,并在延伸一定距离后,两相应走向线相交于一点,甚至形成岩层走向线圈闭(图 4-18)。

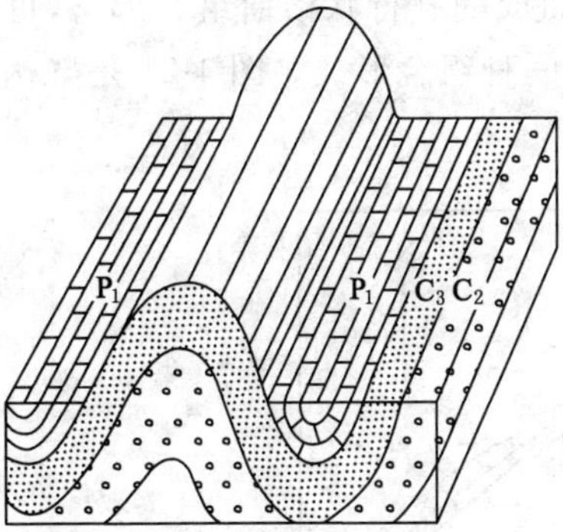

图 4-17 水平褶曲示意图

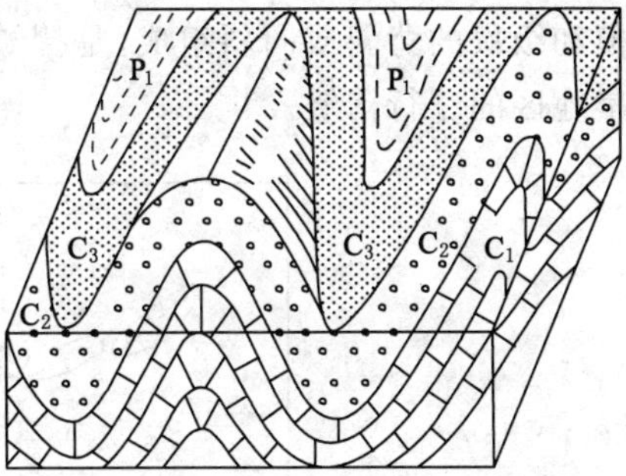

图 4-18 倾伏褶曲示意图

(3) 倾竖褶曲:褶曲岩层、枢纽、轴面直立或近直立,平面地质图上表现为岩层露头线呈"之"字形弯曲,延伸的方向代表岩层的走向(图 4-19)。

(三) 褶曲的平面形态描述与分类

根据褶曲的某一岩层在平面上出露的纵向长度和横向宽度之比,可以将褶曲描述分为:线状褶曲、短轴褶曲、等轴褶曲。

(1) 线状褶曲:褶曲的同一岩层纵向和横向长度之比为 10 : 1,是一种狭长形的褶曲,翼间角较紧闭,两翼岩层较陡,甚至出现倒转(图 4-20)。

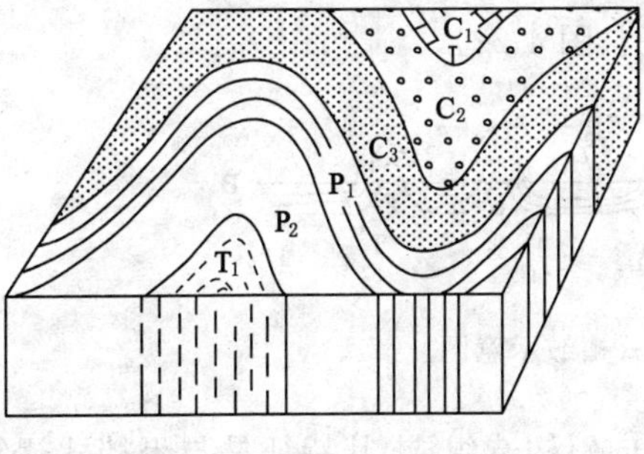

图 4-19 倾竖褶曲示意图

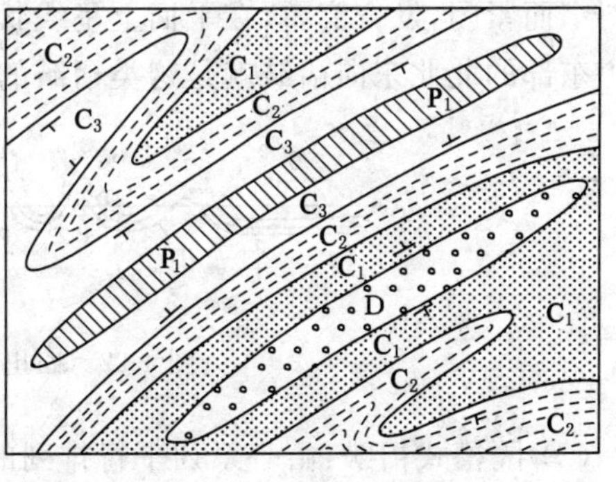

图 4-20 线状褶曲

(2) 短轴褶曲:褶曲的同一岩层纵向和横向长度之比在 3 : 1～10 : 1 之间,枢纽和轴迹延伸较短,翼间角较开阔。

(3) 等轴褶曲:褶曲的同一岩层纵向和横向长度之比小于 3 : 1,无定向的枢纽、轴面,可分为等轴背斜和等轴向斜,前者常称为穹窿构造,后者则称为盆地构造。

三、褶皱的组合形式及其分布

在地壳的一定范围内,褶皱都不是孤立存在的,它们多是以不同形态、不同规模、不同级次，以一定的组合形式展布。在成因上有联系的一系列背斜和向斜组成的具有一定几何规律的褶皱的总体样式，称为褶皱的组合形式。常见的褶皱组合形式主要有雁行褶皱、复向斜、复背斜、隔档式、隔槽式褶皱。

（一）雁行褶皱

雁行褶皱指由一系列短轴褶曲呈平行斜列组合而成的雁行状褶曲组合形态，可以由不同规模和级次的背斜或向斜组成，是褶皱构造常见的一种组合形式。图 4-21 是柴达木盆地红三旱地区的雁行褶皱。

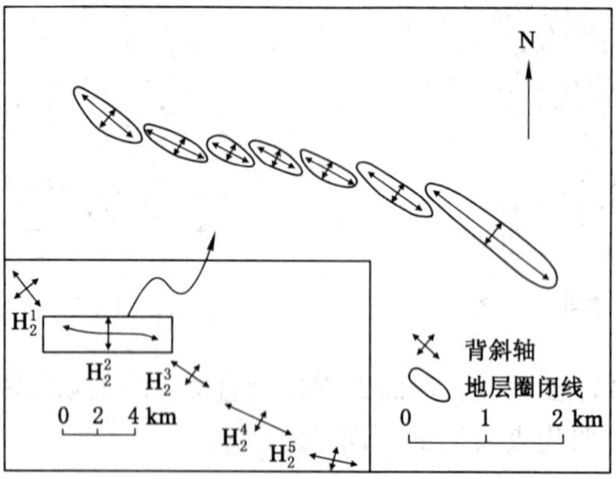

图 4-21　柴达木盆地红三旱地区雁行褶皱

（据孙殿卿，1958）

（二）隔档式和隔槽式褶皱

（1）隔档式褶皱：由一系列平行排列的背斜和向斜构造组成，又称梳状褶皱。其特征是背斜窄而紧闭，发育完整，在平面上呈线状延伸；而两个背斜之间的向斜则平缓开阔。我国四川东部的北北东向褶皱就是这类褶皱的典型实例（图 4-22）。

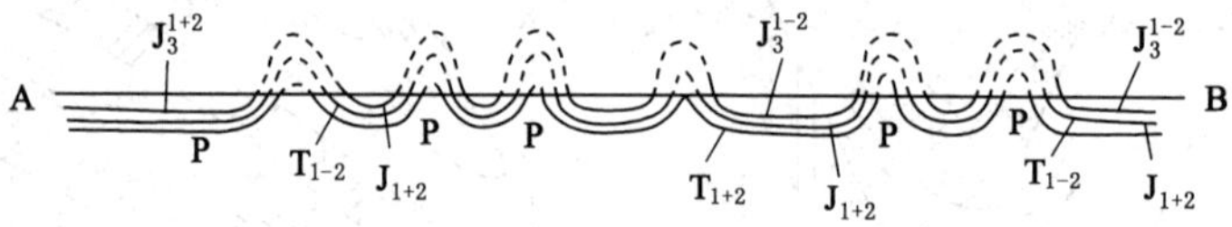

图 4-22　四川东部隔档式褶皱示意图

（2）隔槽式褶皱：由一系列平行排列的背斜和向斜构造组成，其特征是与隔档式褶皱相反，向斜窄而紧闭，发育完整，在平面上呈线状延伸；而两个向斜之间的背斜则平缓开阔，剖面形态常呈箱状，我国黔北-湘西一带的北北东向褶皱就是这类褶皱的典型实例（图 4-23）。

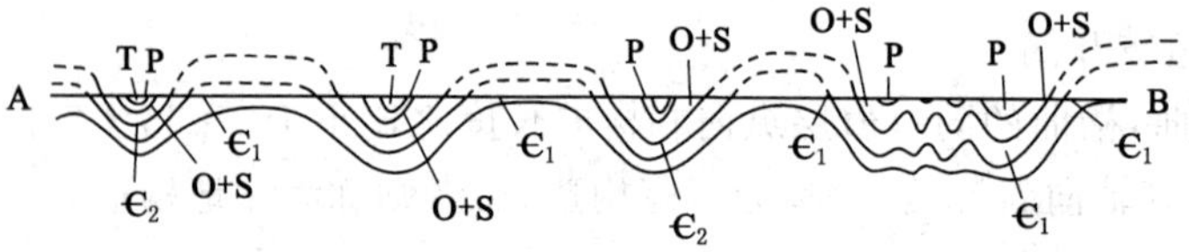

图 4-23　贵州正安及其以东地区隔槽式褶皱示意图

（三）复背斜和复向斜

（1）复背斜：由若干次级褶皱组合而成的大型背斜构造，它规模大，需经过较大范围的地质制图才能了解其全貌。复背斜中由于次级褶皱发育，新老岩层重复出露，但从总体看，仍有核部岩层时代老、翼部岩层时代新的特征。横剖面上其次级褶皱的轴面往往是呈扇形或倒扇形展布[图 4-24(a)]。

（2）复向斜：是由若干次一级的背斜、向斜组合而成的一个大型向斜构造。复向斜的规模较大，需要经过较大范围的地质测量才能了解其全貌。组成这种形式的褶曲大都是紧密相邻、同等发育的线形褶曲，褶曲轴大体平行延伸，轴面向上收敛[图 4-24(b)]。

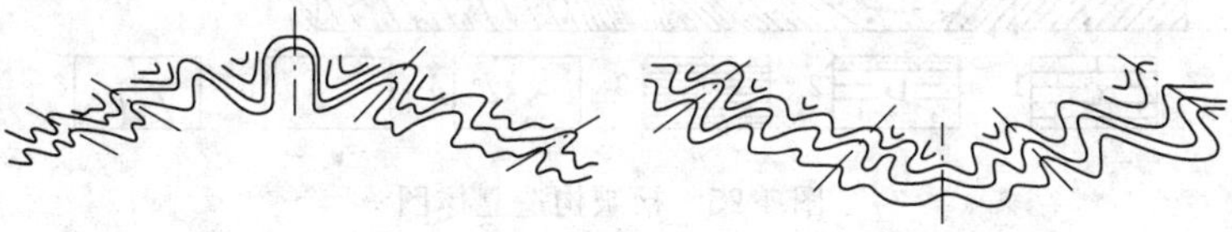

图 4-24 复背斜和复向斜

(a) 复背斜；(b) 复向斜

四、褶皱构造的识别

在野外辨认褶皱时，首先判断褶皱是否存在并且区别背斜与向斜，然后确定形态特征。在少数情况下，如沿山区河谷或道路两侧，岩层的弯曲可能直接暴露，是背斜还是向斜一目了然。在多数情况下，地面岩层呈倾斜状态，无法看清岩层的弯曲全貌，应按科学的方法进行观察分析。

首先，应注意地形上的高低并不是判别背斜与向斜的标志。岩石变形之初，背斜为高地，向斜为低地。这时的地形是地质构造的直观反映。但经过较长时间的剥蚀后，由于背斜轴部裂隙发育，岩层较破碎，且地形突出，剥蚀作用进行得较快，可能使背斜变成低地或沟谷。与此相反，向斜轴部岩层较为完整，并常有剥蚀产物在轴部堆积，故剥蚀速度较背斜轴部慢，最终导致向斜的地形较相邻背斜高，形成向斜山。

其次，采取穿越法垂直于岩层走向进行观察。当地层出现对称重复分布时，便可判断存在褶皱构造。如图 4-25 所示，区内岩层走向近东西，从南北方向观察，有志留系与石炭系地层两个对称中心。其两侧地层重复对称出现，所以，该地区有两个褶曲构造。接着，再分析地层新老组合关系。左半部的褶曲构造，中间是新地层 C，两侧较老地层依次为 D 和 S，故为向斜；右半部的褶曲构造，中间是老地层 S，两侧对称分布的较新地层依次为 D 和 C，故为背斜。上述向斜两翼岩层倾向相反、倾角相近，应定为直立向斜；而背斜两翼岩层均向北倾斜，一翼层序正常，另一翼倒转，应为倒转背斜。

在穿越法的基础上，采取追索法，即沿着某一标志层的延伸方向进行观察，以便了解两翼是平行延伸还是逐渐汇合等情况，从而判断是水平褶皱还是倾伏褶皱。据此判断图 4-25 中的褶皱为水平褶皱。

五、褶皱构造的工程地质评价

（1）褶皱构造对工程建筑有以下几方面的影响：

① 褶皱核部岩层由于受水平挤压作用，产生许多裂隙，直接影响到岩体的完整性和强

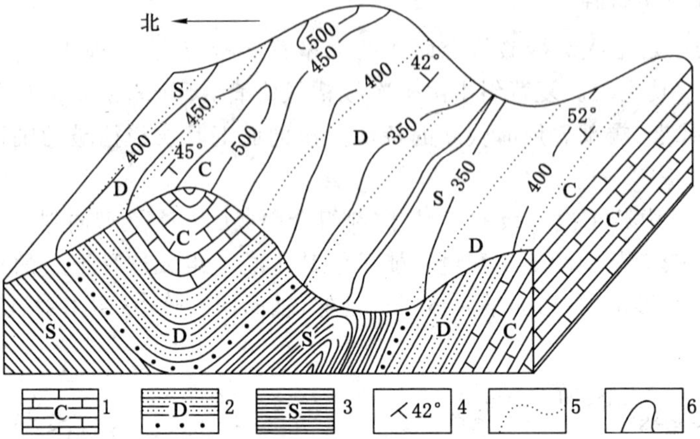

图 4-25 褶皱构造立体图

1——石炭系灰岩；2——泥盆系砂岩；3——志留系页岩；

4——岩层产状；5——岩层界线；6——地形等高线

度高低，在石灰岩地区还往往使岩溶较为发育，所以在核部布置各种建筑工程，如厂房、路桥、隧道等，必须注意岩层的坍落及涌水问题。

② 在褶皱翼部布置建筑工程时，如果开挖边坡的走向近于平行岩层走向，且边坡倾向与岩层倾向一致，边坡坡角大于岩层倾角，则容易造成顺层滑动现象。如果边坡走向与岩层走向的夹角在 40°以上，或者两者走向一致，且边坡倾向与岩层倾向相反，抑或两者倾向相同，但岩层倾角更大，则对开挖边坡的稳定较为有利。

(2) 对深路堑和高边坡的影响分析如下：

① 有利情况。路线垂直岩层走向，或路线与岩层走向平行但岩层倾向与边坡倾向相反时，只就岩层产状与路线走向的关系而言，对路基边坡的稳定性是有利的。

② 不利情况。路线走向与岩层的走向平行，边坡与岩层的倾向一致，特别在云母片岩、绿泥石片岩、滑石片岩、千枚岩等松软岩石分布地区，坡面容易发生风化剥蚀，产生严重碎落坍塌，对路基边坡及路基排水系统会造成经常性的危害。

③ 最不利情况。路线与岩层走向平行，岩层倾向与路基边坡一致，而边坡的坡角大于岩层的倾角，特别在石灰岩、砂岩与黏土质页岩互层，且有地下水作用时，如路堑开挖过深，边坡过陡，或者由于开挖使软弱构造面暴露，都容易引起斜坡岩层发生大规模的顺层滑动，破坏路基稳定。如图 4-26 所示。

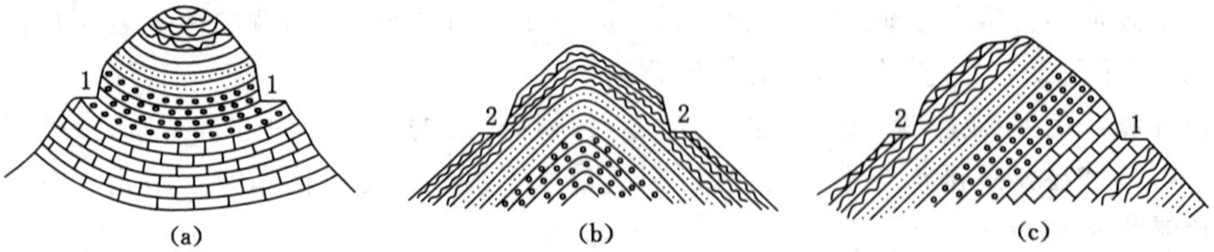

图 4-26 山坡岩层地质构造的影响

(a) 向斜山；(b) 背斜山；(c) 单斜山

1——有利情况；2——不利情况

(3) 对于隧道等深埋地下工程，一般应布置在褶皱翼部。因为隧道通过均一岩层有利于稳定，而背斜顶部岩层受张力作用可能塌落，向斜核部是储水较丰富的地段。对隧道工程的影响具体分析如下：

① 一般从褶曲的翼部通过是比较有利的；但如果中间有松软岩层或软弱构造面时，则在顺倾向一侧的洞壁，有时会出现明显的偏压现象，甚至会导致支撑破坏，发生局部坍塌。

② 在褶曲构造的轴部，从岩层的产状来说，是岩层倾向发生显著变化的地方；从构造作用对岩层整体性的影响来说，是岩层受应力作用最集中的地方，因此在褶曲构造的轴部，不论公路、隧道或桥梁工程，容易遇到工程地质问题，主要是由于岩层破碎而产生的岩体稳定问题和向斜轴部地下水的问题。这些问题在隧道工程中往往显得更为突出，容易产生隧道塌顶和涌水现象，有时会严重影响正常施工。如图 4-27 所示。

图 4-27　褶曲构造与隧道位置选择示意图

1、3——不利；2——较好

第三节　断裂构造

岩层受力后产生变形，当应力达到或超过岩层的强度极限时，岩层的连续完整性遭到破坏，在岩层一定部位和一定方向上产生的破裂称为断裂构造。根据岩层破裂面两侧岩块有无明显位移，可将断裂构造分为节理和断层。

一、节理

岩层断裂后，两侧岩块未发生显著位移的断裂构造称为节理，又叫裂隙。节理的破裂面称为节理面。节理面的产状有直立的、倾斜的或水平的。节理的规模大小不等，小者数厘米，大者几十米，甚至更长。

(一) 节理的分类

1. 按节理的成因分类

节理按成因可以分为原生节理和次生节理。次生节理又可进一步划分为构造节理和非构造节理。

(1) 原生节理

原生节理是成岩过程中形成的节理。如沉积岩成岩过程中因失水收缩或岩浆岩在岩浆冷凝过程中所形成的节理。沉积岩层中的原生节理仅发育在一定岩层内部，不具有穿层性。

(2) 次生节理

次生节理是岩层形成以后产生的节理，包括构造节理和非构造节理。非构造节理是岩石在外动力地质作用(风化、山崩、地滑、塌陷、冰川活动及人为因素等)下所产生的节理。常局限分布于地表浅部的岩石中，大多无矿化现象。构造节理是指由于地壳运动所形成的节理，构造节理具有明显的规律性，与褶皱、断层等构造具有成因联系和空间组合关系。

2. 按节理的产状分类

根据节理产状与岩层产状的关系划分为走向节理、倾向节理、斜向节理和顺层节理，如图 4-28 所示。

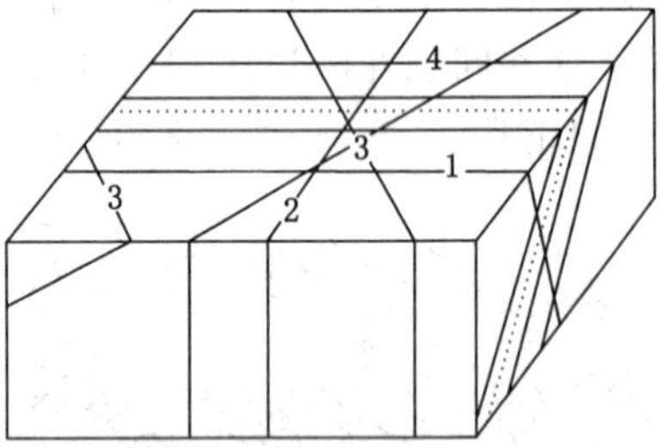

图 4-28 根据节理产状与岩层产状关系的节理分类

1——走向节理；2——倾向节理；3——斜向节理；4——顺层节理

(1) 走向节理：节理走向与所在岩层的走向大致平行的节理。

(2) 倾向节理：节理走向与所在岩层的走向大致垂直的节理。

(3) 斜向节理：节理走向与所在岩层的走向斜交的节理。

(4) 顺层节理：节理面与所在岩层的层面大致平行的节理。

3. 按节理的力学性质分类

按节理的力学性质可将节理划分为剪节理和张节理两类。

(1) 张节理

张节理是由张应力产生的破裂面，节理面粗糙不平，无擦痕，产状不稳定，延伸不远，在砾石或砂岩中的张节理常常绕过砾石和粗砂粒(图 4-29)；张节理往往呈开启张口状态，可被岩脉、矿脉充填，矿脉或岩脉的宽度变化大，脉壁不平整(图 4-30)；节理比较稀疏，相邻节理之间的距离比较大；张节理有时呈不规则的树枝状、各种网络状，有时也构成一定的集合形态，如追踪 X 形节理成锯齿状节理(图 4-31)，尾端变化或连接形式有树枝状、多级分叉、杏仁结环以及各种不规则状等(图 4-32)。

(2) 剪节理

剪节理是在剪应力的作用下产生的，产状稳定，在平面和剖面上都呈直线延伸，规模较大，沿走向和倾斜常延伸较远；剪节理较平直光滑，有时具有因剪切滑动而留下的擦痕，在砾石或砂岩中的剪节理穿切砾石和粗砂粒(图 4-29)；节理未被矿物质充填时是闭合的，如被充填，岩脉的宽度较均匀，脉壁较为平直(图 4-33)；节理比较密集，相邻两条节理之间的距离较小，单位距离内的节理条数较多。组合形态常成组出现，往往等距排列，两组发育常组成 X 形共轭节理系(图 4-34)。有时一条剪节理由许多相互靠近、首尾邻接的细微羽裂组成(图 4-35)，尾端变化呈菱形结环、转折、分叉(图 4-36)。

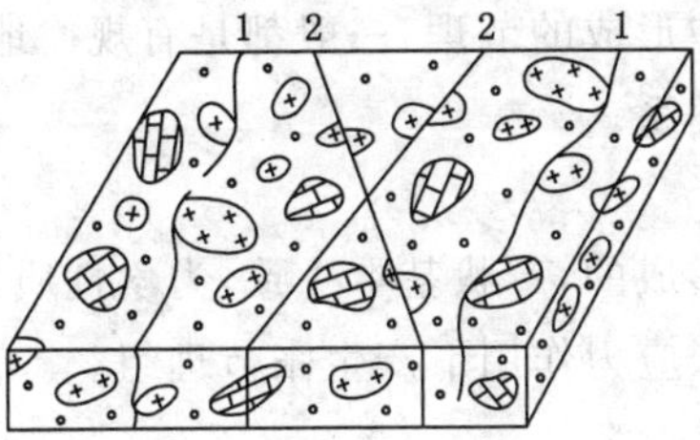

图 4-29　砾岩中的张节理和剪节理

1——张节理；2——剪节理

图 4-30　被岩脉充填的张节理

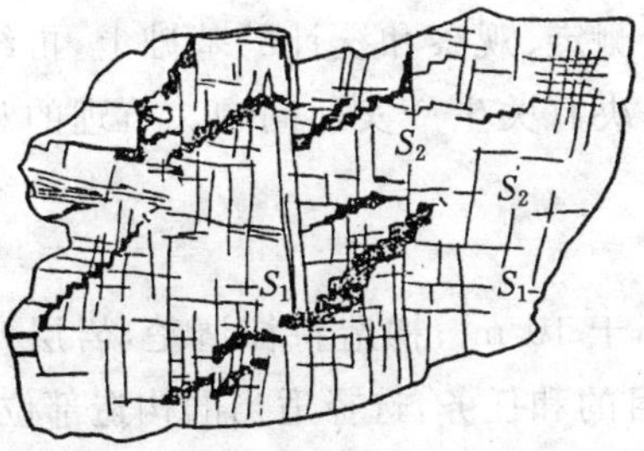

图 4-31　追踪 X 形节理成锯齿状的张节理

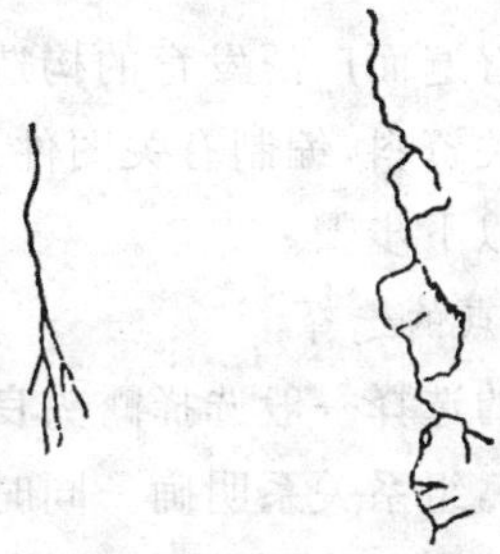

图 4-32　张节理的尾端变化

图 4-33　被岩脉充填的剪节理

图 4-34　两组剪节理组成 X 形共轭节理系

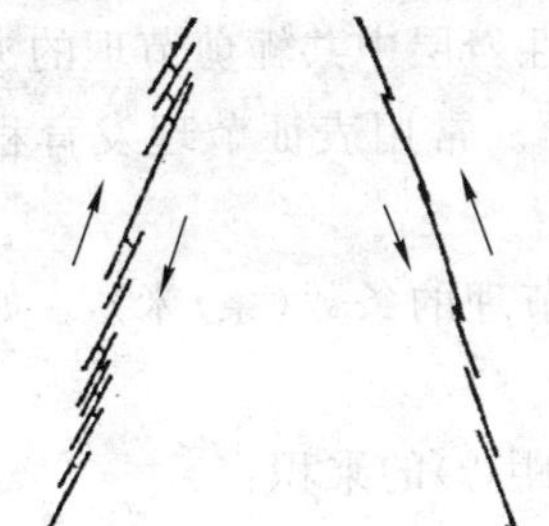

图 4-35　湖北黄陵背斜南部灰岩中剪节理羽裂现象素描图

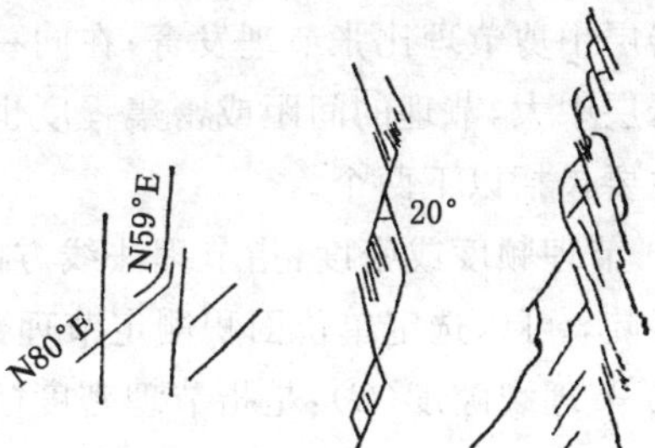

图 4-36　剪节理的尾端变化

（二）节理的组合

在同一时期、同一方向、同一性质的构造应力场中形成的节理，一般都是有规律地成群、成组出现，表现为一定的组合形式，构成节理组和节理系。

1. 节理组

节理组是在一次构造作用的统一构造应力场中形成的，产状基本一致，力学性质相同的一群节理。例如，在剪应力作用下产生剪节理组，在张应力作用下产生张节理组。

2. 节理系

节理系是在一次构造作用的统一构造应力场中形成的两个或两个以上的节理组。例如，共轭X形剪节理就属于一个节理系。

（三）节理的观测与研究

节理是普遍而广泛发育的构造，其研究是在大量测定、观察和统计的基础上，再结合地质构造等有关资料，编制有关图件，分析古应力场，解决有关生产实际问题。节理的观测与研究一般有以下步骤。

1. 观测点的选择

观测点的选择一般选择露头良好，露头面积不小于10 m^2；构造特征清楚，岩层产状稳定；节理发育，组系关系明确。同时还要考虑研究的目的和任务，选择适当的构造部位，如研究断层发育特点，可沿断层及两侧附近布点，后加密观测点；要研究褶皱的特点，则应把观测点布置在褶曲的核部、两翼以及倾伏端等。

2. 节理的观测内容

(1) 地质背景的观测：在对节理观测前，首先应了解观察地段的地质背景，包括节理所在构造层及其组成、地层时代及其产状、岩层及其成层性、褶皱和断层的特点、观测点所在的构造部位等内容。

(2) 区分构造节理和非构造节理：只有把两者正确地区分开，才能进一步对构造节理进行系统研究。

(3) 节理的分类及节理组、节理系的划分：根据节理特征对节理进行力学性质的鉴别和确定；根据节理方向、力学性质、形成时间的一致性，划分和确定节理组；根据节理和节理组形成时间的一致性，形成的构造应力场的统一性，划分和确定节理系。

(4) 节理发育程度的研究：节理的发育程度受岩层的岩性、厚度和构造应力的影响，如韧性岩层中剪节理比张节理发育；在同一应力状态下，韧性岩层中共轭剪节理的夹角常常比脆性岩层中大，节理的间距或密集程度也因岩性而有差异。常用表征节理发育程度的统计指标主要包括以下两个。

① 节理频度或密度：指节理法线方向上单位长度内节理的条数（条/米）。如果 n 组节理都很陡，可以选定单位面积测定节理数。

② 节理裂隙度(G)：是指节理密度(U)与节理平均壁距(t)的乘积：

$$G=Ut$$

为了确定节理密度与岩性、层厚的定量关系，在野外可以根据岩性和层厚选定一基准层，然后将不同层厚和岩性的岩石中测得的节理密度进行对比换算，以求出其比值或系数。

(5) 描述节理特征：主要包括节理产状、节理与岩层的关系，可分为层内节理和穿层节理;观测节理顺走向的延伸上,要注意节理的平行性和延伸长度;观测节理组合形式和被切岩块所表现出的节理整体特征;节理面的形态和结构细节,节理面的平整程度,是否有擦痕;节理充填物的特征等。

3. 节理的观测记录

在节理观测点上观察和测量的结果一般要填入一定的表格和记录在专用的野外记录簿中,以便之后对资料进行整理分析。一般性节理观测点记录表的格式见表 4-1。

表 4-1　　节理观察点记录表

点号及位置	地层时代、层位和岩性	岩层产状和构造部位	节理产状	节理组系及其力学性质和相互关系	节理配套和分期	节理密度	节理面特征及充填物	备注

4. 节理资料的整理与分析

对野外观测获得的节理原始资料,应及时在室内加以整理,进行统计,编制成有关图件,以供分析节理发育的特点、规律以及与有关构造的关系。整理和统计节理的方法一般是按观测点分别编制节理玫瑰花图、节理极点图、节理等密度图。其中最常用的是节理玫瑰花图,它又可分为节理走向玫瑰花图和节理倾斜(也有人称倾向倾角)玫瑰花图。以下介绍节理走向玫瑰花图的编制方法。

(1) 资料整理:将野外测得的节理走向换算成北东和北西方向,并按节理走向方位角的大小依次排列,然后按照每 10°(或 5°)为一间隔进行分组,如分成 0°～9°、10°～19°……统计每组节理的数目和该组节理的平均走向,并把统计结果填入表中。

(2) 确定比例尺和坐标:根据作图的大小和各组的节理数目,采用一定的比例(即一定长度的线段代表一定数目的节理)取适当长度为半径,半径可以等于或稍大于按比例尺表示的、数目最多的那一组节理的线段长度,以该半径作圆,过圆心作南北线及东西线,在圆周上表明方位角。

(3) 找点连线:从 0°～9°一组开始,顺序按各组平均走向方位角在半圆周上作一记号,再从圆心向圆周上该点的半径方向,按该组节理的数目和所定比例尺定出一点,此点即代表该组节理的平均走向和节理数目。各组的点确定后,顺序将相邻的点连线。如其中某组节理为零,则连线回到圆心,然后再从圆心引出与下一组相连(最好边找点边连线)。

(4) 写上图名和比例尺,最后形成节理走向玫瑰花图(图 4-37),可以形象表明哪一方向节理最发育,哪一方向节理不发育,甚至无节理。

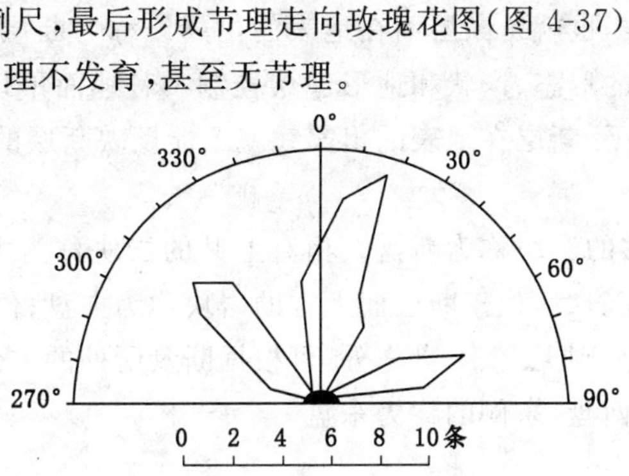

图 4-37　节理走向玫瑰花图

二、断层

组成地壳的岩层受地应力作用后发生破裂，在力的继续作用下，两侧岩块沿破裂面发生显著相对位移的断裂构造称为断层。断层的规模大小不一，小者如手标本或岩层露头上见到的小断层，大者有跨越洲际，深切地壳的深大断裂，其形态和类型繁多，分布较广，对工程设计和实施都有很大的影响。

（一）断层要素

为了描述和研究断层在空间的方位和形态，将断层的各个基本组成部分冠以一定的名称。这些断层的基本组成部分，称为断层要素。断层要素主要包括断层面、断层带、断层线、断盘、交面线等（图 4-38）。

1. 断层面

断层的破裂面称为断层面，断层面的形态有平直的，也有舒缓波状的，断层面的产状有直立的，也有倾斜的，可以用走向、倾向和倾角三要素来表示。断层面沿着走向或倾斜方向延伸的距离代表了断层规模的大小。

2. 断层带

有些断层面不是一个单一的面，而是由一系列破碎面或次一级断层组成的带，称为断层带（图 4-39），断层带内还夹杂或伴生有破碎的岩块、岩屑、岩片以及各种断层岩，其破碎带的宽度一般为数十厘米至数百米不等，甚至可达数千米。

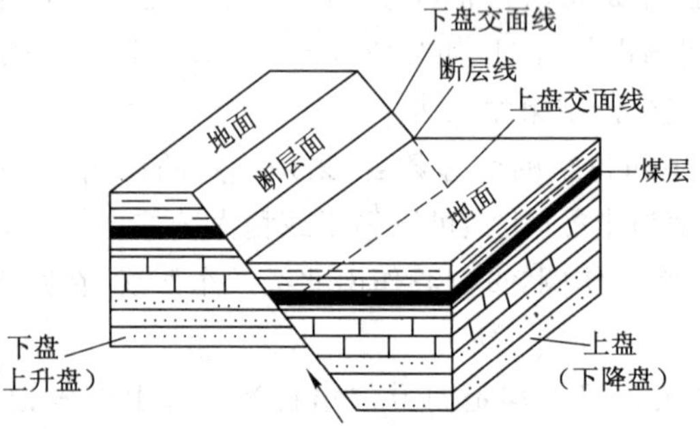

图 4-38　断层要素示意图

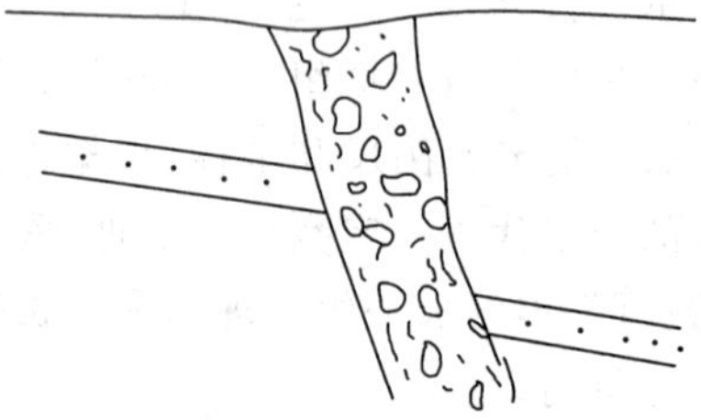

图 4-39　断层带示意图

3. 断层线

断层面与地面的交线，也就是断层面在地表的出露线称为断层线。断层线可以是直线也可以是曲线，受断层面的形态、产状和地形起伏控制。若地面平坦，断层线的方向代表断层的走向；若地面起伏不平，断层在地表的出露线就不能反映断层的延伸方向。

4. 断盘

断层面两侧相对位移的岩块称为断盘。相对上升的岩块称为上升盘；相对下降的岩块称为下降盘。当断层面倾斜时，位于断层面上方的岩块称为上盘；位于断层面下方的岩块称为下盘。当断层面直立时，则无上、下盘之分，可根据断盘所处的方位来命名，如断层走向南北，位于断层西侧的称为西盘，东侧的称为东盘。

5. 交面线

断层面与岩层面（一般取岩层底面）的交线，称为断层交面线。同一条断层与同一个岩层面会有两条交面线，一条是上盘断层交面线，另一条是下盘断层交面线。断层交面线的形态决定于断层面与岩层面的形态，可以是两条直线或者曲线，可以是平行或者交叉，也可以向一端散开、向另一端收敛而重合消失或者向两端收敛消失。

（二）断层断距

常用的断距包括地层断距、铅直地层断距、水平断距、平错和落差。

1. 地层断距

地层断距指在与岩层走向垂直的剖面上，断层两盘上同一岩层面被错开的垂直距离（图 4-40 中 H_0）。

2. 铅直地层断距

铅直地层断距指在与岩层走向垂直的剖面上，断层两盘上同一岩层面被错开的铅直距离（图 4-40 中 H_g）。在竖直的钻孔中测得的铅直方向的断距就是铅直地层断距。

3. 水平断距

水平断距指在与岩层走向垂直的剖面上，断层两盘上同一岩层面被错开的水平距离（图 4-40 中 H_f），在井下垂直岩层走向的水平石门中，沿着水平方向量得的断距就是水平断距。

地层断距、铅直地层断距和水平断距都是在与岩层走向垂直的剖面上测得的，三者之间的三角关系式为：

$$\begin{cases} H_0 = H_g \cos \alpha \\ H_0 = H_f \sin \alpha \\ H_g = H_f \tan \alpha \end{cases}$$

式中，α 为岩层的倾角。

4. 平错和落差

平错是指横切或斜切断层走向的剖面上断层两盘同一岩层面对应点的水平距离（图 4-41 中 bc）。

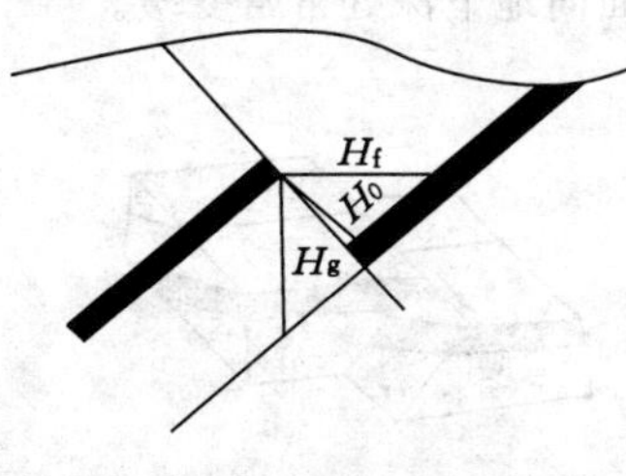

图 4-40　在与岩层走向垂直的剖面上断层断距示意图

H_0——地层断距；H_g——铅直地层断距；H_f——水平地层断距

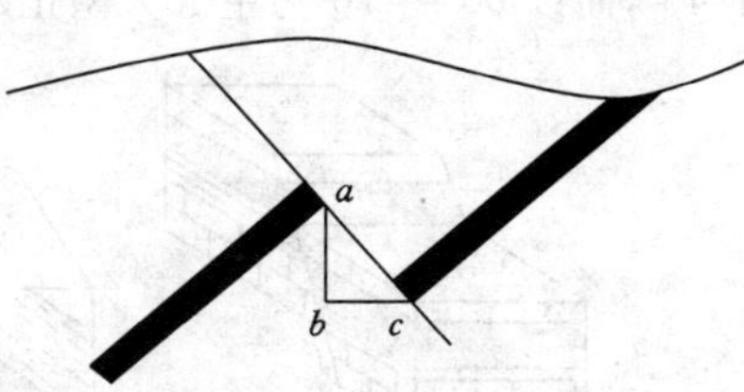

图 4-41　落差、平错示意图

ab——落差；bc——平错

落差是指横切或斜切断层走向的剖面上断层两盘同一岩层面对应点的标高差（图 4-41 中 ab）。一般情况下，将垂直于断层走向剖面上的落差称为落差，其他剖面上的落差称为视落差。根据落差的大小，可以将断层规模划分成大、中、小三种类型，其中落差大于 50 m 的为大型断层，落差在 20～50 m 的为中型断层，落差小于 20 m 的为小型断层。

（三）断层分类

断层的分类涉及断层的地质背景、运动方式、力学机制和各种几何关系，分类方法较多，现就目前常用的分类方法介绍如下。

1. 根据断层走向与岩层走向的关系分类

根据断层走向与岩层走向的关系，可以将断层分为走向断层、倾向断层、斜向断层和顺层断层四种类型。

（1）走向断层：断层走向与岩层走向基本一致。

（2）倾向断层：断层走向与岩层走向基本直交（垂直）。

（3）斜向断层：断层走向与岩层走向斜交。

（4）顺层断层：断层面与岩层层理的原生地质界面基本一致（断层走向、倾向与岩层走向、倾向基本一致）。

2. 根据断层走向与褶皱轴向（或区域构造线）之间的几何关系分类

根据断层走向与褶皱轴向（或区域构造线）之间的几何关系，可以将断层分为纵断层、横断层和斜断层三种基本类型。

（1）纵断层：断层走向与褶皱轴向或区域构造线基本一致。

（2）横断层：断层走向与褶皱轴向或区域构造线基本直交。

（3）斜断层：断层走向与褶皱轴向或区域构造线斜交。

3. 根据断层两盘相对运动分类

按照断层两盘相对位移的方向，可以把断层分为正断层、逆断层、平移断层等（图 4-42），这种分类方法既含有一定的成因意义，又有明显的运动学与几何形态意义，因此是目前比较常用的分类方案。

（1）正断层：上盘相对下降，下盘相对上升的断层称为正断层。一般认为岩层受水平拉伸作用发生张裂，同时在重力作用下上盘相对下盘下滑形成正断层，在自然界，断层倾角较大，普遍大于 45°，而以 60°～ 70°为主。大型正断层的陡直断层面向地下深处常常变缓。

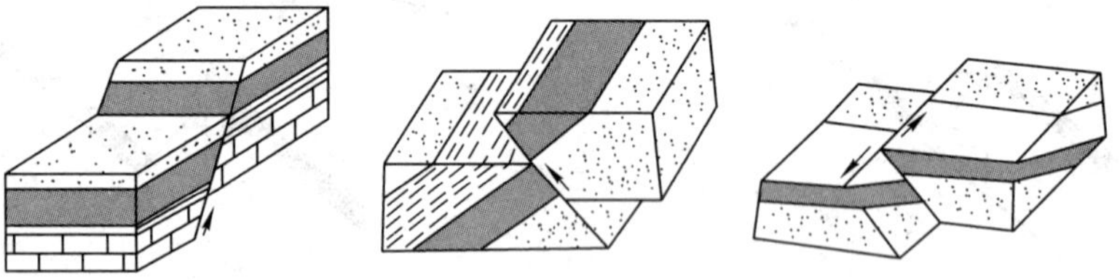

(a)　　(b)　　(c)

图 4-42　按断层两盘相对位移划分的断层类型

(a) 正断层；(b) 逆断层；(c) 平移断层

（2）逆断层：上盘相对上升，下盘相对下降的断层称为逆断层。一般认为岩层受水平挤压作用而发生断裂，并在水平挤压力的继续作用下，上盘相对上升即形成逆断层。根据断层面倾角的大小，可分为高角度逆断层和低角度逆断层。高角度逆断层面倾斜陡峻，倾角大于 45°；倾角小于 45°的逆断层称为低角度逆断层。逆冲断层是位移量很大的低角度逆断层，其倾角一般在 30°左右或更缓。推移距离在数千米（通常为 5 km）以上逆冲断层可称为推覆断层或逆冲推覆断层。

(3) 平移断层:两盘岩块沿断层面作水平方向相对移动的断层称为平移断层,一般认为它是岩层水平扭动作用的产物。根据两盘的相对滑动方向,又可进一步分为右行平移断层和左行平移断层,所谓右行或左行是指垂直断层走向观察断层时,对盘向右滑动者为右行,向左滑动者为左行。

(四) 断层的组合形式

断层可以单条发育,也可以成群出现,由多条断层排列成一定的组合形式。常见的组合形式有阶梯状构造、叠瓦状构造、地堑、地垒等。

1. 阶梯状构造

阶梯状构造是由若干条产状基本一致的正断层组成,各条断层的上盘依次向同一方向呈整体均匀下降(或抬升)构成阶梯状(图 4-43)。

2. 叠瓦状构造

叠瓦状构造是由若干条产状基本一致的逆掩断层组成,各条断层的上盘依次向同一方向向上逆冲,平面上构成叠瓦式(状)(图 4-44)。

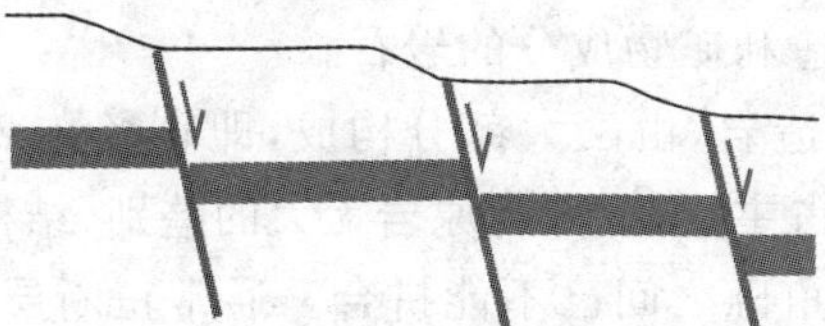

图 4-43 阶梯状构造

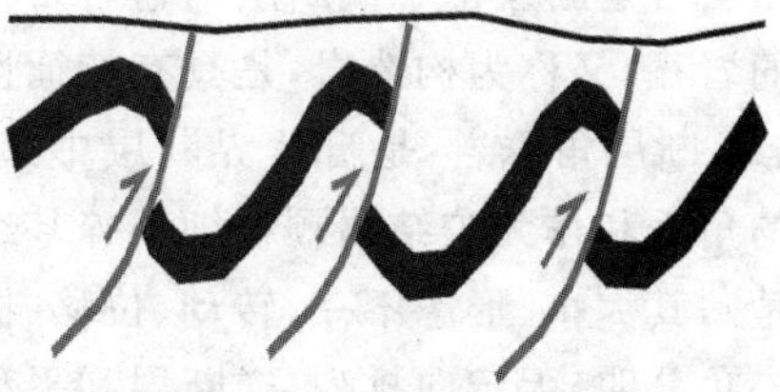

图 4-44 叠瓦状构造

3. 地堑和地垒

地堑是由两条走向基本一致的相向倾斜的正断层组成。两条正断层之间有一个共同的下降盘,也可以是由两条走向基本一致的相向倾斜的阶梯状断层组成。地垒是由两条走向基本一致的反向倾斜的正断层组成,两条断层之间为共同上升盘之组合。也可以是由两条走向基本一致的反向倾斜的阶梯状断层组成。地垒组合与地堑组合常相伴发育(图 4-45)。

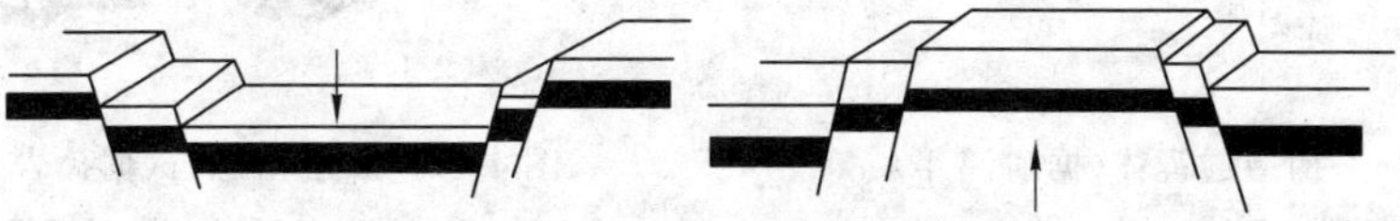

(a)　　(b)

图 4-45 地堑和地垒

(a) 地堑;(b) 地垒

(五) 断层的识别和断盘运动方向的确定

断层标志是确定断层存在的依据,部分断层标志还可以帮助我们确定断盘的运动方向。断层的标志很多,可分为直接标志和间接标志,归纳起来主要有以下几个方面。

1. 地貌标志

地貌是确定断层存在的重要标志,构造地貌包括由晚近时期断层活动直接形成的动态构造地貌和地质历史时期形成的断层经外营力塑造的静态构造地貌,它们都能清楚地显示断层的存在,为观察和确定断层提供了重要线索。用以识别断层存在的地貌标志主要有断层崖、断层三角面、错断的山脊、山岭和平原的突变、串珠状湖泊洼地、带状分布的泉水以及急剧转向的水系等。

2. 断层破碎带

断层两盘发生相对位移,互相挤压,使两侧附近的岩石破碎,形成与断层面大致平行的破碎带。一般来说,断层规模越大,受挤压越强烈,破碎带就越宽。宽的可达几十至几百米,甚至更宽。断层破碎带中的破碎物都是未经固结的,粒度大小不等的岩块、岩片、岩屑等,它们的形状和排列方式,随断层力学成因的不同而不同。在断层破碎带中,经常可以看到一种透镜状或铁饼状的岩石碎块,习惯上把它们称为构造透镜体(图 4-46)。

一般认为,构造透镜体是在挤压力的作用下,出现两组剪裂面,把岩石切成菱形块体,后经研磨、压扁而成。因此,透镜体的长轴和中间轴组成的平面往往与断层面平行或呈小角度斜交。当它与断层面斜交时,斜交的锐角指向同侧盘的位移方向。

3. 断层岩

断层岩是断层带中或断层两盘岩石在断层作用中被搓碎、碾磨,甚至重结晶、再定向又固结的岩石,又称为构造岩,是具有特征性结构、构造和矿物成分的岩石。

(1) 断层角砾岩:是自然界断层中最常见的构造岩,由两大部分构成,即直径在 2 mm 以上的角砾和作为胶结物颗粒细小碎基组成,角砾占主要,成分与原岩无大的差别(结构、构造清楚),其大小、形态不一,转动、位移、搓磨明显,角砾之间已不能拼合。通常正断层的角砾岩棱角分明,无定向排列,逆断层和平移断层的角砾岩具有一定的磨圆度,且有定向排列(图 4-47),根据断层角砾岩这个特征可以判断断层的性质,并借助断层面的产状进而确定断盘的运动方向。

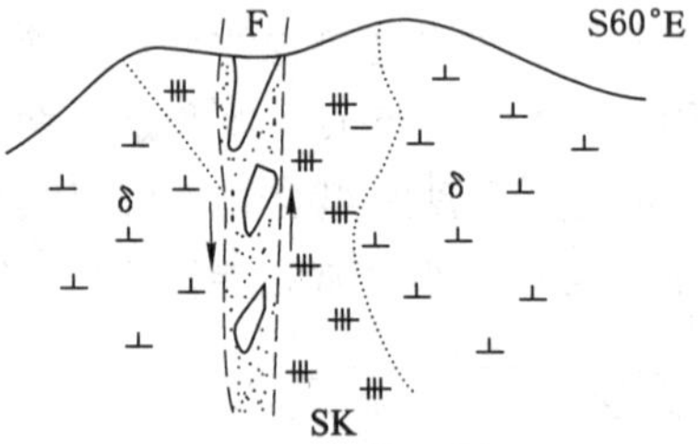

图 4-46 构造透镜体(据俞鸿年)

F——断层破碎带;SK——矽卡岩;δ——闪长岩

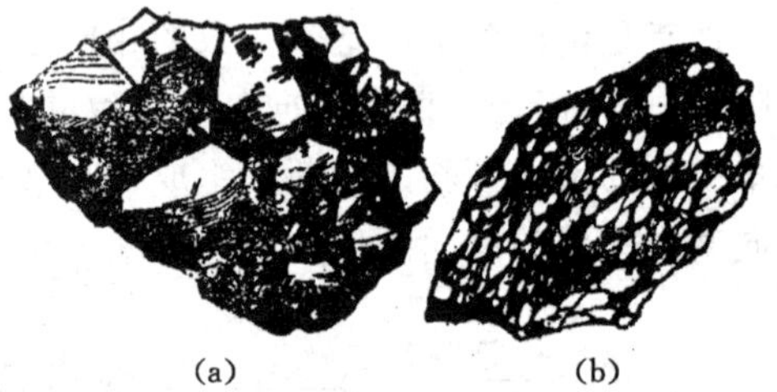

图 4-47 断层角砾岩(据孙岩、韩克从)

(a) 正断层的角砾岩;(b) 逆断层的角砾岩

(2) 糜棱岩:在较高温度和压力下形成的一种构造岩,岩石矿物颗粒直径小于 0.01 mm,岩性致密坚硬,有时具有条纹构造。主要组成物质有石英、长石质岩石和碳酸盐类岩石。有时在显微镜下才能看出被压碎的颗粒,而且颗粒具有明显的定向排列。

4. 岩层不连续

在野外发现岩层突然中断或错开,并与其他岩层相接触,这是断层存在的直接标志。对比综合地层柱状图中的岩层特征,确定其层位,即可判定对盘的运动方向。

5. 岩层的重复与缺失

一般走向正断层或逆断层可造成岩层的重复或缺失。由于断层位移类型不同,断层与岩层的倾向、倾角不同,会造成六种基本的重复和缺失情况[表 4-2 与图 4-48 中的(a)~(f)

是相互对应的]。相应地,可以以此判断断盘相对位移方向:断层两盘相对升降、平移并经侵蚀夷平后,如两盘处于等高平面上,则走向断层的露头一般表现为地层较老的一盘为上升盘;但当断层倾向与岩层倾向一致,且断层倾角小于岩层倾角,或地层倒转时,则上升盘是新地层。

表 4-2　走向断层造成的岩层重复与缺失

断层位移类型	断层倾向与岩层倾向的关系					
	二者倾向相反		二者倾向相同			
			断层倾角大于岩层倾角		断层倾角小于岩层倾角	
	地面上	上盘直孔剖面	地面上	上盘直孔剖面	地面上	上盘直孔剖面
正断层	重复(a)	缺失(a)	缺失(b)	缺失(b)	重复(c)	重复(c)
逆断层	缺失(d)	重复(d)	重复(e)	重复(e)	缺失(f)	缺失(f)

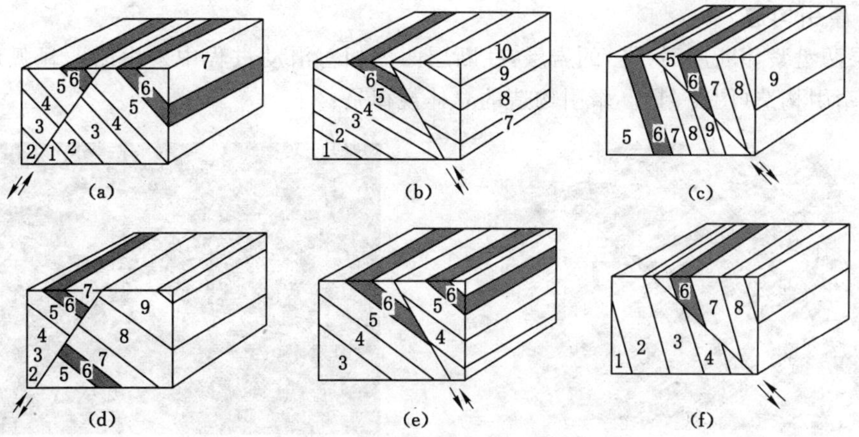

图 4-48　走向断层造成的岩层重复与缺失

6. 构造不连续

褶皱轴线或早期存在的断层等在延展方向上突然中断、错开,造成构造不连续现象,这是横断层或斜交断层存在的标志。横向断层切过褶皱时,背斜核部变宽或向斜核部变窄的为上升盘(图 4-49);如为平移断层,则两盘核部宽窄基本不变。

7. 擦痕和阶步

擦痕是断层面两侧岩块发生位移时相互摩擦而形成的痕迹(图 4-50)。擦痕由粗而深的一端向细而浅的一端,摸之有光滑感觉,此方向反映对盘的滑动方向;反之有粗糙感,表示本盘的滑动方向。

阶步是发育在断层面上的一种小陡坎,其高度一般不超过数毫米,延伸方向大致与擦痕的延伸方向垂直(图 4-50)。阶步是断层两盘滑动过程中一次停顿间歇或局部阻力差异而形成的,小陡坎指向断层对盘相对滑动方向。

8. 派生构造

由于断层两盘相对位移而产生的次一级构造,如牵引褶曲、节理和小褶曲。

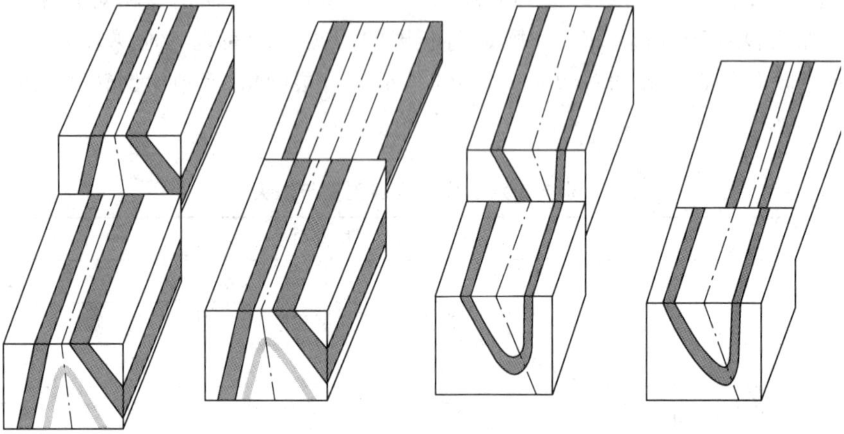

图 4-49　横断层切割褶皱时核部宽窄变化示意图

(1) 牵引构造

断层两盘紧邻断层面(带)的岩层，在断层两盘相对滑动过程中发生的明显弧形弯曲构造，称为牵引构造(图 4-51)。牵引构造的总体规律是：

图 4-50　断层面上的擦痕和阶步

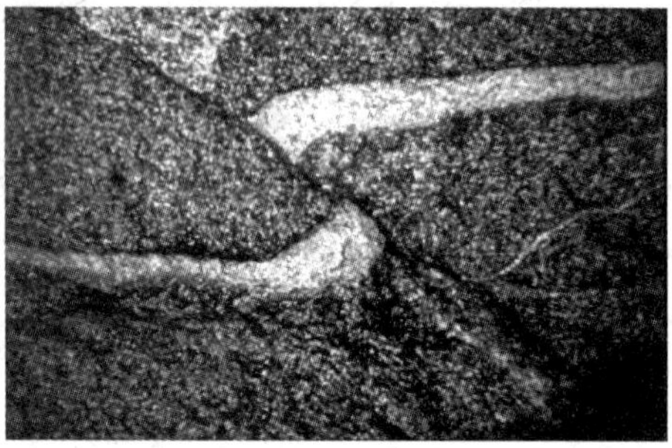

图 4-51　牵引褶曲

① 弧形弯曲的突出方向指示本盘的运动方向。

② 正断层牵引造成岩层变薄(岩层在断层面附近最薄，向外逐渐变厚并趋正常)；而逆断层牵引造成岩层变厚(岩层在断层面附近最厚，向外逐渐变薄并趋正常)。

(2) 节理和小褶曲

断层两盘相对错动位移时，除产生牵引褶曲外，还可以形成羽状张节理、羽状剪节理和小褶曲(图 4-52)。

张节理 T 与主断层所夹锐角指向本盘的位移方向，两组剪节理中，S_1 与主断层所夹锐角较小(不超过 20°)，指向本盘的运动方向；另一组剪节理 S_2 与主断层所夹锐角近于 90°，一般不能用作确定断层两盘相对位移方向的依据。

(六) 断层形成时代的确定

断层是地壳运动的结果，它们的形成有先有后，各有不同的特点和发展过程，但是断层总是在被它们切割的地层形成之后产生的。如在断层切割的一套地层之上，被一套时代较新的地层以角度不整合关系所覆盖，断层并未切穿不整合面，则此断层的形成时代与不整合的形成时代一致。

如果断层切割岩浆岩体,则断层时代新于被其切割的岩体时代。如果岩浆侵入断层破碎带中形成岩体或岩体穿过断层,则断层时代早于岩浆岩体的时代。

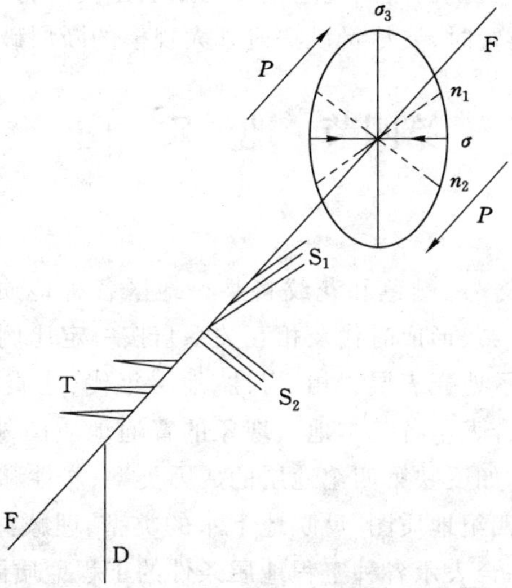

图 4-52　断层派生的节理和小褶曲

T——羽状张节理;S_1,S_2——羽状剪节理;D——小褶曲

三、断裂构造的工程地质评价

1. 节理的工程地质评价

岩体中的裂隙,除有利于开挖外,对岩体的强度和稳定性均不利。裂隙破坏了岩体的整体性,加快岩体风化速度,增强岩体的透水性,因而使岩体的强度和稳定性降低。当裂隙主要发育方向与路线走向平行,倾向与边坡一致时,不论岩体产状如何,路堑边坡都容易发生崩塌等不稳定现象。因此,当裂隙构造可能成为影响工程设计的重要因素时,应当对裂隙进行深入的调查研究,详细论证裂隙对岩体工程建筑条件的影响,采取相应措施,以保证建筑物的稳定和正常使用。

2. 断层的工程地质评价

在断层分布密集的断层带内,岩层一般都受到强烈破坏,产状紊乱,岩体裂隙增多、岩层破碎、风化严重、地下水多,从而降低了岩石的强度和稳定性;同时,沟谷斜坡崩塌、滑坡、泥石流等不良地质现象发育。因此,在确定路线布局、选择桥位和隧道位置等时,要尽量避开大的断层破碎带。

(1) 路线布局

在安排河谷路线时,要特别注意河谷地貌与断层构造的关系;当路线与断层走向平行,路基靠近断层破碎带时,由于开挖路基,容易引起边坡发生大规模坍塌,直接影响施工和公路的正常使用。

(2) 大桥桥位

勘测时,要注意查明桥基部分有无断层存在及其影响程度如何,以便根据不同情况,在设计基础工程时采取相应的处理措施。

(3) 隧道

由于岩层的整体性遭到破坏，加之地面水或地下水的侵入，其强度和稳定性都很差，容易产生洞顶坍塌，影响施工安全。故当隧道轴线与断层走向平行时，应尽量避免与断层破碎带接触；在确定隧道平面位置时，要尽量设法避开大规模的断层破碎带。

第四节　地　质　图

一、地质图的概念

地质图是指以一定的符号、颜色和花纹将某一地区各种地质体和地质现象(如各种地层、岩体、构造等的产状、分布、形成时代及相互关系)，按一定比例尺综合概括地投影到地形图上的一种图件。它是表示地壳表层岩相、岩性、地层年代、地质构造、岩浆活动、矿产分布等的地图的总称。除了综合表示各基本地质现象的普通地质图外，还有着重表示某一方面地质现象的专门地质图件，如反映第四纪地层的成因类型、岩性和生成时代以及地貌成因类型和形状特征的地貌及第四纪地质图，反映地下水的类型、埋藏深度和含水层厚度、渗流方向等的水文地质图，以及综合表示各种工程地质条件的工程地质图等。

地质图可被用于研究和分析许多地质特征(如地层层序和厚度、地质构造及地质历史)，预测地下矿藏的位置和储量及其开采条件。广义的地质图包括基岩地质图、岩性-岩相分布图、构造地质图、地质矿产图、矿产图、第四纪地质图、古地理图、水文地质图、工程地质图和环境地质图等。为反映地质现象的空间展布，除平面图外，常同时编制柱状图和剖面图，以表示地层层序、岩性的水平或垂向变化和彼此接触关系。

二、地质图的规格

地质图应有图名、图例、比例尺、方位和责任表(包括编图单位、负责人员、编图日期及资料来源等)，在图的左侧为综合地层柱状图，有时还在图的下方附上剖面图。比例尺的大小反映图的精度，比例尺越大，图的精度越高，对地质条件反映越详细。比例尺的大小取决于地质条件的复杂程度和建筑工程的类型、规模及设计阶段。

图例一般自上而下或自左而右按地层(上新下老或左新右老)、岩石、构造顺序排列。所用的岩性图例、地质符号、地层代号及颜色都有统一规定。

三、地质条件在地质图上的反映

1. 不同产状岩层界线的分布特征

(1) 水平岩层

水平岩层岩层界线与地形等高线平行或重合(图 4-53)。

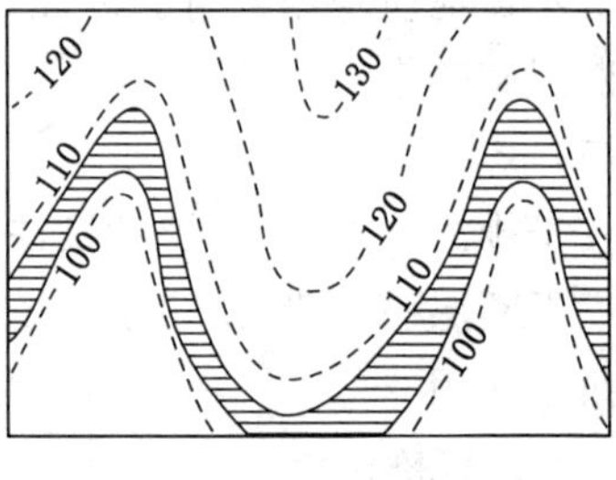

图 4-53　水平岩层在地质图上的特征

(2) 倾斜岩层

倾斜岩层的分界线在地质图上是一条与地形等高线相交的“V”字形曲线。当岩层倾向与地面倾斜的方向相反时，在山脊处“V”字形的尖端指向山麓，在沟谷处“V”字形的尖端指向沟谷上游，但岩层界线的弯曲程度比地形等高线的弯曲程度要小[图 4-54(a)]。当岩层倾向与地形坡向一致时，若岩层倾角大于地形坡角，则岩层分界线的弯曲方向和地形等高线的弯曲方向相反[图 4-54(b)]。当岩层倾向与地形坡向一致时，若岩层倾角小于地形坡角，则岩层分界线的弯曲方向和等高线相同，但岩层界线的弯曲度大于地形等高线的弯曲度[图 4-54(c)]。

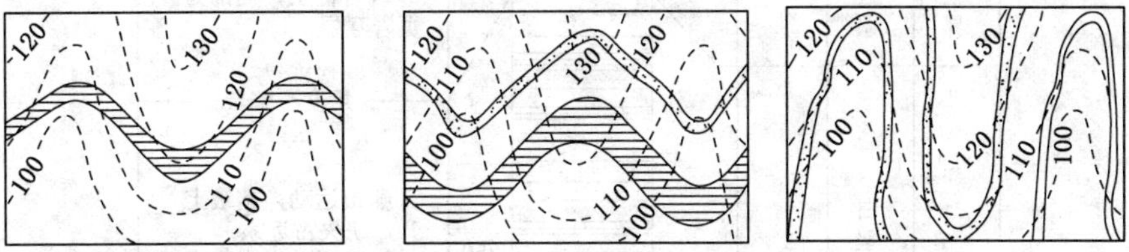

图 4-54 倾斜岩层在地质图上的分布特征

(a) 岩层倾向与坡向相反；(b) 岩层倾向与坡向相同，岩层倾角大于坡角；(c) 岩层倾向与坡向相同，岩层倾角小于坡角

(3) 直立岩层

直立岩层岩层界线不受地形等高线影响，沿走向呈直线延伸。

2. 褶皱

一般根据图例符号识别褶皱。若没有图例符号，则需根据岩层的新、老对称分布关系确定，并根据褶皱两翼的岩层产状及地层界线的延伸特征进一步确定褶皱的形态分类名称。

3. 断层

一般也是根据图例符号识别断层。若无图例符号，则根据岩层的重复、缺失、中断、宽窄变化或错动等现象识别。

4. 地层接触关系

整合接触和平行不整合接触在地质图上的表现是相邻岩层的界线弯曲特征一致，只是前者相邻岩层时代连续，而后者则不连续。角度不整合接触在地质图上的特征是新岩层的分界线遮断了老岩层的分界线。侵入接触使沉积岩层界线在侵入体出露处中断，但在侵入体两侧无错动；沉积接触表现出侵入体被沉积岩层覆盖中断。

四、综合地层柱状图和地质剖面图

综合地层柱状图是按工作区所有涉及地层的新老叠置关系恢复成原始水平状态切出的一个具有代表性的柱形图件。柱状图可表示出各地层单位、岩性、厚度、时代和地层间的接触关系等。地层柱状图可以附在地质图的左边，也可以单独成一幅图。比例尺可据反映地层详细程度的要求和地层总厚度而定(图 4-55)。

正规地质图(图 4-56)常附有一幅或数幅切过图区主要构造的剖面图，置于图的下方。在地质图上标注切图位置。剖面图所用地层符号、色谱应与地质图一致，参见图 4-57。

五、地质图的阅读和分析

以下以黑山寨地区地质图(图 4-56、图 4-57)为例，介绍阅读地质图的方法。

1. 比例尺

该地质图比例尺为 1∶10 000，即图上 1 cm 代表实地距离 100 m。

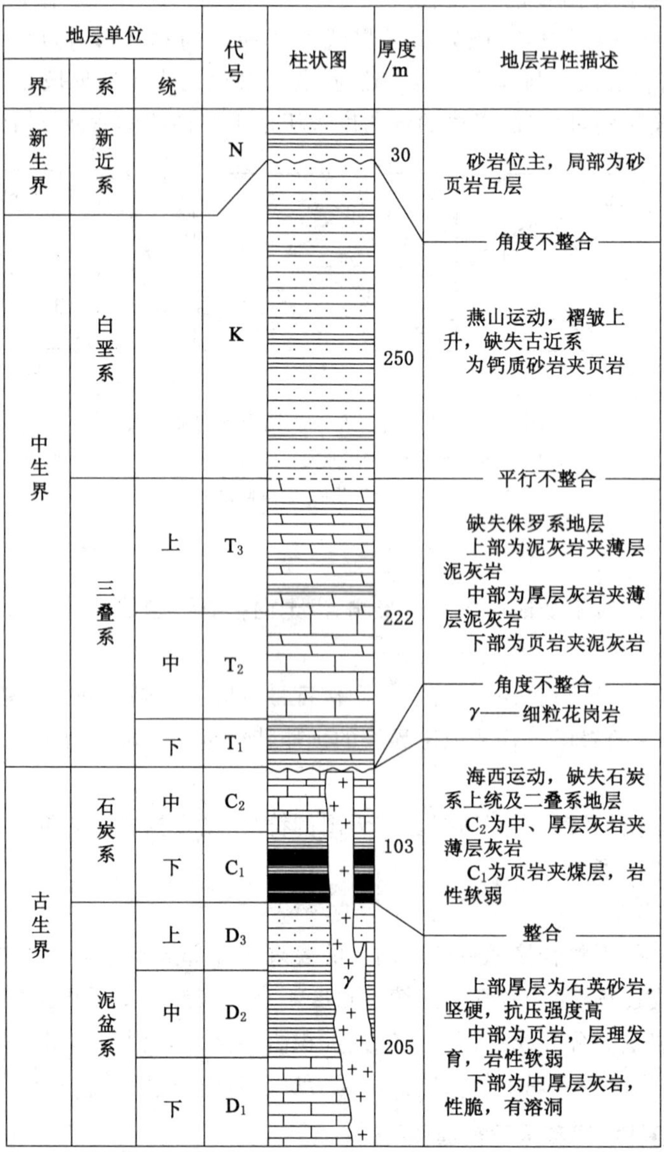

图 4-55　黑山寨地区综合地层柱状图

2. 地形地貌

通过地形等高线或河流水系的分布特点，了解一个地区的山川地势和地形高低起伏情况。本地区西北部最高，高程约为 570 m，东南部较低，约 100 m，相对高差约为 470 m。东部有一山冈，高程为 300 多米。顺地形坡向有两条北北西向沟谷。

3. 地层岩性

主要是阅读地层的分布、新老关系及其与地形的关系。本区出露地层从老到新有：古生界——下泥盆统（D_1）石灰岩、中泥盆统（D_2）页岩、上泥盆统（D_3）石英砂岩，下石炭统（C_1）页岩夹煤层、中石炭统（C_2）石灰岩；中生界——下三叠统（T_1）页岩、中三叠统（T_2）石灰岩、上三叠统（T_3）泥灰岩，白垩系（K）钙质砂岩；新生界——新近系（N）砂、页岩互层。古生界地

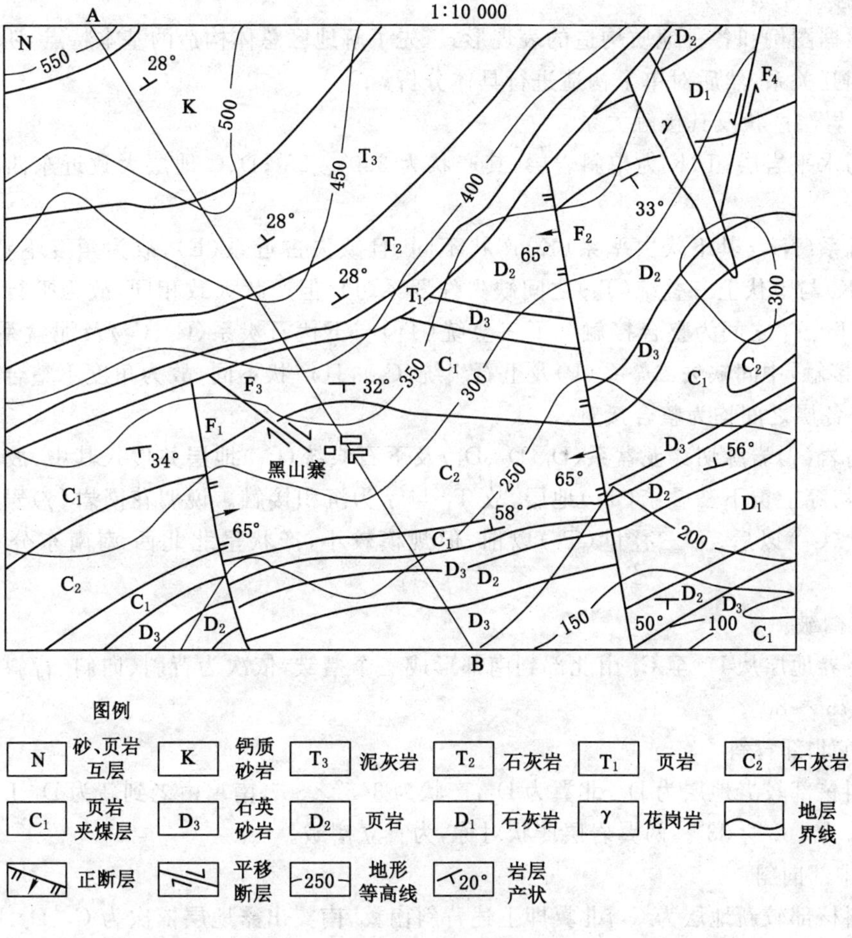

图 4-56　黑山寨地区地质图

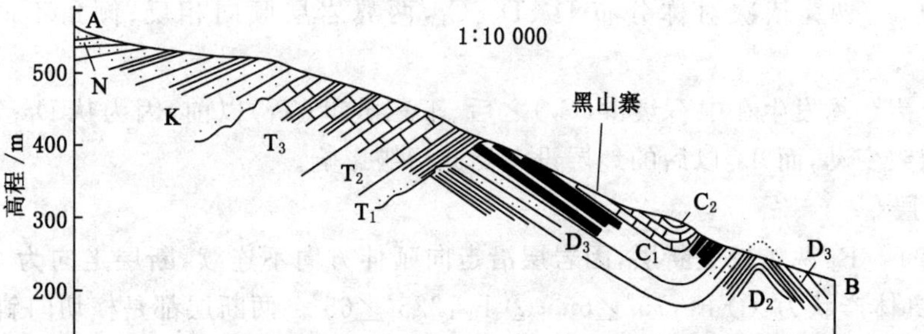

图 4-57　黑山寨地区地质剖面图

层分布面积较大，中生界、新生界地层出露在北、西北部。

除沉积岩层外，还有花岗岩(γ)岩脉侵入，出露在东北部，侵入三叠系以前的地层中，属海西运动时期的产物。

4. 地质构造

可根据图例和各种地质构造的表现形式，先了解地区总体构造的基本特点，明确局部构造间的相互关系，然后对单个构造进行具体分析。

(1) 岩层产状及其接触关系

N为水平岩层；T、K为单斜岩层，其产状为330°∠28°；D、C地层大致近东西或北东东向延伸。

新近系(N)与其下伏白垩系(K)产状不同，且缺失古近系(E)，故为角度不整合接触。白垩系(K)与下伏上三叠统(T_3)之间缺失侏罗系(J)，但产状大致相同，故为平行不整合接触。T_3、T_2、T_1之间为整合接触。下三叠统(T_1)与下伏石炭系(C_1、C_2)及泥盆系(D_1、D_2、D_3)直接接触，中间缺失二叠系(P)及上石炭统(C_3)，且产状不同，故为角度不整合接触。由C_2至D_1各层之间均为整合接触。

花岗岩(γ)岩脉切穿泥盆系(D_1、D_2、D_3)及下石炭统(C_1)地层并侵入其中，故为侵入接触，因未切穿上覆下三叠统(T_1)地层，故T_1与γ为沉积接触。说明花岗岩(γ)岩脉形成于早石炭世(C_1)以后、下三叠世(T_1)以前，但规模较小，产状呈北北西-南南东分布的直立岩墙。

(2) 褶皱

古生界地层从D_1至C_2由北部到南部形成三个褶皱，依次为背斜、向斜、背斜。褶皱轴向为NE75°～80°。

① 东北部背斜

背斜核部较老地层为D_1，北翼为D_2，产状为345°∠33°，南翼由老到新为D_2、D_3、C_1、C_2，岩层产状为165°∠33°。两翼岩层产状对称，为直立褶皱。

② 中部向斜

向斜核部较新地层为C_2，北翼即上述背斜南翼，南翼出露地层依次为C_1、D_3、D_2、D_1，其产状为345°∠56°～58°。由于两翼岩层倾向相反、倾角不同，故为倾斜向斜。

③ 南部背斜

核部为D_1，两翼依次对称分布D_2、D_3、C_1，两翼岩层倾向相反、倾角不同，故为倾斜背斜。

这三个褶皱均发生在中石炭世(C_2)之后、下三叠世(T_1)以前，因为从D_1至C_2的地层全部经过褶皱变动，而T_1以后的地层没有受此褶皱影响。

(3) 断层

本区有F_1、F_2两条较大断层，因岩层沿走向延伸方向不连续，断层走向为345°，断层面倾角较陡，具体产状为：① F_1：75°∠65°；② F_2：225°∠65°。两断层都是横切向斜轴和背斜轴的正断层。另外，从断层两侧向斜核部C_2地层出露宽度分析，也可说明F_1和F_2间的岩层相对下移，所以F_1、F_2断层的组合关系为地堑。F_3、F_4两条断层为规模较小的平移断层。

从区域褶皱和断层分布时间、空间来分析，它们处于同一构造应力场，受到同一构造运动而形成。压应力主要来自北北西-南南东方向，褶皱轴向为北东东。F_1、F_2两断层为受张应力作用形成的正断层，故断层走向大致与压应力方向平行，而F_3、F_4则为剪应力所形成的扭性断层。

第五章 地 下 水

自然界的水主要分布于大气圈、水圈和岩石圈之中，分别称为大气水、地表水和地下水，它们是相互联系的统一体。水文地质学中所研究的地下水，是指赋存并运移于地表以下的岩土孔隙、裂隙或岩溶洞隙中的水。地下水的形成与自然界的水循环密切相关，同时它又需要具备一定的补给来源、储水空间和储存条件。地下水的分布极其广泛，它和人类的生产、生活、自然环境和地质灾害等密切相关，因为地下水具有重要的功能。大体上，地下水具有资源、地质营力、致灾因子、生态环境因子和信息载体等方面的功能。

(1) 地下水是一种宝贵的资源：在很多地区地下水是农业灌溉、城乡人民生活及工矿企业用水的良好水源；一些含特殊组分的地下水称为矿泉水，具有医疗保健作用；含盐量多的地下水如卤水，可提供化工原料；地下热水可用作取暖和发电；另外，泉水等自然景观也是良好的旅游资源。

(2) 地下水是一种重要的地质营力：地下水是物质和热量传输及应力传递的载体，是各种地质作用的积极参与者，具体表现在它是良好的溶剂，参与成矿和构造运动，能够引发地质灾害，甚至可以诱发地震。

(3) 地下水是不可忽视的致灾因子：除了岩土体位移、水库诱发地震外，地下水还会引发地面沉降、地裂缝、岩溶塌陷、潜蚀管涌、矿坑与隧道突水、海水入侵、石窟文物破坏等各种灾害。

(4) 地下水是活跃灵敏的生态环境因子：一般情况下，气候、土壤、水与生物处于相互作用的和谐动态平衡状态，但在特定自然条件下，会形成不良的生态环境，特别是人类的干扰影响生态环境。总体上，不良的生态环境有土地沙化、湿地退化、石漠化、地表水基流减少和断流、湖泊咸化、冻土退化、盐渍化、沼泽化、天然地下水水质不良、地下水污染等，进而导致植被退化、枯萎，动物消失等问题。

(5) 地下水是极有价值的信息载体：无处不在、不断流动的地下水，是极有价值的信息载体，地下水能够提供环境变化信息、能反映应力改变、作为地震前兆、提示地热的存在、进行水文地球化学找矿和提供地质作用的线索。

从地下水的主要功能可以看出，地下水既是重要的自然资源，也是地质环境的重要组成部分，且能影响地质环境的稳定性。地下水可使地基软化降低其承载力；地下水常常是滑坡、地面沉降和地面塌陷等灾害的主要原因；基坑工程、地下工程施工时，若大量涌入地下水可造成施工困难；承压水存在时，地下建筑以及深基坑设计、施工必须考虑抗浮问题。总之，地下水位高低、水量大小、地下水的化学成分等影响基础工程的设计与施工及地下建筑的使用，为确保土木工程建设的稳定与安全，查明地下水的形成、埋藏、分布、运动等规律十分必要。因此，本章主要论述地下水的基本概念和基础知识以及地下水对工程的影响。

第一节　地下水基本知识

一、地球中水的循环与地下水的来源

（一）地球中水的循环

地球上各部位、各层圈都存在着水，地球上水存在于大气圈、地球表面、岩石圈和生物圈中，也存在于地球深部的地幔乃至地核中。从大气圈到地壳上半部的水被称为浅部层圈水，均以自由态 H_2O 形式存在，以液态为主，包括大气水、地表水、地下水及生物体中的水。地壳下部到下地幔中的水被称为深部层圈水，主要为矿物水和超临界状态水，水量却远超浅部。

地球上各部位的水相互联系、相互转化，共同构成水圈或水系统。在水系统中，各层圈的水通过水循环发生联系和转化，包括浅部层圈水和深部层圈水的联系和转化，这个过程被称为水循环。

自然界的水循环分为水文循环和地质循环。

水文循环指地球上大气水、地表水和地壳浅表地下水，在太阳辐射、地心引力等作用下，通过蒸发、水汽输送、凝结降水、下渗和径流等环节，不断地发生相态转换和周而复始运动的过程（见图 5-1）。水文循环又分为大循环和小循环，大循环指海洋与陆地之间水分交换过程（海-陆），小循环指陆地或海洋的局部水分交换的过程（海-海、陆-陆）。地球上水的水文循环的速度较快，途径较短，转换交替比较迅速。

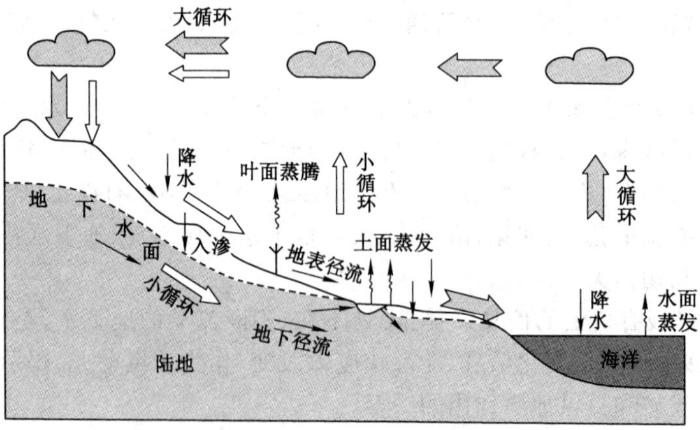

图 5-1　水文循环

地质循环指地球浅层圈和深层圈之间水的相互转化过程（见图 5-2）。地球上水的地质循环的途径长、速度慢。

水循环赋予水强大的功能，不断地塑造和改变地球表面，同时也给人类的生存发展带来影响，许多地质灾害都与地下水有关。

（二）地下水的来源

通常地下水是指地壳浅表地下水，对于水文地质学而言，研究范围目前也主要以地

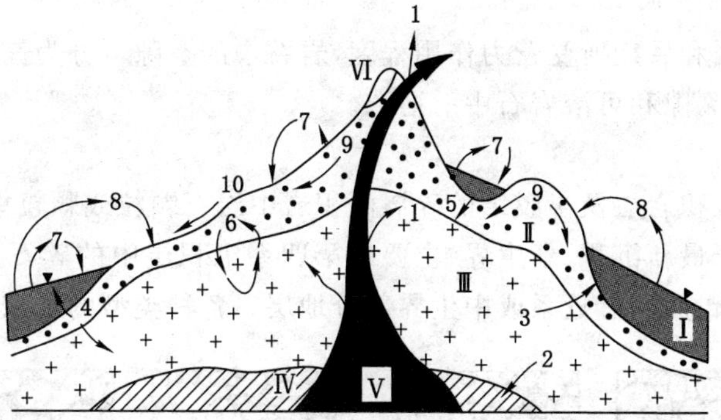

图 5-2　水的地质循环

（转引自沈照理等，1985）

Ⅰ——海洋水；Ⅱ——沉积盖层；Ⅲ——地壳结晶岩；

Ⅳ——地幔；Ⅴ——岩浆源；Ⅵ——大陆冰盖

1——来自地幔的初生水；2——返回地幔的水；3——岩体重结晶脱出水（再生水）；

4——沉积成岩排出的水；5——封存于沉积物中的埋藏水；

6——热重力和化学对流造成的地壳内循环；7——海陆内部的蒸发和降水（小循环）；

8——海陆之间的蒸发和降水（大循环）；9——地下径流；10——地表径流

壳浅表地下水为主，深度通常到天然降水循环面，最深不超过数千米，而对于深部层圈水的研究非常少。因此，这里所讲述的地下水的来源是指地壳浅表地下水的来源。从这个角度来说，地下水的来源是水文循环。

参加水循环的部分水量，通过大气降水或地表径流最终可以转换为地下水。地下水从大气降水、地表水、其他含水层地下水、人工补给等各种途径获得补给后，在含水层中流过一段路程，然后又以泉、泄流、蒸发、人工排泄等形式排出地表。地下水的补给、径流与排泄过程称为地下水的循环，这种循环导致地下水水位与水量等变化。需要指出的是，地下水循环是水文循环的一部分，地下水在水文循环过程中获得补给，所以说地下水的最终来源是水文循环。

地下水通过补给、径流与排泄过程往复不已地循环转化，是维持生命繁衍与人类社会发展的必要前提。一方面，地下水循环使水体得以净化；另一方面，地下水循环使水量得以更新再生。在这个过程中，对其流经途径和赋存途径的介质也产生相应的影响，进而引起一些地质灾害的发生。

二、地下水的赋存

地下水存在于岩土的空隙之中。地壳表层 10 km 以上范围内，都或多或少存在着空隙，特别是浅部 1～2 km 范围内，空隙分布较为普遍，这为地下水赋存提供了必要前提。因此，岩土空隙是地下水的储存空间和传输通道。

岩土空隙的特征（空隙的多少、大小、形状、方向性、连通程度及空间变化），决定着地下水分布与渗透的特点。也就是说，岩土的水理性质对地下水的分布和渗透影响较大。

微观上，岩土空隙是地下水的赋存场所，而宏观上，含水层是地下水的赋存场所。

（一）地下水赋存空间

根据空隙的成因和后期所受营力作用程度，岩石中的空隙可分为三类，即松散岩石中的孔隙、坚硬岩石中的裂隙和可溶岩石中的溶隙。

1．孔隙

孔隙是指松散沉积岩层及半胶结的碎屑沉积岩中岩石颗粒或颗粒集合体之间的空隙。

孔隙主要分布于最新沉积、新生界、主要在第四系沉积层中的碎石土、砂土、黏土等，其次是胶结不完全的新近系、古近系或中生界部分地层。各种类型的孔隙见图 5-3 中 1～6。

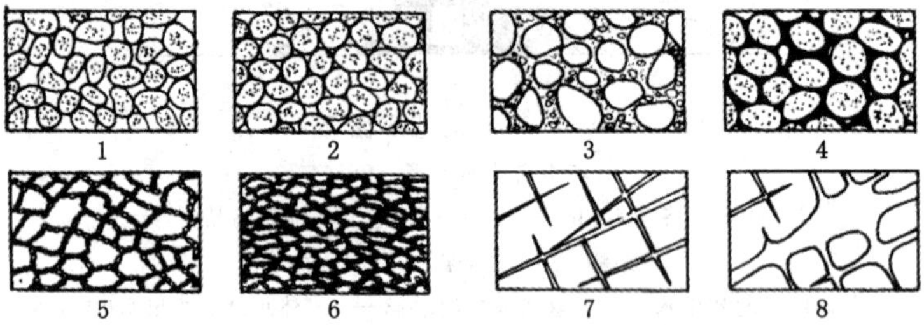

图 5-3　岩石中各种空隙（引自王大纯等）

1——分选良好、排列疏松的砂；2——分选良好、排列紧密的砂；3——分选不良，含泥、砂的砾石；4——经过部分胶结的砂岩；5——具有结构性孔隙的黏土；6——经过压缩的黏土；7——具有裂隙的岩石；8——具有溶隙及洞穴的可溶岩

岩石中孔隙的多少决定岩土储容地下水的能力，在一定条件下，还控制岩土滞留、释出和传输水的能力。常用孔隙度大小来表示孔隙的多少。孔隙度是指某一体积岩土（包括颗粒骨架与空隙在内）中孔隙体积所占的比例，通常用 n 表示：

$$n=\frac{V_n}{V}\times 100\% \tag{5-1}$$

式中，V 表示包括孔隙在内的岩石体积；V_n 表示岩石中孔隙的体积。

孔隙度是一个比值，通常用百分比表示，也可用小数表示。松散岩土孔隙度常见参考值见表 5-1。

表 5-1　松散岩土孔隙度常见参考值　　单位：%

岩石名称	砾石	砂	粉砂	黏土
孔隙度	25～40	25～50	35～50	40～70

2．裂隙

裂隙是指各种应力作用下岩石破裂变形产生的裂缝，见图 5-3 中 7。主要发育于固结的坚硬岩石中，包括沉积岩、岩浆岩和变质岩。按裂隙的成因可分成岩裂隙、构造裂隙和风化裂隙。

表征裂隙发育多少的指标是裂隙率，裂隙率可分为体积裂隙率（K_r）、面积裂隙率（K_a）和线裂隙率（K_l）。

(1) 体积裂隙率（K_r）：裂隙体积（V_n）与包括裂隙在内的岩石体积（V）的比值，即：

$$K_r=\frac{V_n}{V}\times 100\% \tag{5-2}$$

(2) 面积裂隙率(K_a):单位面积岩石上裂隙面积的多少。

(3) 线裂隙率(K_l):垂直裂隙走向方向上单位长度上裂隙的条数。

通常所说的裂隙率是指体积裂隙率。常见岩石的体积裂隙率参考值见表 5-2。

表 5-2　各种岩石裂隙率数值表　单位:%

岩石名称	碎屑岩	化学岩	岩浆岩	变质岩	玄武岩	凝灰岩	现代火山岩
裂隙率	3～30	<1～30	2～5	2～5	1～12	4～40	50

3. 溶隙

溶隙是指可溶的沉积岩(如岩盐、石膏、石灰岩和白云岩等)在地下水溶蚀下产生的空洞,见图 5-3 中 8 。溶隙是在裂隙的基础上,水流对可溶岩进一步作用的结果,是扩大了的裂隙。溶隙进一步可以分为溶孔(压水试验,石灰岩的微空隙)、溶蚀裂隙、溶隙、溶洞、地下暗河等。

表征溶隙发育多少的指标是溶隙率。溶隙率(K_k)是溶隙的体积(V_k)与包括溶隙在内的岩石总体积(V)的比值,用百分数或小数表示,即

$$K_k=\frac{V_k}{V}\times 100\% \tag{5-3}$$

溶隙的规模悬殊,岩溶发育带溶隙率可达百分之几十,而其附近岩石的溶隙率几乎为零。

(二) 地下水赋存形式

水在地壳岩土中的赋存形式可分为两大类,即岩土“骨架”中的水以及岩土空隙中的水,具体分类见图 5-4。其中,岩土空隙中的水对大气圈、水圈、生物圈等影响较大,需要详细介绍。

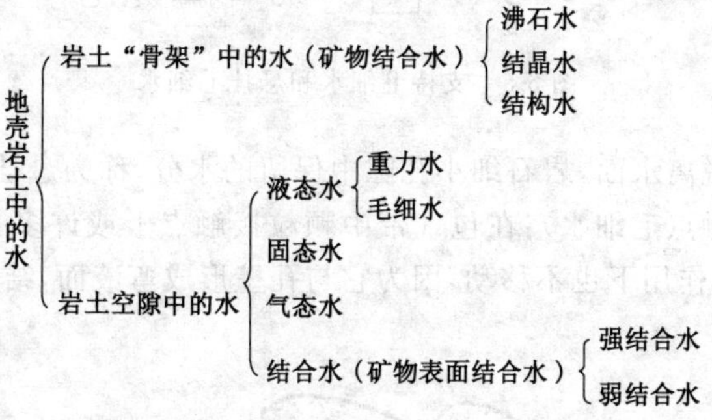

图 5-4　地下水分类

1. 液态水

液态水分为重力水和毛细水。

(1) 重力水

岩石颗粒表面上的水分子增厚到一定程度,重力对它的影响超过颗粒表面对它的吸引力,受重力作用向下运动,形成重力水。简而言之,在重力的作用下能够自由流动的水即为重力水。重力水存在于岩石较大的空隙中,具有液态水的一般特征,能传递静水压力,具有

溶解岩石中可溶岩的能力。

重力水具有非常重要的实用价值。地层岩石空隙中如果存在一定的重力水，就可以通过泉或井流出（抽出），为人们所用，因此重力水是水文地质学研究的主要对象。

(2) 毛细水

将细小的玻璃管插入水中，水会在管中上升到一定高度才停止，这便是固、液、气三相界面上产生的毛细现象，因为有毛细力的存在。依靠毛细力而保持在毛细空隙中的水，称为毛细水。因为，岩土中存在毛细空隙，而毛细空隙是岩土中的细小空隙，一般指直径小于 1 mm 的孔隙或宽度小于 0.25 mm 的裂隙。

在岩石空隙中，毛细水的存在形式可分为以下三种。

① 支持毛细水：在地下水面支持下存在的（附着水面上的），随地下水升降而升降，这部分毛细水称为支持毛细水（图 5-5）。

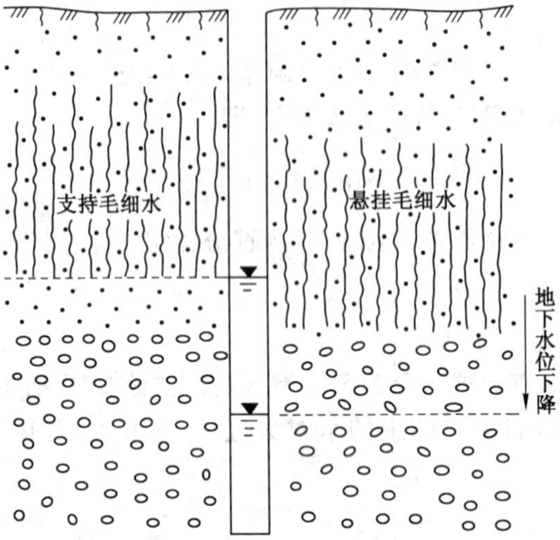

图 5-5　支持毛细水和悬挂毛细水

② 悬挂毛细水：脱离水面，岩石细小孔隙中保留的水分，称为悬挂毛细水（图 5-5）。

③ 孔角毛细水（触点毛细水）：在包气带中颗粒接触点上或许多孔角的狭窄处，水是个别的点滴状态，在重力作用下也不移动，因为它与孔壁形成弯液面，结合紧密，将水滞留在孔角上（图 5-6）。

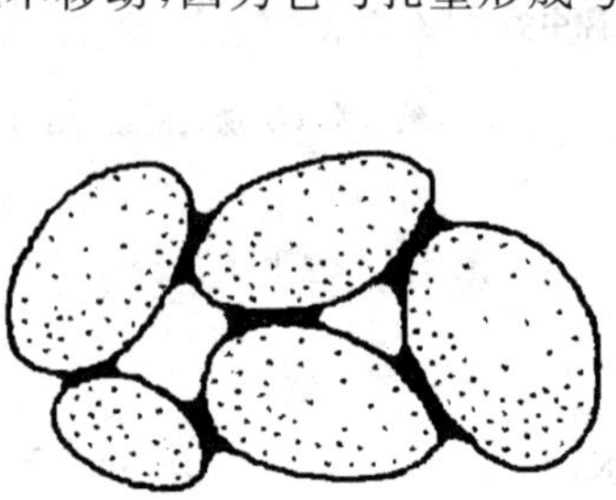

图 5-6　孔角毛细水

2. 结合水

受岩石颗粒表面吸引力大于自身重力的那部分水，称为结合水。如图 5-7 所示，内层为强结合水，外层为弱结合水。

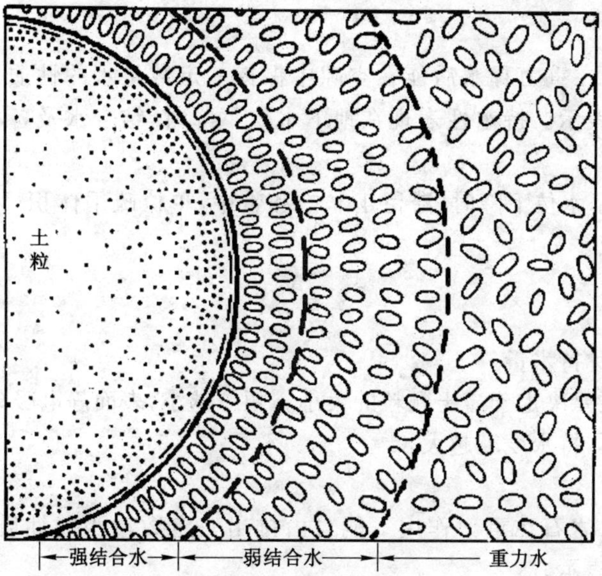

图 5-7　结合水

3. 气态水

气态水是指储存并运动于未饱和岩石空隙中呈水汽状态的水。气态水从水汽压大处向水汽压小的方向运动；从绝对湿度大处向绝对湿度小的方向运动；从温度高处向温度低的方向运动。

4. 固态水

固态水是指以固态形式存在于岩石空隙中的水（地下冰）。我国北方冬季常形成冻土，称之为季节性冻土；东北及青藏高原有一部分地下水多年保持固态，称之为多年冻土。

（三）与地下水有关的岩土水理性质

岩土的水理性质亦称岩土的水文地质性质，是指与水分储存、释出与运移有关的性质，它表示岩土控制水分活动的性质，水能否进入空隙中，能否自由运动和能否被取（排）出等等。岩土的水理性质主要包括容水性、持水性、给水性、透水性和含水量等。

1. 容水性

容水性是指岩石能容纳一定数量水的性质。用容水度（M_C）表示，容水度可用小数或百分数表示。

容水度（M_C）指岩土完全饱水时所容纳的水的体积（V_m）与岩土体积（V）的比值，也即指单位体积饱水岩石中所能容纳的最大水的体积。

$$M_C=\frac{V_m}{V} \tag{5-4}$$

若以重量计，则称为容水量。

当岩土空隙被水充满时，水的体积就等于空隙体积，此时容水度在数值上等于孔隙度、裂隙率或溶隙率。但大部分情况下容水度比它们小，因为有些空隙不相连通，以及空隙中有被水封闭的气泡存在；但对于具有膨胀性的黏土来说，由于充水后会发生膨胀，容水度会大于原来的孔隙度。

2. 持水性

持水性是指岩石在重力释水后能在空隙中保持一定数量水的性质。用持水度(S_r)表示，持水度可用小数表示。持水性表现在地下水位下降时，结合水及各类毛细水滞留于岩土中。

持水度(S_r)：地下水位下降时，滞留于非饱和带中，单位疏干体积(V)中不释出的水的体积(V_s)所占的比值。

$$S_r = \frac{V_s}{V} \tag{5-5}$$

若以重量计，则称持水量。

持水度的大小主要决定于岩土颗粒的大小。颗粒越小，表面静电吸附能力就越大，所吸附的结合水膜就越厚，持水度就越大。

3. 给水性

给水性是指饱水岩石在重力作用下能自由排出一定数量水的性质。用给水度(μ)表示，给水度可用小数表示。

给水度(μ)是当地下水位下降一个单位时，在重力作用下单位水平面积岩土柱体(V)中所能释放出的水体积(V_u)。

$$= \frac{V_u}{V} \tag{5-6}$$

不同的岩土给水度不同，松散沉积物中颗粒愈粗给水度愈大，直到接近于它的容水度，因为它们是弱持水或不持水的，如表 5-3 所示。颗粒非常细小的泥炭、黏土类岩土，虽然容水度很大，但持水度也很大，因此给水度很小，有的实际上可认为给水度为零。

表 5-3　　常见岩土的给水度

岩土名称	粗砂	中砂	细砂	粉砂	亚砂土	亚黏土
给水度	0.20～0.35	0.15～0.30	0.10～0.20	0.10～0.15	0.07～0.10	0.04～0.07

岩土的容水度、持水度与给水度三者之间有着密切关系，即给水度等于容水度减去持水度，而最大给水度为饱和容水度减去最大持水度。

4. 透水性

透水性是指岩土允许水通过的性质。通常用渗透系数(K)表示。渗透系数也称为水力传导率，在数值上等于单位水力梯度条件下的渗流速度。

对松散层而言，颗粒大小、形状、分选程度、密实度、胶结情况、水质、水温等影响渗透系数；对坚硬岩体而言，渗透系数除了受同松散层相同的影响因素以外，更取决于裂隙的几何结构特征，如延伸方向、宽度、密度、长度、连通性、充填物、裂隙面的粗糙程度等。

不同岩石的透水性有所区别，岩石透水性的划分见表 5-4。

表 5-4　　岩石透水性划分

透水性	渗透系数/(m/d)	岩石名称
强透水性	>10	卵石、砾石、粗砂、岩溶发育的灰岩
良透水的	10～1	砂、裂隙发育等坚硬岩石
半透水的	1～0.01	亚砂土、黄土、泥灰岩、砂岩等
弱透水的	0.01～0.001	亚黏土、砂土、黏土泥砂岩等
不透水的	<0.001	黏土、致密结晶岩等

5. 含水量

含水量(ω):松散岩土空隙中所包含的水与岩土的比值。用重量含水量和体积含水量表示。

(1) 重量含水量(ω_g):岩土中水的重量(G_w)与包含水的重量在内的岩土的重量(G_s)的比值。

$$\omega_g=\frac{G_w}{G_s}\times 100\% \tag{5-7}$$

(2) 体积含水量(ω_v):岩土中水的体积(V_w)与岩土的体积(V)的比值。

$$\omega_v=\frac{V_w}{V}\times 100\% \tag{5-8}$$

(四) 含水层、隔水层与弱透水层

岩石的赋存条件不同其结构不同,在含水性、透水性等方面也有显著差异,不同岩层体现出不同的水文地质特征,按其渗透性可分为透水层与不透水层,其中饱含水的透水层便是含水层,不透水层通常称为隔水层。

1. 含水层

含水层是饱水并能传输与给出相当数量水的岩层。含水层是地下水赋存的宏观空间。自然界中,并非所有发育有空隙的岩石都可以构成含水层,构成含水层必须具备以下三个条件:

(1) 构成含水层的岩石要有相当数量的蓄水空间。作为地下水运移和储存的通道,蓄水空间是确定含水层存在的重要标志。只有一定数量的空间,才能储存一定量的水,并连通形成网络,便于地下水的运动和补给。

(2) 储存地下水的地质构造。地下水的运动,受地质构造和隔水层的控制。在地质剖面中,含水结构有两种最基本的模式:透水-含水-隔水;隔水-含水-隔水。

(3) 充足的补给水源。地下水补给量的大小,是决定含水层量大小和保证程度的重要因素。若补给不足,排泄量过大,在一定条件下含水层的水由于不断消耗而变为透水层。

不同含水层的富水性有差别。通常,含水层富水性按钻孔单位涌水量(q)来划分,分为以下 4 级:

(1) 弱富水性:$q\leqslant 0.1$ L/(s·m)。

(2) 中等富水性:0.1 L/(s·m)$<q\leqslant$1.0 L/(s·m)。

(3) 强富水性:1.0 L/(s·m)$<q\leqslant$5.0 L/(s·m)。

(4) 极强富水性:$q>5.0$ L/(s·m)。

注:评价含水层的富水性,钻孔单位涌水量以口径 91 mm、抽水水位降深 10 m 为准。

2. 隔水层

隔水层是不能传输与给出水,或者不能传输与给出相当数量水量的岩层。

含水层和隔水层的定义具有相对性,二者是通过比较而存在的,不仅要考虑岩石是否能透过并给出水,还应考虑所给出的水是否有实际价值,能否满足开采利用的实际需要或对采矿等工程造成危害。在水头差的作用下,含水层和隔水层之间还可以相互转化。其划分指标见表 5-5。

表 5-5　　含(隔)水层划分指标

含水性	泥质含量/%	单位涌水量/[L/(s·m)]	渗透系数/(m/d)
极强	极少	>15	>50
强	<5	10～5	50～10
中等	5～10	5～1	10～5
弱	10～15	1～0.01	5～1
极弱	>15	<0.01	<1

3. 弱透水层

弱透水层是指渗透性较差的岩土层,在排供水中,提供较少的水量,在发生越流时在水头差的作用下,可透过该层。

(五) 包气带和饱水带

在地表以下一定深度,岩石中的孔隙被重力水所充满,形成地下水面,称潜水面。潜水面上下分别称为包气带和饱水带。

1. 包气带

潜水面以上、地面以下称为包气带或非饱和带(图 5-8)。进一步划分为土壤水带、中间过渡带和毛细水带。

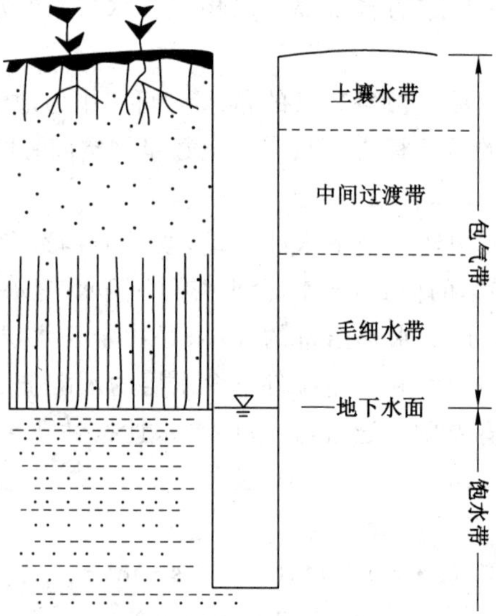

图 5-8　包气带和饱水带

在包气带中，岩土未被水充满，还含有气态水。包气带中地下水具有气态水、结合水、毛细水和重力水等多种形式。

包气带是饱水带与大气圈、地表水圈联系的通道，对人类生产影响较大，如农业种植和工程建设等，因此对其展开研究具有重要意义。

2. 饱水带

潜水面以下称饱水带或饱和带(图 5-8)。饱水带岩石空隙全部为液态水所充满。这部分地下水被称为狭义上的地下水，是人类能够利用的地下水。

三、地下水的类型

(一) 地下水类型的分类方法

地下水分类的原则和方法很多，大致有两种：一种是根据地下水的某一特征分类。如按起源不同，可将地下水分为渗入水、凝结水、初生水和埋藏水；按矿化度不同，可分为淡水、微咸水、咸水、盐水、卤水，此外还可以按照地下水的温度、气体成分、运动性质以及动态变化等特征进行分类。另一种则是综合考虑地下水的若干特征进行分类。水文地质工作中，按照地下水埋藏条件和含水介质类型、空隙类型的综合分类方法较常见，具体见表 5-6。

表 5-6　　地下水综合分类表

按照埋藏条件	按照含水介质类型		
	孔隙水	裂隙水	岩溶水
上层滞水	局部黏性土隔水层上季节性存在的水	裂隙岩层浅部风化层中季节性存在的水或区域地下水位以上局部隔水层上季节性存在的水	裸露岩溶化岩层上部垂直入渗带中季节性存在的水
潜水	各种成因类型松散沉积物浅部的水	坚硬岩石上部风化裂隙和构造裂隙中的水	裸露于地表的岩溶化岩层中的水
承压水	自流盆地、单斜山前平原中以及平原区的松散沉积物中的水	构造盆地、向斜或单斜构造中层状裂隙岩层中的水；构造破碎带中的水以及独立裂隙系统中的脉状水	构造盆地、向斜或单斜构造中岩溶化岩层中的水

(二) 按照地下水的埋藏条件分类

含水层岩层在地质剖面中所处的部位及受隔水层(弱透水层)限制的情况称为埋藏条件。按照地下水的埋藏条件，将地下水分为上层滞水、潜水和承压水(图 5-9)。

1. 上层滞水

(1) 上层滞水定义

上层滞水是指当包气带存在局部隔水层(弱透水层)时，局部隔水层(弱透水层)上会积聚具有自由水面的重力水(图 5-9)。在松散沉积物中，上层滞水分布于砂砾层内的黏性土透镜体之上；在基岩中分布于透水的裂隙岩层或岩溶岩层内的相对隔水夹层(如薄层页岩、泥灰岩等岩体)之上。

(2) 上层滞水特点

上层滞水一般分布不广，厚度小，储水量小，动态变化显著，季节性存在；补给区和分布区一致，直接接受当地大气降水或地表水的补给，以蒸发和泄流的形式排泄；一般只能做小型或暂时性供水水源。需要格外注意的是，在工程建设中，上层滞水常会突然涌入基坑，威

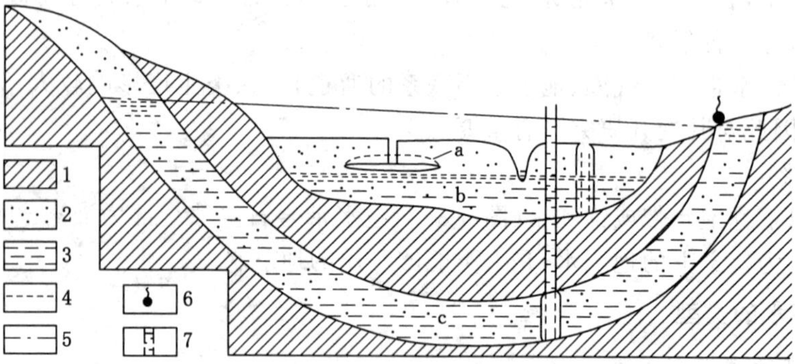

图 5-9 潜水、承压水和上层滞水(引自张人权等)

1——隔水层;2——透水层;3——饱水部分;4——潜水位;5——承压水承压水位;
6——泉(上升泉);7——水井;a——上层滞水;b——潜水;c——承压水

胁基坑施工安全。

2. 潜水

(1) 潜水的定义

潜水是指埋藏在地表以下,第一个稳定隔水层以上,且具有自由水面(潜水面)的重力水(图 5-9)。潜水分布极广,可存在于第四纪松散沉积物的孔隙中,形成孔隙潜水,也可分布于裸露的基岩裂隙中或岩溶中,形成裂隙潜水或岩溶潜水。

(2) 潜水的要素

潜水的几个基本要素如图 5-10 所示。

① 潜水面:指在地表以下一定深度,岩土中的空隙被重力水所充满,形成的自由水面。潜水获得补给大于排泄时潜水面会上升,潜水排泄大于补给时潜水面会下降。在一个完整的水文年里,丰水期潜水面会上升,形成高水位期潜水面;枯水期潜水面下降,形成低水位期潜水面。

② 潜水水位:指任意一点的潜水面的高程。

③ 潜水的埋深:指从地表到潜水面的深度(图中 D)。

④ 潜水含水层厚度:自潜水面至隔水底板之间的垂直距离(图中 M)。

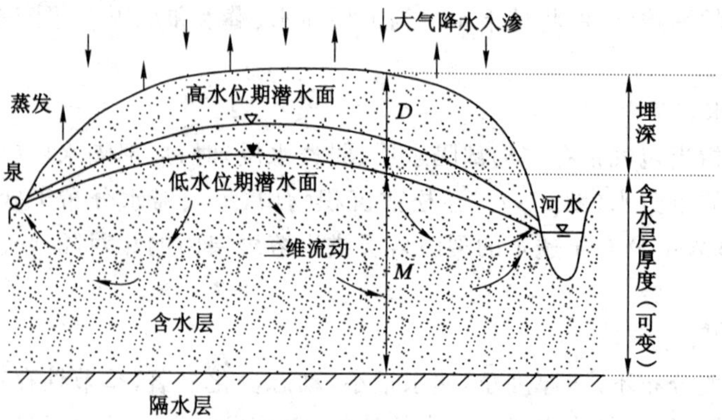

图 5-10 潜水要素图

(3) 潜水的特点

根据潜水的埋藏条件,潜水具有以下特征:

① 在潜水含水层之上因无连续隔水层覆盖,通常积极参与水循环(补给、排泄)。在一般情况下,大气降水、地面水等都可以直接补给潜水;潜水具有自由水面,一般埋藏较浅,因此容易受到污染。

② 伴随潜水面的下降,潜水含水层在重力作用下发生释水。

③ 潜水的分布区和补给区基本上是一致的。在重力作用下可以由水位高处向水位低处渗流,形成潜水径流。

④ 潜水的动态(如水位、水量、水温、水质等随时间的变化)随季节不同而有明显变化。如雨季降水多,潜水补给充沛,潜水面上升,含水层厚度增大,水量增加,埋藏深度变浅;而在枯水季节则相反。

⑤ 规模大的潜水含水层是很好的供水水源。

⑥ 工程建设中埋深较浅的潜水可能造成施工困难,必要时需采取降水措施。地下室和地下建筑需要采取防水措施。

(4) 潜水面的形状

在自然界中,潜水面的形状因时因地而异,它受地形、地质、气象、水文等各种自然因素和人为因素的影响。一般情况下,潜水面不是水平的,而是向着邻近洼地(如冲沟、河流、湖泊等)倾斜的曲面。

当含水层的透水性和厚度沿渗流方向发生变化时,会引起潜水面形状的改变。在同一含水层中,当岩层的透水性随渗流方向增强或含水层厚度增大时,则潜水面形状趋于平缓;反之变陡,如图 5-11 所示。

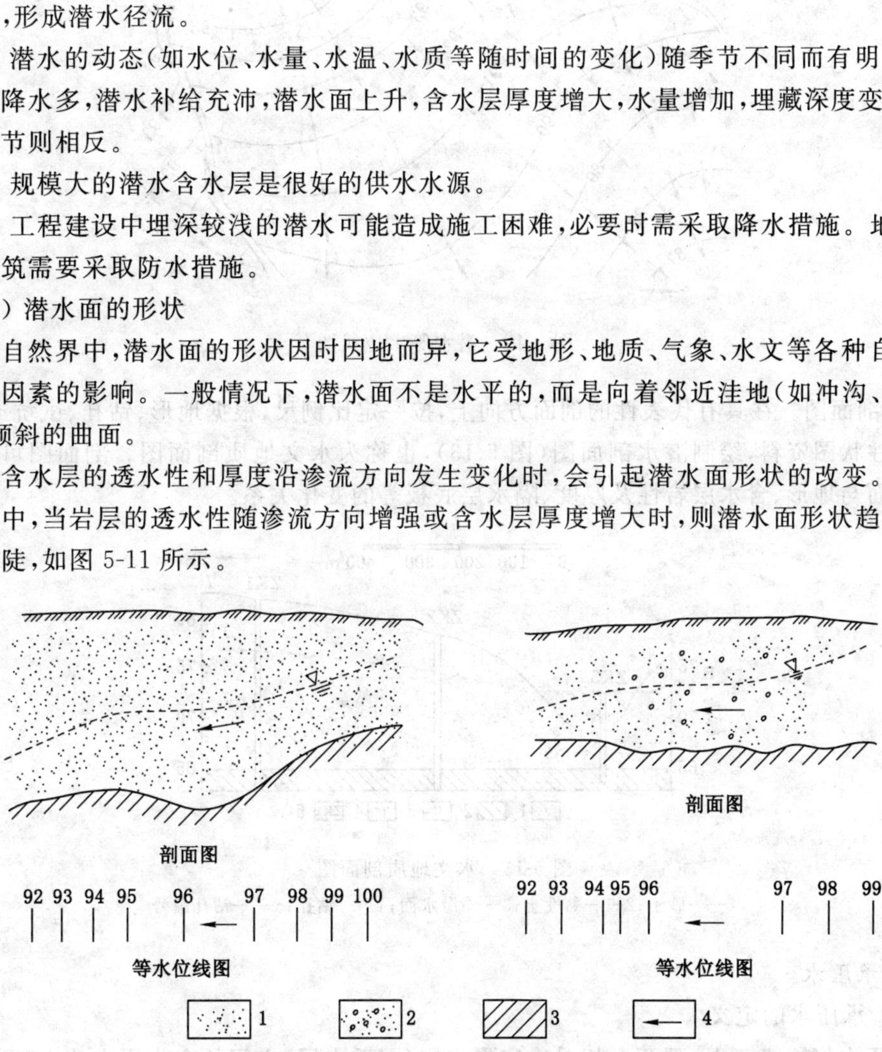

图 5-11 潜水面形状与岩层厚度、透水性的关系

1——砂;2——砾石;3——隔水层;4——潜水流向

(5) 潜水面的表示方法

潜水等水位线图和剖面图的方法清晰地表示潜水面的形状。最常用的是潜水等水位线图。

① 潜水等水位线图。潜水在重力作用下发生流动,由高水位向低水位运动,使潜水面

产生一定的坡度，形成了不同形状的潜水面(图 5-11)。将潜水位相等的各点连线，形成潜水等水位线图(图 5-12)。图中线条为等水位线，数字为潜水位标高(m)，箭头为潜水流向。

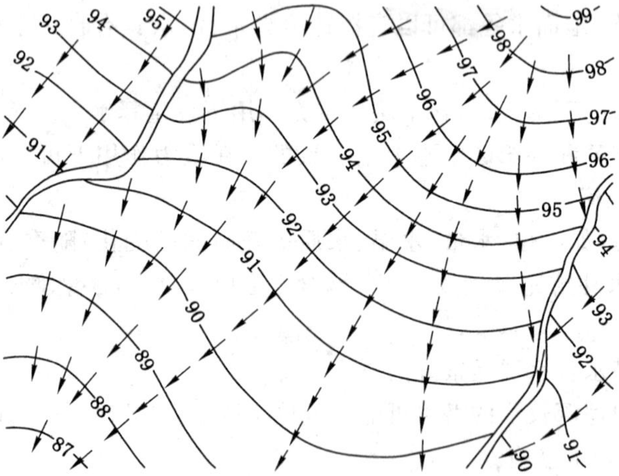

图 5-12　潜水等水位线图

② 剖面图。在具有代表性的剖面方向上，按一定比例尺，根据地形、钻孔、试坑或井、泉的地层柱状图资料，绘制潜水剖面图(图 5-13)，也称为水文地质剖面图。剖面图可以反映出潜水面与地形、含水层岩性及厚度、隔水层底板等的变化关系。

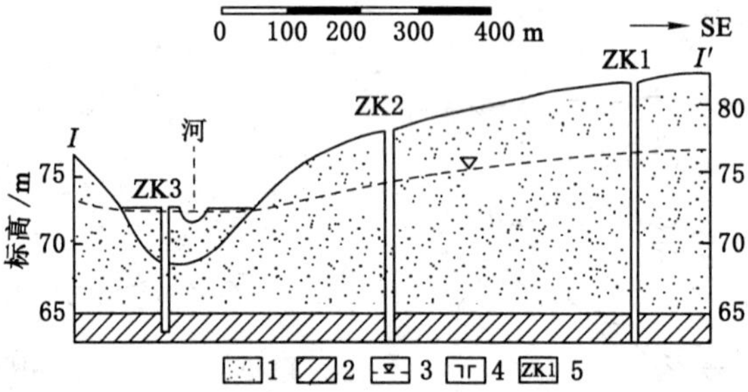

图 5-13　水文地质剖面图

1——砂土；2——黏性土；3——潜水面；4——钻孔；5——钻孔编号

3. 承压水

(1) 承压水的定义

承压水指充满于上、下两个相对稳定隔水层(弱透水层)之间的含水层中的水(图 5-9)。

(2) 承压水的要素

承压水的构成要素非常多，主要构成要素见图 5-14。

① 隔水顶板：承压含水层上部的隔水层(弱透水层)。

② 隔水底板：承压含水层下部的隔水层(弱透水层)。

③ 承压含水层厚度(M)：隔水顶、底板之间的距离。

④ 初见水位：井孔揭露承压含水层隔水顶板时，瞬间测得的水位。

⑤ 测压水位：承压含水层井孔中的水位，又称为承压水位。

⑥ 承压高度或承压水头（H）：测压水位与隔水顶板底部高程之间的差值。

⑦ 承压水位埋深：地面标高与承压水位的差值。

⑧ 承压含水层的埋藏深度：用地面高程减去含水层顶板高程即得。

⑨ 承压区：隔水顶板的分布区。

⑩ 自溢区：测压水位高于地面标高时承压水可以溢出地表甚至自喷的区域。

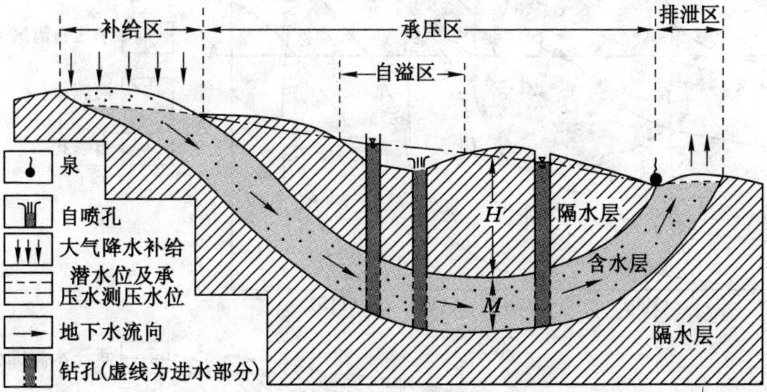

图 5-14　基岩自流盆地中的承压水

（3）承压水的特点

承压水由于有隔水顶板的存在，不仅使得承压水具有承压性，而且还限制其补给和排泄范围，阻碍承压水与大气及地表水的联系。其埋藏条件决定了它与潜水具有不同的特征：

① 承压含水层的厚度不随时间而变化，也不受降水补给的支配。

② 隔水顶板的存在导致没有自由水面，补给区与分布区不一致，以侧向补给为主。

③ 受上、下隔水层限制，承压水具有静水压力，并以传递静水压力的方式进行水的交替。

④ 动态受降水、蒸发、水文等因素影响，但不如潜水显著，一般有滞后性，动态较稳定。

⑤ 规模大的承压水含水层是很好的供水水源。

⑥ 在工程建设中承压水能引起基坑突涌，破坏基坑的稳定性。

（4）承压水的测压水位的表示方法

最常用的是承压水等水压线图。将某一承压含水层测压水位相等的各点连线，即得等水压线图（图 5-15）。其编制方法与潜水等水位线图相似。

（三）按照含水介质性质分类

1. 孔隙水

孔隙水是指赋存和运动于疏松岩层孔隙中的水。在我国，第四系与部分新近系、古近系属未胶结或半胶结的松散沉积物，赋存孔隙地下水。孔隙水主要赋存部位为洪积物、冲积物、湖积物、黄土和滨海三角洲等。

2. 裂隙水

埋藏于基岩裂隙中的地下水称为裂隙水。裂隙的性质和发育程度决定了裂隙水的存

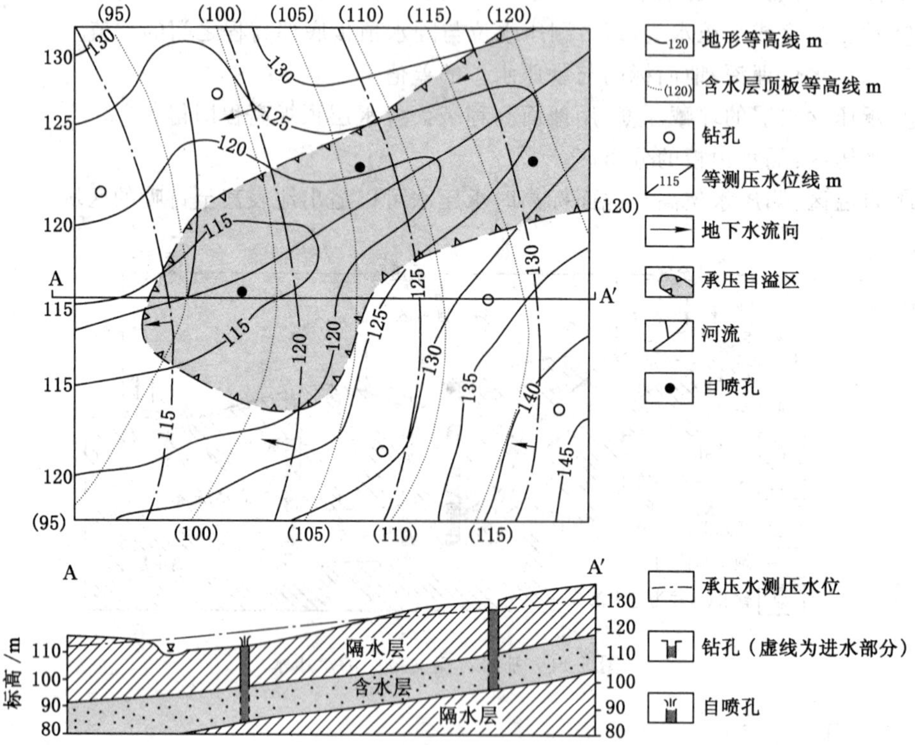

图 5-15　等测压水位线及含水层顶板等高线图

在、富水性及其运动条件。

裂隙一般随深度的增加，岩石塑性加强，数量减少，张开程度减弱，使裂隙介质的渗透性随深度增加而减弱。

由于裂隙介质具有明显的不均匀性和各向异性，裂隙水埋藏分布不均匀，其渗透性也具有不均匀性和各向异性，运动性质十分复杂；不同裂隙水系统之间没有或仅有微弱的水力联系，各有自己的补给范围、排泄点及动态特征，其水量大小取决于自身规模的大小；裂隙水其空间展布具有方向性，呈现出层状、带状、脉状等多种形态；裂隙率比孔隙率低 1～2 个数量级。

3. 喀斯特水（岩溶水）

埋藏于溶洞、溶隙中的重力水，称为喀斯特水，或称岩溶水，有时也称溶洞水。

喀斯特水通常水量大、水质好、运动快，在垂直和水平方向上都具有分布不均匀的特征。喀斯特水对煤矿生产安全构成严重威胁，尤其喀斯特化岩层厚度巨大时，如华北的奥陶纪灰岩水、华南的长兴组及茅口组灰岩水多是造成矿井重大水患的水源。

四、地下水的物理性质和化学成分

地下水的水质包括地下水的物理性质和化学成分，它们明显地受周围自然地理环境、地质条件和水文地质条件所控制。地下水在参与自然界水循环过程中，与大气圈、水圈和生物圈同时发生着水量、热量和化学成分的交换。

地下水在其水循环过程中，携带和溶解了自然界中的各种离子、分子、胶体物质、悬浮物、气体和微生物等，因此地下水是一种成分很复杂的天然溶液。

(一) 地下水的物理性质

地下水的物理性质包括温度、颜色、透明度、气味、觉味、密度、导电性和放射性等。前5种可通过人的感觉器官或仪器测得，后3种必须用仪器测定。

1. 温度

地下水温度的变化与自然地理条件、地质条件、水的埋藏深度有关，通常地下水温度变化与当地气温状态相适应。在增温带内，按照常温带地下水的温度和当地的地热梯度可大致计算出某个深度上地下水的温度。

2. 颜色

地下水一般是无色的，当其含有某种化学成分或有悬浮杂质时，则具有各种不同的颜色。如含 Fe_2O_3 的水呈褐红色；含腐殖质的水呈暗黄褐色。

3. 透明度

地下水的透明度取决于水中固体物质与胶体颗粒悬浮物的含量。按其透明度的好坏，地下水可分为透明的、微浊的、混浊的和极混浊的。

4. 气味

洁净的地下水是无气味的。地下水中的气味主要取决于水中所含气体成分和有机物质，如含有 H_2S 时，水便具有臭鸡蛋味；若有有机物存在，水便具有鱼腥臭味等等。

5. 觉味

通常地下水是无味的，其味道的产生与水中含有某些盐分或气体成分有关。含有 NaCl 的水具有咸味；含 Na_2SO_4 的水具有涩味；含 $MgSO_4$ 的水具有苦味等。

6. 密度

地下水的密度取决于水中所溶解盐分的多少，一般情况下，地下水的密度与化学纯水相同。当水中溶解较多的盐分时，密度可达 1.2～1.3 g/cm³。

7. 导电性

地下水的导电性取决于水中所含盐分的数量，水中溶解的盐类越多，离子价越高，水的导电性越好，即使是矿化度甚低的淡水，也具有微弱的导电性。

8. 放射性

通常地下水无放射性。循环于放射性矿床地区的地下水，其放射性相应增强。当水中放射性值大于 0.035 Sv，称为放射性水。如贵州的息烽温泉放射性氡含量为 0.11 Sv。

(二) 地下水的化学成分及化学性质

地下水是一种良好的溶剂和载体，其在空隙中运移时，不断地与地壳中的岩石发生作用，可以溶解岩石中的组分，使地下水的化学成分丰富多彩。研究表明，地下水中所发现的化学元素有70余种。通常，它们呈离子状态、化合物分子状态及游离气体状态存在。地下水中含有各种气体、离子、胶体成分、有机质以及微生物等。

1. 地下水的化学成分

(1) 地下水中主要气体成分

常见气体成分与地下水所处环境和地下水来源有关，主要有氧(O_2)、氮(N_2)、二氧化碳(CO_2)、硫化氢(H_2S)和甲烷(CH_4)等。一般每升水中含几毫克至几十毫克。这些气体的存在，在一定程度上可用以指示地下水所处的水文地球化学环境。此外，有些气体的含量直接影响到某些盐类的溶解度等，因而这些气体是不可忽视的。

(2) 地下水中的主要离子成分

地下水中的阳离子有 H^+、Na^+、NH_4^+、Mg^{2+}、Ca^{2+}、Fe^{3+}、Mn^{2+} 等；阴离子有 OH^-、Cl^-、SO_4^{2-}、NO_2^-、NO_3^-、HCO_3^-、CO_3^{2-}、SiO_3^{2-}、PO_4^{3-} 等。其中，Cl^-、SO_4^{2-}、HCO_3^-、Na^+、K^+、Ca^{2+} 及 Mg^{2+} 等七种离子在地下水中分布广泛，离子总量通常可占地下水溶解总量的90%以上，它们决定着水的类型，故称作地下水的主要离子成分。

(3) 地下水中的其他成分

① 次要离子：H^+、Fe^{2+}、Fe^{3+}、Mn^{2+}、NH_4^+、OH^-、NO_3^-、CO_3^{2-}、SiO_3^{2-}、PO_4^{3-} 等。

② 微量组分：Br、I、F、B、Sr 等。

③ 胶体：$Fe(OH)_3$、$A1(OH)_3$、H_2SiO_3 等。

④ 有机质：常以胶体方式存在于地下水中，使地下水酸度增加，并有利于还原作用。

⑤ 微生物：在氧化环境中存在硫细菌、铁细菌等；在还原环境中存在脱硫酸细菌等；此外，在污染水中，还有各种致病细菌。

(4) 地下水水质分析

地下水的化学成分是通过对水进行化学分析测定的，一般称为水质分析，水质分析可分为简分析、全分析和专项分析。

2. 地下水的化学性质

由于所含化学成分的不同，地下水表现出了不同的化学性质。其中主要是酸碱度、硬度、矿化度、腐蚀性等。反映地下水化学性质的常用指标有以下几个：

(1) 地下水的酸碱性

地下水的酸碱性，常用氢离子浓度的负对数来表示，即 pH 值。通常用 pH 计测定。自然界中地下水的 pH 值一般在 6.5～8.0 之间，其中酸性地下水对金属和混凝土有腐蚀性。地下水按 pH 值分类，如表 5-7 所示。

表 5-7　　地下水按 pH 值分类

分类	强酸性水	弱酸性水	中性水	弱碱性水	强碱性水
pH 值	＜5.0	5.0～6.4	6.5～8.0	8.1～10	＞10

(2) 地下水的硬度

地下水的硬度大小取决于水中 Ca^{2+}、Mg^{2+} 的含量。现在国家标准采用的硬度单位是换算成 $CaCO_3$ 时的总量，用 mg/L 表示。地下水按硬度分为软水、微硬水、硬水、极硬水，如表 5-8 所示。

表 5-8　　水按硬度的分类(以 $CaCO_3$ 计)　　单位：mg/L

分类	软水	微硬水	硬水	极硬水
硬度	0～60	61～120	121～180	＞180

水的硬度是评价生活用水和工业用水水质是否合乎标准的一项重要指标。许多工业用水不宜硬度过大，同时生活用水的硬度也有一定要求。

(3) 溶解性总固体(Total Dissolved Solid，TDS)

溶解性总固体指溶解在水中的所有无机盐和有机物的总称(不包括悬浮物和溶解气体

等非固体组分)。

习惯上以 105～110 ℃时将水蒸干所得的干涸残余物总量来表征。在没有专门分析 TDS 的情况下,可以用所测离子浓度的总和减去 HCO_3^- 浓度的一半。按照 TDS 可以对地下水进行分类,见表 5-9。

表 5-9　　地下水按 TDS 分类　　单位:g/L

分类	淡水	微淡水	咸水	盐水	卤水
TDS	＜1.0	1.0～3.0	3.0～10.0	10.0～50.0	＞50.0

(4) 侵蚀性

地下水侵蚀性分为碳酸侵蚀性、硫酸盐侵蚀性及镁侵蚀性。工程建设中地下水的侵蚀性表现在对混凝土的侵蚀。酸性水直接侵蚀混凝土;含侵蚀性 CO_2 的水能溶解混凝土中的钙质而使混凝土崩解;SO_4^{2-} 与混凝土作用时能生成硫铝酸钙,这种化合物形成时体积要膨胀而使混凝土胀裂。

3. 地下水化学成分的表示和水化学特征分类

(1) 库尔洛夫式

为便于反映水化学成分的主要特点,常用库尔洛夫式表示。离子毫克当量百分数大于 10%者,且按递减的顺序排列,主要阴阳离子分居于横线上下;分式的前端表示特殊成分(Br^-、I^- 等)、矿化度(M)及各种气体成分,单位均为 g/L;后端 t 表示水的温度(℃)。

$$H^2SO^3_{0.07}H^2S_{0.021}CO^2_{0.031}M3.2\frac{Cl_{84.8}SO^4_{14.3}}{Na_{71.6}Ca_{27.8}}t_{52} \qquad (5\text{-}9)$$

(2) 舒卡列夫分类

舒卡列夫分类根据地下水中 6 种主要离子(K^+ 合并于 Na^+)划分的。将毫克当量百分数大于 25%的阴、阳离子进行不同组合,把地下水共分为 49 种化学类型(表 5-10)。

表 5-10　　苏卡列夫分类表(数字为类别代号)

＞25%毫克当量	HCO_3	HCO_3+SO_4	HCO_3+SO_4+Cl	HCO_3+Cl	SO_4	SO_4+Cl	Cl
Ca	1	8	15	22	29	36	43
Ca +Mg	2	9	16	23	30	37	44
Mg	3	10	17	24	31	38	45
Na+Ca	4	11	18	25	32	39	46
Na+Ca+Mg	5	12	19	26	33	40	47
Na+Mg	6	13	20	27	34	41	48
Na	7	14	21	28	35	42	49

五、地下水的补给、径流与排泄

地下水作为水圈的重要组成部分,一方面积极地参与了全球的水循环过程,同时在一定的环境条件下,一定区域范围内的地下水自身通过不断地获得补给、产生径流而后排泄等环节,发生周而复始的运动,形成相对独立的地下水循环系统。

地下水的补给、径流与排泄过程称为地下水循环。

（一）地下水的补给

地下水的补给指饱水带（含水层、含水系统）从外界获得水量的过程，水量增加的同时盐量、能量也随之增加。不同的含水层或含水系统的补给来源不同，主要补给来源有天然来源和人类活动有关的来源。天然来源，包括大气降水、地表水、相邻含水层的补给、凝结水；与人类活动有关的来源，包括灌溉水入渗、水库渗漏、人工补给。

（二）地下水的排泄

地下水的排泄指饱水带（含水层、含水系统）失去水量的过程，水量减少的同时盐量、能量也随之减少。地下水的排泄方式主要有径流排泄、蒸发排泄和人工排泄。具体有：径流排泄，主要是泉、向地表水体泄流和向相邻含水层的排泄等；蒸发和蒸腾；人工排泄，主要有井孔开采地下水、矿坑疏干、开发地下空间排水、农田排水等。

（三）地下水的径流

地下水由补给区流向排泄区的过程称为径流。地下水径流包括径流方向、径流速度与径流量。径流的强弱程度直接影响含水层的水量以及地下水的化学成分。径流条件好的含水层其水质较好。

六、地下水的运动规律及涌水量计算

（一）流网

流网是指在渗流场的某一典型剖面或切面上，由一系列等水头线与流线组成的网格（图5-16）。潜水位（测压水位）相等的各点的连线，称为等水头线。流线是渗流场中某一瞬间的一条曲线，曲线上各水质点在此瞬间的流向均与此线相切。

由图5-16可知，从流线方向可以看出任一点的流向；从等水头线可以看出任一点的水位；流线的密疏可反映地下径流的强弱；等水头线的密疏则说明水力梯度的大小。

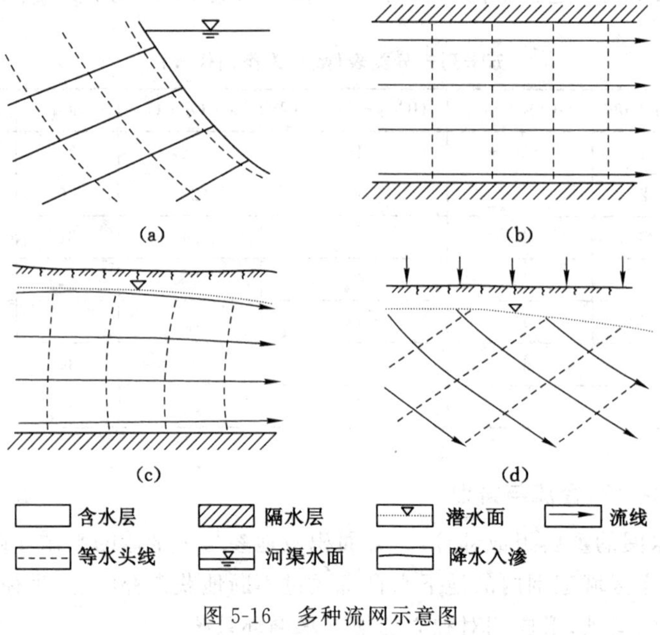

图5-16　多种流网示意图

流网是水文地质工作中一种重要的工具，可以用于地下水运动规律的研究和水文地质条件的获取。由等水头线可知地下水分布状况，如地下水位标高和埋深；由流线可知地下水流动方向；疏密变化可知流速变化，在流线密集处地下水流畅通，径流较快，水量较大，反之，径流缓慢，水量较小；流线运动轨迹得知水质情况。利用流网还能进行水文地质条件的判断，如含水层相对导水性能(厚度、渗透性)、边界条件(隔水边界、补给和排泄边界)、地下水的径流模式等。

（二）地下水运动的基本规律

1. 渗流基本概念

地下水在岩石空隙中的运动称为渗流。发生渗流的区域称为渗流场。可以将地下水的运动理解为地下水在渗流场发生渗流。通常，空隙通道狭小、水流所受阻力很大，地下水的流速极其缓慢，一般以 m/d 计算。从介质类型来讲，孔隙介质中的渗流通道宽窄及方向多变导致水的质点流速及方向频繁变化；裂隙及岩溶介质中的渗流通道也是复杂多变的，水流所受阻力很大。

在岩石空隙中渗流时，水质点做有秩序的、互不混杂的流动，称为层流[图 5-17(a)]。地下水在空隙狭小的岩石(砂、裂隙不很宽的基岩)中流动时，水质点排列有序，流速小，呈层流运动。水质点无秩序地、互相混杂的流动，称为紊流[图 5-17(b)]。地下水在较宽大的空隙(大的溶穴、宽大裂隙)中流动时，水质点杂乱，流速较大，容易呈层流运动。

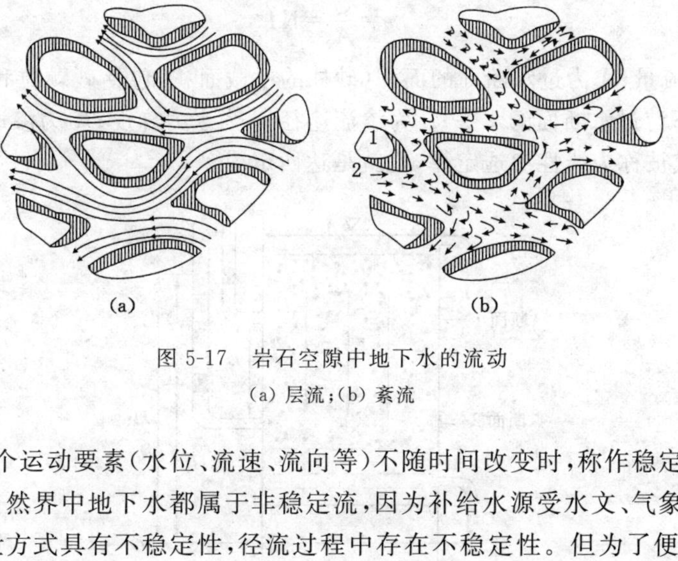

(a)　　　(b)

图 5-17　岩石空隙中地下水的流动

(a) 层流；(b) 紊流

地下水的各个运动要素(水位、流速、流向等)不随时间改变时，称作稳定流；否则为非稳定流。严格讲，自然界中地下水都属于非稳定流，因为补给水源受水文、气象因素影响大，呈季节性变化，排泄方式具有不稳定性，径流过程中存在不稳定性。但为了便于分析和运算，常常将某些运动要素变化微小的渗流，近似地看作稳定流。

渗流场中任意点的流速只与空间坐标一个方向有关的渗流，称为一维流；与空间坐标的两个或者三个方向有关的，称为二维流和三维流。

水在空隙介质中渗流，其运动的驱动力是能态差异。也就是说，地下水总是从能量较高处流向能量较低处。地下水的机械能包括动能和势能，其构成和大小称为地下水的能态。地下水的能态用总水头 H 来表示，量纲为[L]。总水头包括三部分，即位置水头(Z)、压力水头($p/\rho g$)、流速水头($u^2/2g$)之和，见下式。

$$H=z+\frac{p}{\rho g}+\frac{u^2}{2g} \tag{5-10}$$

这三种水头可以相互转化，但水总是从水头较高处流向水头较低处。一般情况下，地下水流动速度很小，速度水头项很小，可以忽略不计。因此，地下水的总水头可用总势能，也就是测压水头来表示。当然，潜水的测压水头通常用潜水水位表示，而承压水的测压水头通常用测压水位表示。也就可以用潜水水位或承压水测压水位来判断地下水的流向。地下水的总水头方程可以简化为：

$$H\approx z+\frac{p}{\rho g} \tag{5-11}$$

2. 达西定律

为了改进迪昂市供水净化中砂过滤设备的设计，法国水力学家达西于 1852～1855 年，开展了大量的水通过均匀砂柱的渗流试验，其试验装置如图 5-18 所示，通过这些试验工作，达西发现水在单位时间内通过圆筒中砂柱的流量 Q，与渗透长度 L 成反比，而与圆筒的横断面积 A、上下两根测压管的水头差 H 以及由砂土的物理性质而定的渗透系数 K 成正比，即：

$$Q=KA\frac{H_1-H_2}{L}=KAI \tag{5-12}$$

或

$$v=\frac{Q}{A}=KI \tag{5-13}$$

式中，Q 为渗透流量；A 为过水断面的面积（砂柱的横截面积，包括砂颗粒和空隙面积）；H_1、H_2 分别为上、下游过水断面的水头；L 为渗流途径；I 为水力梯度；K 为渗透系数。

这两个公式被称为线性渗透定律，也就是达西定律。

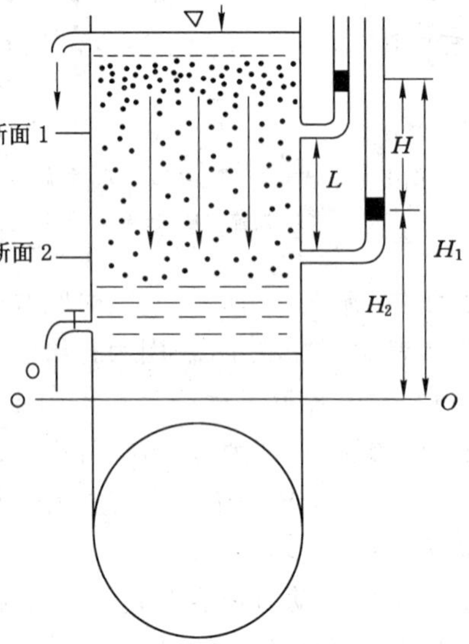

图 5-18　达西装置示意图

达西定律不仅适用于砂，而且对于其他类型的透水岩土也适用；天然条件下地下水实际流速都很小，地下水的运动绝大多数服从达西定律；适用于水在任何方向的运动，包括水平方向的运动和垂直方向的运动。因此，达西定律是地下水运动的基本定律。

达西定律适用的范围通常用雷诺数(Re)来衡量。试验表明，达西定律适用范围的上限是雷诺数小于1～10间某一数值的层流运动。雷诺数大于此范围的层流及紊流运动，V与I不是线性关系，渗流不符合达西定律。

(三) 涌水量计算

应用达西公式可计算各种条件下的地下水流量。土木工程中最常见的是计算井、渗沟、隧道、基坑的涌水量。

1. 渗沟

渗沟是一种水平排除地下水的构造物。按其是否深入整个含水层可分为完整渗沟和不完整渗沟两种。

(1) 完整渗沟

如图5-19所示，渗沟穿过含水层直达底部隔水层，且隔水层表面是水平的。

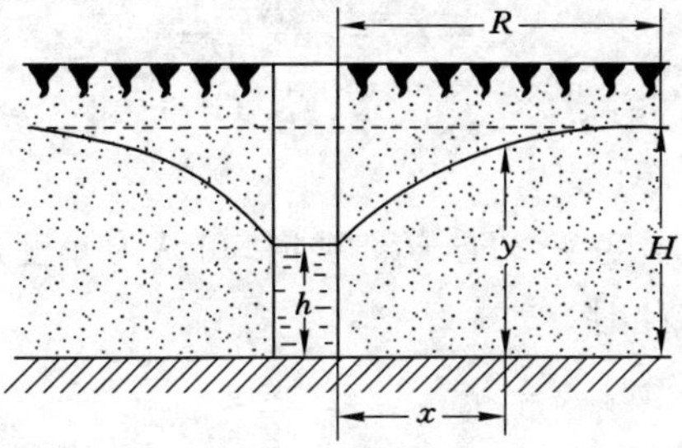

图5-19　完整渗沟

以渗沟壁为纵坐标，隔水层表面为横坐标，则离沟壁处任意断面上单侧单宽的流量为：

$$q=Ky\frac{\mathrm{d}y}{\mathrm{d}x} \tag{5-14}$$

假如沟长为l，那么单位时间两侧流入渗坑的水量Q为：

$$Q=2ql=Kl\frac{H^2-h^2}{R} \tag{5-15}$$

(2) 不完整渗沟

如图5-20和5-21所示，渗沟未穿过整个含水层，沟底位于含水层中，沟底也有水渗入。厚度不同，又可分为两种情况。

① 含水层厚度T有限

如图5-20所示，含水层厚度$T<H+R+C$时，可认为厚度是有限的。其中C为渗沟宽度的一半。

以渗沟中线为纵坐标，通过渗沟底的水平线为横坐标，则离中线x处任意断面上单侧单宽流量q为：

$$q=\frac{K\varphi H}{\ln\dfrac{R+C}{C}}\approx\frac{K\varphi H}{\ln\dfrac{R}{C}} \tag{5-16}$$

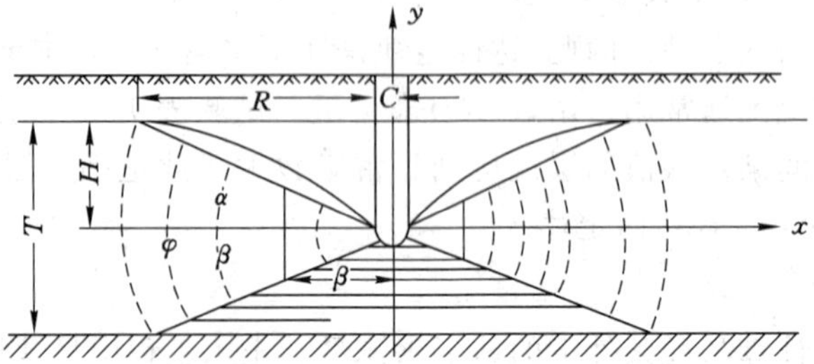

图 5-20　T 有限的不完整渗沟

根据实验资料，上式需加校正系数 ε，其值约为 0.7～0.8。因此得：

$$q=\frac{\varepsilon K\varphi H}{\ln\frac{R}{C}} \tag{5-17}$$

渗沟的长度为 l，双侧流入渗沟的流量 Q 为：

$$Q=2ql=\frac{2\varepsilon K\varphi Hl}{\ln\frac{R}{C}} \tag{5-18}$$

② 含水层厚度 T 无限

如图 5-21 所示，含水层厚度 $T\geqslant H+R+C$ 时，可认为厚度是无限的。涌水量计算公式与上式相同，只是 φ 值不同，此时

$$\varphi=\alpha+\frac{\pi}{2} \tag{5-19}$$

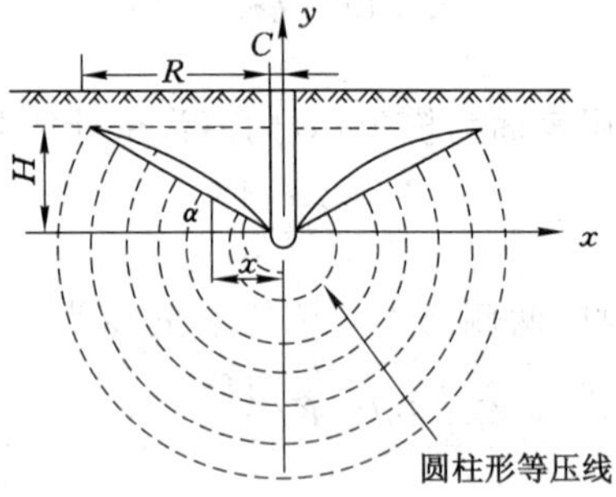

图 5-21　T 无限的不完整渗沟

2. 井

井是垂向取水(排水)构筑物，按揭露含水层的类型分为潜水井与承压水井；按进水条件分为完整井与非完整井。据上述可组合成潜水完整井与潜水非完整井及承压水完整井与承压水非完整井(图 5-22)。

(1) 完整井

① 潜水完整井

根据潜水含水层渗透系数求解公式，可得涌水量 Q 为：

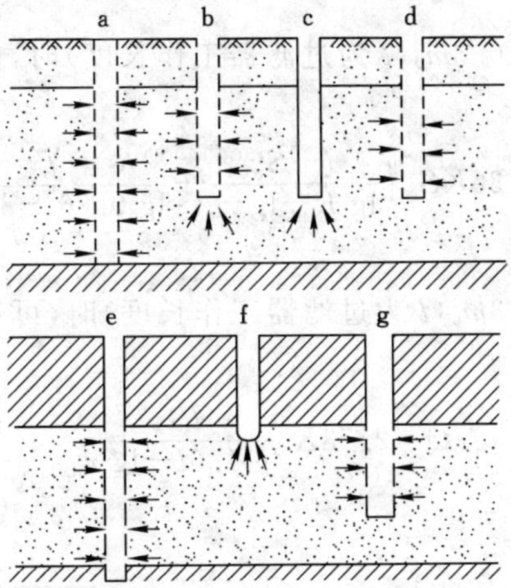

图 5-22　井的类型示意图

a——潜水完整井；b、c、d——潜水非完整井；

e——承压水完整井；f、g——承压水非完整井

$$Q=1.366K\frac{H^2-h^2}{\lg\frac{R}{r}} \tag{5-20}$$

② 承压水完整井

如图 5-23 所示，承压井与潜水井的不同之处在于抽水时产生的降落漏斗不在含水层中。涌水量 Q 为：

$$Q=2.73K\frac{M(H-h)}{\lg\frac{R}{r}} \tag{5-21}$$

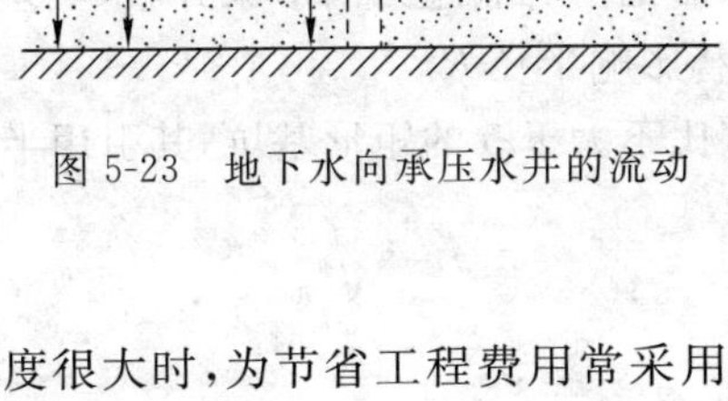

图 5-23　地下水向承压水井的流动

(2) 非完整井

当含水层埋藏较深或厚度很大时，为节省工程费用常采用非完整井取水。地下水向非完整井的运动十分复杂，研究时必须考虑以下因素：过滤器的进水部位（井底进水、井壁进水或井底井壁进水）；过滤器在含水层的放置部位；含水层厚度与过滤器长度的关系等。因此，计算非完整井涌水量的公式很多，需要时可据水文地质条件和井技术条件在水文地质手册中查到。以下仅介绍常用的且较简单的公式。

① 潜水非完整井

如图 5-24 所示，当 $l/2<0.3m_0$（l 为过滤器工作长度）时，可选用巴布什金公式计算井的涌水量：

$$Q=1.36KS_w\left(\frac{l+S_w}{\lg R-\lg r_w}+\frac{l}{\lg 0.66l-\lg r_w}\right) \tag{5-22}$$

② 承压水非完整井

如图 5-25 所示，当 $l<0.3m_0$（l 为过滤器工作长度）时，可选用吉林斯基公式计算井的涌水量：

$$Q=2.73K\frac{lS_w}{\lg 1.6l-\lg r_w} \tag{5-23}$$

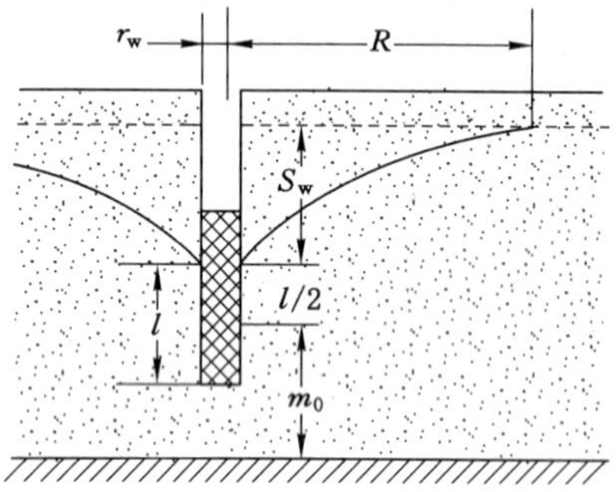

图 5-24　潜水非完整井

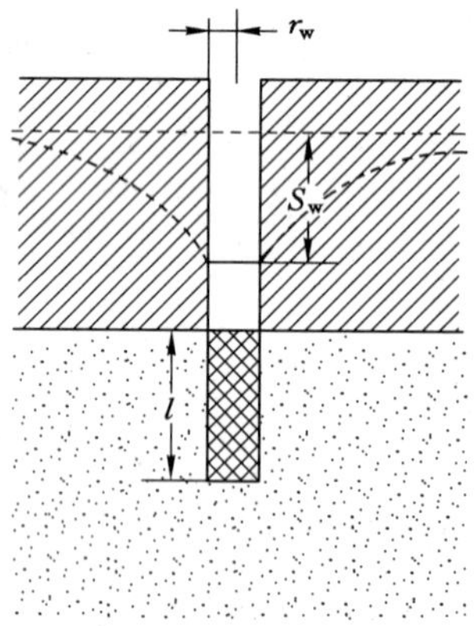

图 5-25　承压水非完整井

需要指出的是，井点系统由许多单井组成。同时抽水时，由于各个单井相互距离都小于抽水影响半径，因而各单井水位降落漏斗彼此发生干扰，使其涌水量比单独抽水时要小，所以总涌水量不等于各单井涌水量之和。

3. 基坑

许多建筑物的基础常常埋置在含水层中，开挖基坑时，需要计算涌水量。正确地预测基坑的可能涌水量，对编制施工组织、拟订排水方法等有重要的意义。

基坑与井（钻孔）的区别是平面尺寸较大，平面图形各式各样。因此，在使用井（钻孔）涌水量公式计算基坑涌水量时，需把基坑假想为圆形大井，求其理想半径或引用半径 r_0，并以引用影响半径 $R_0=R+r_0$ 代替影响半径 R。

对规则的圆形基坑、长宽比不大于 5 的矩形基坑，其引用半径 r_0 可按下式计算：

$$r_0=\sqrt{\frac{S}{\pi}} \tag{5-24}$$

式中，S 为基坑面积。

适合各种不同条件下的基坑涌水量计算公式，可从有关工程地质手册或施工手册中查到，这里不再赘述。

第二节　地下水对工程的影响

在土木工程建设中，地下水有着不可忽视的影响。地下水对土木工程的不良影响主要有：地下水位上升，可引起浅基础地基承载力降低，地下水位下降会使地面产生附加沉降；不合理的地下水流动会诱发某些土层出现流砂现象和机械潜蚀；地下水对处于水位以下的岩石、土层和建筑物基础产生浮托作用；某些地下水对混凝土产生腐蚀等。这些都将对工程的稳定性、施工及使用带来很大影响。因此，从工程建设的角度研究地下水及其引起的环境问题具有重要意义。

一、地下水对地基的渗流破坏

渗流作用可能引起地基土流砂、管涌和潜蚀的发生。

（一）流砂

1. 流砂的概念

流砂是指松散细颗粒土被地下水饱和后，在动水压力即水头差的作用下，产生的地下水自下而上悬浮流动现象。地下水自下而上渗流时，当地下水的动水压力大于土粒的浮容重或地下水的水力坡度大于临界水力坡度时，使土颗粒之间的有效应力等于零，土颗粒悬浮于水中，随水一起流出而形成流砂。可见，流砂与地下水的动水压力有密切关系。其表现形式是所有颗粒同时从一近似于管状通道被渗透水流冲走（见图 5-26）。

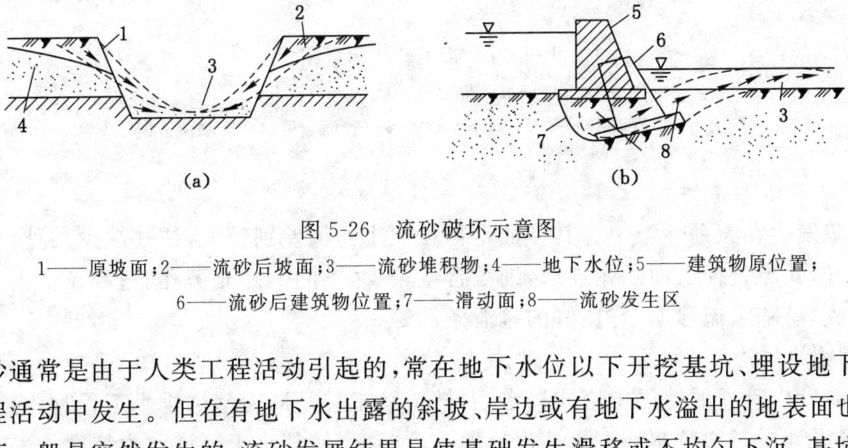

图 5-26　流砂破坏示意图

1——原坡面；2——流砂后坡面；3——流砂堆积物；4——地下水位；5——建筑物原位置；6——流砂后建筑物位置；7——滑动面；8——流砂发生区

流砂通常是由于人类工程活动引起的，常在地下水位以下开挖基坑、埋设地下管道、打井等工程活动中发生。但在有地下水出露的斜坡、岸边或有地下水溢出的地表面也会发生。流砂破坏一般是突然发生的，流砂发展结果是使基础发生滑移或不均匀下沉，基坑坍塌，基础悬浮等，对土木工程建设危害很大。

2. 流砂形成的条件

地基由细颗粒组成（一般粒径在 0.1 mm 以下的颗粒含量在 30%～35%及以上），如细砂、粉砂、粉质黏土等土，水力梯度较大，流速增大，当动水压力超过土颗粒的重量时，就可使土颗粒悬浮流动形成流砂。

3. 流砂的防治

在可能产生流砂的地区，若其上面有一定厚度的土层，应尽量利用上面的土层作天然地基，也可用桩基穿过流砂，总之尽可能地避免水下大面积开挖施工。如果必须开挖，可采取如下措施防治流砂。

（1）人工降低地下水位：使地下水位降至可能产生流砂的地层以下，然后开挖。

（2）打板桩：其目的一方面是加固坑壁，另一方面是改善地下水的径流条件，即增长渗流途径，减小水力梯度和流速。

（3）冻结法：用冷冻方法使地下水结冰，然后开挖。

（4）水下挖掘：在基坑开挖期间，使基坑中始终保持足够的水头（可加水），尽量避免产生流砂的水头差，增加基坑侧壁土体的稳定性。

此外，处理流砂的方法还有化学加固法、爆炸法及加重法等。在基槽开挖的过程中局部地段出现流砂时，立即抛入大块石等，可以阻止流砂的活动和发展。

（二）管涌

1. 管涌的概念

地基土在具有某种渗透速度（或梯度）的渗透水流作用下，其细小颗粒被冲走，土的孔隙逐渐增大，慢慢形成一种能穿越地基的细管状渗流通路，从而掏空地基或土坝，使地基或斜坡变形、失稳，此现象称为管涌（见图 5-27）。管涌通常是由于人类工程活动而引起的，但在有地下水出露的斜坡、岸边或有地下水溢出的地带也有发生。

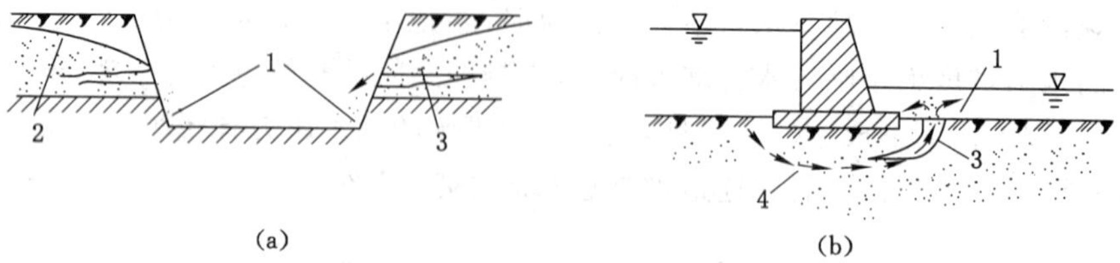

图 5-27　管涌破坏示意图

（a）斜坡条件时；（b）地基条件时

1——管涌堆积物；2——地下水位；3——管涌通道；4——渗流方向

2. 管涌产生的条件

管涌多发生在无劲性土中。其特征是颗粒大小比值差别较大，往往缺少某种粒径；土粒磨圆度较好；孔隙直径大而互相连通，细粒含量较少，不能全部充满孔隙；颗粒多由比重较小的矿物构成，易随水流移动；有良好的排泄条件等。

3. 管涌的防治

在可能发生管涌的地层中修建挡水坝、挡土墙工程及进行基坑排水工程时，为了防止管涌的发生，设计时必须控制地下水逸出处的水力梯度，使其小于容许水力梯度。

防止管涌发生最常用的方法与防止流砂的方法相同，主要是控制渗流，降低水力梯度，设置保护层，打板桩等。

（三）潜蚀

1. 潜蚀的概念

在较高的渗透速度或水力梯度作用下，地下水流从孔隙或裂隙中携出细小颗粒的作用称为潜蚀。潜蚀作用可分为机械潜蚀和化学潜蚀两种。其中，机械潜蚀是指土粒在地下水的动水压力作用下受到冲刷，将细粒冲走，使土的结构破坏，形成洞穴的作用；化学潜蚀是指地下水溶解土中的易溶盐分，使土粒间的结合力和土的结构被破坏，土粒被水带走，形成洞穴的作用。这两种作用一般是同时进行的。

在地基内如发生地下水的潜蚀作用时，将会破坏地基土体的结构，严重时形成空洞，产生地表裂缝、塌陷，影响建筑工程的稳定。例如，在我国的黄土及岩溶地区的土层中，常有潜蚀现象产生。

2. 潜蚀的防治

防治潜蚀可以采取堵截地表水流入土层、阻止地下水在土层中流动、设置反滤层、改造土的性质、减小地下水流速及水力坡度等措施。其有效措施可分为两大类：

(1) 改变渗透水流的水动力条件，使水力坡度小于临界水力坡度。防治措施有堵截地表水流入土层，阻止地下水在土层中流动，设反滤层，减小地下水的流速等。

(2) 改善土的性质，增强其抗渗能力。如爆炸、压密、打桩、化学加固处理等方法，可以增加岩土的密实度，降低土层的渗透性能。

二、地下水位变化的影响

在自然因素与人为因素影响下，地下水位可能发生变化，表现为地下水位的上升与下降。

(一) 地下水位上升

1. 产生原因

引起地下水位上升的原因首先是自然因素，自然条件下，丰水年及丰水期水量充沛，地下水接受补给水位随之上升。

其次，大气污染导致的温室效应在加长降雨历时增加降雨强度的同时，加速了南北极冰雪的消融，促使海平面上升，致使沿海地区地下水位上升。据联合国预测，到2030年海平面将上升20 cm，到2100年海平面将升高65 cm。我国中科院地学部专家对我国三大三角洲和天津地区进行考察后所作的评估是，预期到2050年，全球变暖将使珠江三角洲海平面上升40～60 cm，上海及天津地区上升的幅度会更高。

另外，地下水位上升也可由人类工程活动诱发。人类工程活动是指人类为提高生存质量，对自然环境进行改造、利用的各种工程活动的总称，人类工程活动已成为改造地质环境的强大力量。引起地下水位上升的人类工程活动，如人工补给地下水源或为防止地面沉降，对含水层进行回灌；农田灌溉水渗漏；园林绿化浇水渗漏；水库渗漏；横切地下水流向的线形工程(如地铁、隧道、人防工程等)上方地下壅水；地面输水沟渠渗漏；地下输水管道渗漏等。

2. 地下水位上升造成的危害

地下水位上升使上层含水量增加甚至饱和，因而改变了土的物理力学性质。通常，地下水位持续上升属于环境工程地质问题。在一般情况下，地下水距基础底面3～5 m时便可对建筑物及其地面设施构成威胁。具体表现有以下几种。

(1) 地基土局部浸水、软化，承载力降低，建筑物发生不均匀沉降。

(2) 地基一定范围内形成较大的水位差，使地下水渗流速度加快，增强地下水对土体的潜蚀能力，引发地面塌陷。

(3) 地基土湿陷。在干旱、半干旱地区的土处于干燥状态，湿陷性黄土浸水后发生湿陷，引起地面塌陷、沉降。

(4) 地下水位上升还能加剧砂土的地震液化，很大程度地削弱砂土地基在一定的覆土深度范围内的抗液化能力。

(5) 地基土冻胀。在寒冷地区，潜水位上升可使地基土含水量增加。由于冻结作用，岩土中水分迁移并集中，形成冰夹层或冰锥等，造成地基土冻胀、地面隆起、桩台隆胀等。冻结状态的岩土具有较高强度和较低压缩性，但是当温度升高岩土解冻后，其抗压、抗剪强度大大降低。对于含水量大的岩土体，融化后的黏聚力约为冻胀时的 1/10，压缩性增强，可造成地基融陷，导致建筑物失稳开裂。

(二) 地下水位下降

1. 产生原因

自然条件下，枯水年及枯水期水量减小，地下水水位下降。同时，人类活动也可引起地下水位下降，如大量开采地下水；矿山排水疏干；地下工程(商场、仓库、停车场等)排水疏干；基坑工程降水；横切地下水流向的线形工程使下游水位下降；采油工程抽水(水油混合体)；城市地下排水管网排水；建筑物和沥青水泥铺面减少降水入渗；地下水面下排水管断裂排水等。

2. 地下水位下降造成的危害

当地下水位大面积下降时，可造成地面沉降；而地下水位局部下降时，易引起地面塌陷以及基坑坍塌等工程事故。我国上海、天津、西安、苏州、常州等城市以及世界其他地方，如日本东京、泰国曼谷、美国加利福尼亚的长滩等城市或地区，均由于大量开采地下水，使得地下水位大幅度下降，发生大面积地面沉降。天津市由于抽水使地面最大沉陷速率高达 262 mm/a，最大沉降量达 2.16 m。

(1) 地面沉降与地面塌陷

一般认为，地面沉降是由于抽水引起含水层水位下降，导致土层中孔隙水压力降低，颗粒间有效应力增加，地层压密超过一定限度，即表现出地面沉降。

而地面塌陷则是由于地下水位降低时在松散土层中所产生的突发性断裂陷落现象。地面塌陷多为人为局部改变地下水位引起的，如地面水渠或地下输水管道渗漏可使地下水位局部上升，基坑降水或矿山排水疏干引起地下水位局部下降。因此，在短距离内出现较大的水位差，水力坡度变大，增强了地下水的潜蚀能力，对地层进行冲蚀、掏空，形成地下洞穴，当洞穴顶部失去平衡时便发生地面塌陷。地面塌陷多发生于隐伏岩溶地区，成为岩溶地区常见的环境工程地质问题。研究表明，地面塌陷的形成原因复杂，常是多种原因综合作用的结果。

(2) 地面沉降与塌陷的主要危害

① 降低城市抵御洪水、潮水和海水入侵的能力。为治理地面沉降而产生的危害，必须花费很大的财力、物力。

② 地面沉降引起桥墩、码头、仓库地坪下沉，桥面下净空减小，不利于航运。

③ 地面沉降与地面塌陷还会引起建筑物倾斜或损坏，桥墩错动，造成水利设施、交通线路破坏，地下管网断裂。

(3) 地面沉降与塌陷的防治

对于已发生或可能发生地面沉降的地区可采取如下措施。

① 可采取局部治理改善环境的办法，如在沿海修筑挡潮堤，防止海水倒灌；调整城市给排水系统；调整和修改城市建筑规划。

② 消除引起地面沉降的根本因素，谋求缓和直至控制地面沉降的发展，现阶段可采取的基本措施有：对地下水资源进行严格管理，对地下水过量开采区压缩地下水开采量，减少

甚至关闭某些过量开采井，减少水位降深幅度；向含水层进行人工回灌（用地表水或其他水源，但应严格控制水质以防污染含水层），进行地下水动态和地面沉降观测，以制订合理的采灌方案；调整开采层次，避开在高峰用水时期在同一层次集中开采，适当开采更深层地下水，生活用水和工业用水分层开采。

③ 结合水资源评价，研究确定地下水资源的合理开采方案（在地面沉降量最小的条件下实现最大可能的地下水开采量）。

④ 采取适当的建筑措施。如避免在沉降中心或严重沉降地区建设一级建筑物。在进行房屋、道路、水井等规划设计时，预先对可能发生的地面沉降量作充分考虑。

三、地下水压力对地基基础的破坏

（一）地下水的浮托作用

当建筑物基础底面位于地下水位以下时，地下水对基础底面产生静水压力，即产生浮托力。地下水不仅对建筑物基础产生浮托力，同样对其水位以下的岩石、土体产生浮托力。在地下水位埋深浅的地区，通常采用人工降水的方法进行基础工程施工，以克服地下水浮托力的作用。

通常，如果基础位于粉土、砂土、碎石土和节理裂隙发育的岩石地基上，则按地下水位100％计算浮托力；如果基础位于节理裂隙不发育的岩石地基上，则按地下水位50％计算浮托力；如果基础位于黏性土地基上，其浮托力较难准确确定，应结合地区的实际经验考虑。

地下水不仅对建筑物基础产生浮托力，同样对其水位以下的岩石、土体产生浮托力。所以《建筑地基基础设计规范》（GB 50007）规定：确定地基承载力特征值时，无论是基础底面以下土的天然容重或是基础底面以上土的加权平均容重，地下水位以下一律取浮容重。

（二）基坑突涌

当基坑下伏有承压含水层时（见图 5-28），如果开挖后基坑底部所留隔水层支持不住承压水压力的作用，承压水的水头压力会冲破基坑底板，发生冒水、冒砂等事故。这种工程现象被称为基坑突涌。

1. 基坑突涌发生的条件

设计基坑时，为避免基坑突涌的发生，必须验算基坑底部隔水层的安全厚度 H_a。显然，为避免基坑突涌的发生，基坑底隔水层的厚度必须满足下式：

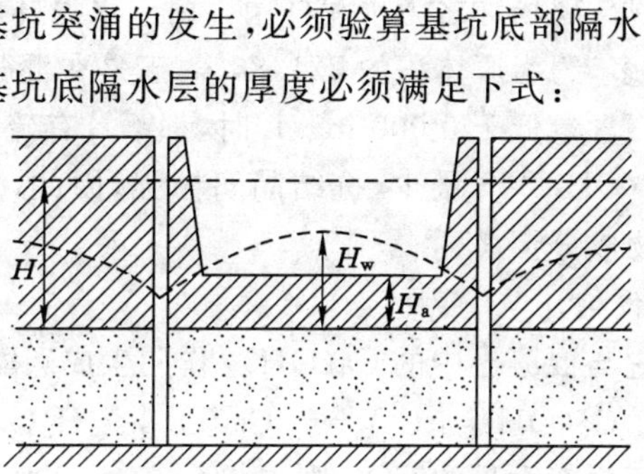

图 5-28 防止基坑突涌示意图

1——承压水位；2——隔水层；3——含水层；

H——承压水头；H_a——坑底隔水层安全厚度；H_w——基坑降水后的承压水头

$$H_a > \frac{r_w H}{\gamma} \tag{5-25}$$

式中，γ、γ_w 分别为隔水层的重度和地下水的重度，kN/m^3；H 为相对于含水层顶板的承压水头值，m；H_a 为基坑开挖后隔水层的厚度，m。

2. 基坑突涌的防治

当建筑工程施工开挖基坑后保留的隔水层厚度 H_a 小于安全厚度时，为防止基坑突涌，则必须在基坑周围布置抽水井，对承压含水层进行预先排水，局部降低承压水位。基坑降水后承压水头（H）必须满足下式：

$$H < \frac{\gamma H_a}{\gamma_w} \tag{5-26}$$

（三）承压水压力与基础抬起

在一些地区，当承压含水层埋藏较浅且承压水压力较大时，地下构筑物可能破坏承压水压力与上覆地层压力的平衡关系，承压水压力可使基础抬起，导致房屋向上隆起变形，甚至开裂。

四、地下水对钢筋混凝土的腐蚀作用

（一）腐蚀类型

硅酸盐水泥遇水硬化，并且形成 $Ca(OH)_2$、水化硅酸钙 $CaO \cdot SiO_2 \cdot 12H_2O$、水化铝酸钙 $CaO \cdot Al_2O_3 \cdot 6H_2O$ 等，这些物质往往会受到地下水的腐蚀。地下水对混凝土的侵蚀性除与水中各种化学成分的单独作用及相互影响有密切关系外，还与建筑物所处环境、使用的水泥品种等因素有关，必须综合考虑。根据地下水对建筑结构材料腐蚀性评价标准，将腐蚀类型分为以下三种。

1. 结晶类腐蚀（硫酸盐侵蚀）

如果地下水中硫酸根离子的含量超过规定值，那么硫酸根离子将与混凝土中的 $Ca(OH)_2$ 起反应，生成二水石膏结晶体 $CaSO_4 \cdot 2H_2O$。在这个过程中，体积膨胀到原来的 1.5 倍。

这种石膏再与水化铝酸钙 $CaO \cdot Al_2O_3 \cdot 6H_2O$ 发生化学反应，生成水化硫铝酸钙，这是一种铝和钙的复合硫酸盐，现场称之为水泥杆菌。由于水泥杆菌结合了许多的结合水，因而其体积比化合前增大很多，约为原体积的 221.86%，于是在混凝土中产生很大的内应力，使混凝土严重溃裂。SO_4^{2-} 含量低于 3 000 mg/L 时，都不具有硫酸盐侵蚀性。

水泥中 $CaO \cdot Al_2O_3 \cdot 6H_2O$ 含量少，抗结晶腐蚀强，因此，要想提高水泥的抗结晶腐蚀，主要是控制水泥的矿物成分。

2. 分解类腐蚀（碳酸侵蚀）

地下水中含有 CO_2，它与混凝土中的 $Ca(OH)_2$ 作用生成碳酸钙沉淀。

$$Ca(OH)_2 + CO_2 = CaCO_3 \downarrow + H_2O \tag{5-27}$$

上述反应后，如水中仍含有大量的 CO_2，则再与 $CaCO_3$ 发生以下化学反应，生成重碳酸钙并溶于水，从而破坏混凝土的结构：

$$CaCO_3 + CO_2 + H_2O = Ca^{2+} + 2HCO_3^- \tag{5-28}$$

上式为可逆反应，当水中 CO_2 含量小于平衡所需数量时，反应向左方进行，生成 $CaCO_3$ 沉淀；当 CO_2 含量大于平衡所需数量时，反应向右方进行，则将使 $CaCO_3$ 溶解。因此，当水

中游离 CO_2 含量超过平衡需要时，混凝土中的 $CaCO_3$ 就被溶解而受腐蚀，这就是分解类腐蚀。我们将超过平衡浓度的 CO_2 叫侵蚀性 CO_2。地下水中侵蚀性 CO_2 愈多，对混凝土的腐蚀愈强。地下水流量、流速都较大时，CO_2 易补充，平衡难建立，因而腐蚀加快。此外，HCO_3^- 离子含量愈高，对混凝土的腐蚀性愈弱。

如果地下水的酸度过大，即 pH 值小于某一数值，那么混凝土中的 $Ca(OH)_2$ 也要分解，这也被称为“一般酸性侵蚀”。特别是当反应生成物为易溶于水的氯化物时，对混凝土的分解腐蚀很强烈。一般认为 pH 值小于 5.2 时具有侵蚀性。

3. 结晶分解复合类腐蚀

当地下水中 NH_4^+、NO_3^-、Cl^- 和 Mg^{2+} 离子的含量超过一定数量时，将与混凝土中的 $Ca(OH)_2$ 发生反应，如“镁盐侵蚀”。镁盐侵蚀指地下水中的镁盐 $MgCl_2$、$MgSO_4$ 均与混凝土中的 $Ca(OH)_2$ 作用生成易溶于水的 $CaCl_2$ 及易产生硫酸盐侵蚀的 $CaSO_4$，使 $Ca(OH)_2$ 含量降低，引起混凝土中其他水化物的分解破坏。通常认为 Mg^{2+} 含量大于 1 000 mg/L 时有侵蚀性。通常地下水中 Mg^{2+} 浓度都低于此值。其反应式如下：

$$MgSO_4 + Ca(OH)_2 = CaSO_4 + Mg(OH)_2 \quad (5\text{-}29)$$

$$MgCl_2 + Ca(OH)_2 = CaCl_2 + Mg(OH)_2 \quad (5\text{-}30)$$

$Ca(OH)_2$ 与镁盐作用的生成物中，除 $Mg(OH)_2$ 不易溶解外，$CaCl_2$ 则易溶于水，并随之流失。硬石膏 $CaSO_4$ 一方面与混凝土中的水化铝酸钙 $CaO \cdot Al_2O_3 \cdot 6H_2O$ 反应生成水泥杆菌

$$3CaO \cdot Al_2O_3 \cdot 6H_2O + 3CaSO_4 + 25H_2O = 3CaO \cdot Al_2O_3 \cdot 3CaSO_4 \cdot 31H_2O \quad (5\text{-}31)$$

另一方面，硬石膏遇水后生成二水石膏

$$CaSO_4 + 2H_2O = CaSO_4 \cdot 2H_2O \quad (5\text{-}32)$$

因此，石膏在结晶时，体积膨胀，破坏混凝土的结构。

综上所述，地下水对混凝土建筑物的腐蚀是一项复杂的物理化学过程，在一定的工程地质条件下，对建筑材料的耐久性影响很大。

（二）腐蚀性评价标准

根据各种化学腐蚀所引起的破坏作用，将 SO_4^{2-} 离子的含量归纳为结晶类腐蚀的评价指标，将侵蚀性 CO_2、HCO_3^- 离子和 pH 值归纳为分解类腐蚀的评价指标，将 Mg^{2+}、NH_4^+、Cl^-、SO_4^{2-} 和 NO_3^- 离子的含量归纳为结晶分解类腐蚀的评价指标。同时，在评价地下水对建筑结构材料的腐蚀性时必须结合建筑场地所属的环境类别。建筑场地根据气候区、土层透水性、干湿交替和冻融交替情况区分为三类环境，如表 5-11 所示。

表 5-11 混凝土腐蚀的环境场地类别

<table>
<tr><th>环境类别</th><th>气候区</th><th>土层特性</th><th colspan="2">干湿交替</th><th>冰冻区(段)</th></tr>
<tr><td>Ⅰ</td><td>高寒区
半(半干)旱区</td><td>直接邻水，强透水土层中的地下水，或湿润的强透水土层</td><td>有</td><td rowspan="3">无干湿交替作用时，混凝土腐蚀强度比有干湿交替作用时相对降低</td><td rowspan="3">不论在地面或地下，当混凝土受潮或浸水并处于严重冰冻区（段）、冰冻区（段）、微冰冻区(段)</td></tr>
<tr><td rowspan="2">Ⅱ</td><td>高寒区
半(半干)旱区</td><td>弱透水土层中的地下水，或湿润的强透水土层</td><td>有</td></tr>
<tr><td>湿润区
半湿润区</td><td>直接邻水，强透水土层中的地下水，或湿润的强透水土层</td><td>有</td></tr>
</table>

续表 5-11

环境类别	气候区	土层特性	干湿交替	冰冻区(段)
Ⅲ	各气候区	弱透水土层	无	不冻区(段)

备注：当竖井、隧道、水坝等工程的混凝土结构一面与水（地下水或地表水）接触，另一面又暴露在大气中时，其场地环境分类应划分为Ⅰ类。

地下水对建筑材料腐蚀性评价标准如表 5-12～表 5-14 所示。

表 5-12　结晶类腐蚀评价标准

腐蚀等级	SO_4^{2-} 在水中含量/(mg/L)		
	Ⅰ类环境	Ⅱ类环境	Ⅲ类环境
无腐蚀性	<250	<500	<1 000
弱腐蚀性	250～500	500～1 500	1 500～3 000
中腐蚀性	500～1 500	1 500～3 000	3 000～6 000
强腐蚀性	>1 500	>3 000	>6 000

表 5-13　分解类腐蚀评价标准

腐蚀等级	pH 值		侵蚀性 CO_2/(mg/L)		HCO_3^-/(mmol/L)
	A	B	A	B	A
无腐蚀性	>6.5	>5.0	<15	<30	>1.0
弱腐蚀性	6.5～5.0	5.0～4.0	15～30	30～60	1.5～0.5
中腐蚀性	5.0～4.0	4.0～3.5	30～60	60～100	<0.5
强腐蚀性	<4.0	<3.5	>60	>100	—

备注：A——直接邻水，或强透水土层中的地下水，或湿润的强透水土层；B——弱透水土层中的地下水，或湿润的弱透水土层。

表 5-14　结晶分解复合类腐蚀评价标准

腐蚀等级	Ⅰ类环境		Ⅱ类环境		Ⅲ类环境	
	$Mg^{2+}+NH_4^+$	$Cl^-+SO_4^{2-}+NO_3^-$	$Mg^{2+}+NH_4^+$	$Cl^-+SO_4^{2-}+NO_3^-$	$Mg^{2+}+NH_4^+$	$Cl^-+SO_4^{2-}+NO_3^-$
无腐蚀性	<1 000	<3 000	<2 000	<5 000	<3 000	<10 000
弱腐蚀性	1 000～2 000	3 000～5 000	2 000～3 000	5 000～8 000	3 000～4 000	10 000～20 000
中腐蚀性	2 000～3 000	5 000～8 000	3 000～4 000	8 000～10 000	4 000～5 000	20 000～30 000
强腐蚀性	>3 000	>8 000	>4 000	>10 000	>5 000	>30 000

第六章　不良地质现象

不良地质现象通常也叫地质灾害，是指自然地质作用和人类活动造成的恶化地质环境、降低环境质量，直接或间接地危害人类安全，并给社会和经济建设造成损失的地质事件。我国是地质灾害较多的国家，每年因地质灾害造成的经济损失约为200亿～300亿元。

地质灾害包括自然地质灾害和人为地质灾害。自然地质灾害是自然地质作用引起的灾害，主要包括地震、滑坡、泥石流、岩溶塌陷等。人为地质灾害是由于人类工程活动使周围地质环境发生恶化而诱发的地质灾害，主要包括工程开挖诱发山体松动、滑坡和崩塌；城市过量抽取地下水引起地面沉降；修建水库诱发地震；水土流失加剧洪涝灾害等。随着人类工程活动的数量、速度和规模愈来愈大，人类工程开挖和堆填的速度已逐渐超过自然地质作用的剥蚀和沉积的速度，因此由人类工程诱发的地质灾害已逐渐接近甚至超过自然地质灾害。

需要强调的是，地质灾害是相对于人类而言的，如果单纯就地球本身而言，是没有所谓地质灾害的，所有自然的地质灾害都是地球本身演化过程中的现象。所以，从人类的角度而言，才有必要研究地质灾害。

第一节　岩　　溶

我国岩溶地貌分布广、面积大，其中在桂、黔、川东、川南、鄂西、湘西、粤北等地连片分布的就达55万平方千米。岩溶对大多数人来说并不陌生，但岩溶现象对许多人来说很神秘，如岩溶现象的壮观奇特，岩溶水的神出鬼没。

岩溶有着积极的一面，形成美丽、壮观的风景，如著名泉城山东济南、山西祠泉、娘子关泉等，又如广西桂林山水甲天下，奇特岩溶景观云南的路南石林，壮观与气势，让游人流连忘返。

但同时，岩溶也有消极不利的一面。例如，华北的大多数煤层，下伏 O_2 灰岩水承压水头之高，带来开采风险巨大；云南、广西、贵州省岩溶山区，岩溶水位极低，缺水严重，石漠化严重；岩溶区的库水渗漏，处理困难；在道路工程建设中，由于地下岩溶水的活动，导致路基基底冒水，水淹路基、水冲路基等；在地下工程和隧道建设中，修建隧洞一旦揭穿高压岩溶管道水时，就会造成大量突水，有时夹有泥砂喷射，给施工带来严重困难，甚至淹没坑道，造成机毁人亡事故；还可能由于洞穴顶板的坍塌，造成位于其上的建筑物沉陷开裂。

因此，以工程地质观点研究岩溶地区的岩体稳定、岩溶发育程度及分布规律，论证岩溶地区建设的可能性，提出合理的建设方案、工程位置及防治措施，对确保建筑物的安全和正常使用是十分重要的。

一、岩溶的概念

岩溶又称为喀斯特，是水流与可溶岩石（主要是石灰岩、白云岩及其他可溶性盐类岩石）相互作用（淋滤、冲刷、溶蚀）的过程以及由此产生的地表地下地质现象组合，属于一种综合地质作用。

二、岩溶的形态特征

典型岩溶地貌分为地表岩溶地貌和地下岩溶地貌。

（一）地表岩溶地貌

地表岩溶地貌主要包括石林、孤峰、落水洞、坡立谷等，如图 6-1 所示。

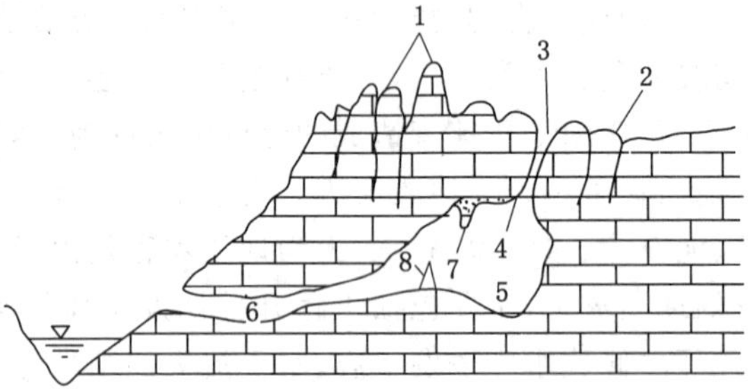

图 6-1　岩溶形态示意图

1——石林；2——溶沟；3——漏斗；4——落水洞；
5——溶洞；6——暗河；7——钟乳石；8——石笋

1. 溶沟、石芽和石林

地表水沿地表岩石低洼处或沿节理溶蚀和冲刷，在可溶性岩石表面形成的沟槽称溶沟。其宽深可由数十厘米至数米不等。在纵横交错的沟槽之间，残留凸起的牙状岩石称石芽。如果溶沟继续向下溶蚀，石芽逐渐高大，沟坡近于直立，且发育成群，远观像石芽林，称为石林。云南路南石林发育完美，堪称世界之最。

2. 漏斗

地表水顺着可溶性岩石的竖直裂隙下渗，最先产生溶隙。待顶部岩石溶蚀破碎及竖直溶隙扩大，岩层顶部塌落形成近乎圆形坑。圆形坑多具向下逐渐缩小的凹底，形状酷似漏斗，称为溶蚀漏斗。在漏斗底部常堆积有岩石碎屑或其他残积物。

3. 溶蚀洼地和坡立谷

由溶蚀作用为主形成的一种封闭、半封闭洼地称溶蚀洼地。溶蚀洼地多由地面漏斗群不断扩大汇合而成，面积由数十平方米至数万平方米。

坡立谷是一种大型封闭洼地，也称溶蚀盆地。面积由数平方千米至数百平方千米，进一步发展则成溶蚀平原。坡立谷谷底平坦，常有较厚的第四纪沉积物，谷的周围为陡峻斜坡。谷内有岩溶泉水形成的地表流水至落水洞又降至地下，故谷内常有沼泽、湿地或小型湖泊。

4. 峰丛、峰林和孤峰

此三种形态是岩溶作用极度发育的产物。溶蚀作用初期，山体上部被溶蚀，下部仍相连，通称峰丛；峰丛进一步发展成分散的、仅基底岩石稍许相连的石林，称峰林；耸立在溶蚀平原中孤立的个体山峰，称孤峰，它是峰林进一步发展的结果。

5. 干谷

原来的河谷，由于河水沿谷中漏斗、落水洞等通道全部流入地下，使下游河床干涸而形成干谷。

（二）地下岩溶地貌

地下岩溶地貌主要包括落水洞、溶洞、暗河等。

1. 落水洞

如果岩石的竖直溶隙连通大溶洞或地下暗河，溶隙可能扩大成地面水通向地下暗河或溶洞的通道，称落水洞。其形态有垂直的、倾斜的或弯曲的，直径大小不等，深度可达数百米。

2. 溶洞

地下水沿岩石裂隙溶蚀扩大而形成的各种洞穴。溶洞形态多变，洞身曲折、分岔，断面不规则。地面以下至潜水面之间，地表水垂直下渗，溶洞以竖向形态为主；在潜水面附近，地下水多水平运动，溶洞多为水平方向迂回曲折延伸的洞穴。地下水中多含碳酸盐，在溶洞顶部和底部饱和沉淀而成石钟乳、石笋和石柱（图 6-1）。规模较大的溶洞，长达数十千米，洞内宽处如大厅，窄处似长廊。水平溶洞有的不止一层，例如轿顶山隧道揭穿的溶洞共有上、下 4 层，溶洞长 80 m，宽 50～60 m，高 20～30 m。

3. 暗河

岩溶地区地下沿水平溶洞流动的河流称暗河。溶洞和暗河对各种工程建筑物特别是地下工程建筑物造成较大危害，应予特别重视。由地下水汇集而形成的地下河道，称为地下暗河。具有一定汇水范围的地下河，常有集中的出口，而无明显的入口。我国南方有的地下河的水量往往很大，如云南六郎洞的地下河，最大流量可达 74 m^3/s。有的地下河中尚可行船，如江苏宜兴善港洞内长达 125 m 的地下河，可以全年通舟。北方地区地下河流量的季节性变化很大，有时甚至干涸。

三、岩溶发育的基本条件

1. 岩石的可溶性

可溶岩成分与结构是控制岩溶发育的内因。可溶性岩石包括卤盐、硫酸盐、碳酸盐。但是它们之间的溶解度并不一样，卤盐、硫酸盐和碳酸盐溶解度依次降低。卤素盐类及硫酸盐虽易溶解，但分布面积有限，对岩溶的影响远远不如分布广泛的碳酸盐类岩石。

碳酸盐岩常由不同比例的方解石、白云石组成，并含有泥质、硅质、有机质等杂质。纯方解石的溶解速度约为纯白云石的 2 倍，因此纯石灰岩地区岩溶发育，当含白云石时次之。当含硅质、有机质等杂质时，岩石溶解减慢，岩溶发育程度降低。

2. 岩石的透水性

可溶性的岩石在水的作用下才能发育岩溶，因此，岩溶的发育要求岩石要有透水性。如果可溶性岩石中原有裂隙发育，在水的作用下原有裂隙会进一步溶蚀扩大，逐步发育成溶蚀裂隙、管道，直至溶洞和暗河的形成。裂隙发育的部位往往岩溶也较发育，特别是断层，如云南丘北六郎河有三条规模巨大的沿大断层发育的暗河流向六郎洞泉。

3. 水的侵蚀性

水对碳酸盐类岩石的溶解能力，主要取决于水中侵蚀性 CO_2 的含量。水中侵蚀性 CO_2 含量越多则溶解能力越强。当地下水中含侵蚀性 CO_2 时，CO_2 与方解石的 $CaCO_3$ 反应，最终生成 Ca^{2+}，使碳酸盐岩的溶解度高达每升几百毫克，大大提高了岩溶发育速度。由此可见，水的物理化学性质与岩溶的发育有着密切的关系。此外随着水温增高，进入水中的 CO_2

扩散速度增大，使岩溶加强，故热带石灰岩溶蚀速度比温带、寒带快。

水中CO_2的来源，主要是雨水溶解空气中所含CO_2；土壤和地表附近强烈的生物化学作用，也是水中CO_2的重要来源之一。

4. 水的流动性

地下水的循环交替是岩溶发育的充分必要条件，水在流动过程中不断更替补充具侵蚀性的水，同时将溶解与侵蚀的物质带走。一般在地表附近，水循环交替作用强烈，随着深度的增加，水交替作用变慢，甚至停止。故岩溶在地表较发育，而随着深度的增加越来越弱。

5. 生物对岩溶发育的影响

生物对于岩溶作用的影响，越来越得到认同。一方面，植物产生CO_2补充到地下水，这提高水的溶蚀能力，促进溶蚀作用的发生。另一方面，通过野外观察及室内试验发现，藻类以及碳酸酐酶、细菌、放线菌、真菌等，均可促进溶蚀作用及钙华沉淀。

四、岩溶发育的基本规律

（一）岩溶发育的不均一性

岩溶发育的不均一性是指岩溶发育的速度、程度及其空间分布的不一致性。岩溶发育受到岩性、地质构造和岩溶水的循环交替条件的控制，而这些因素在空间上的分布是不均一的，这就造成岩溶在空间上发育部位、发育程度、发育深度的差异性。在自然界中我们可以在岩溶发育程度较浅的地方见到局部岩溶发育强烈的现象，而这都与地层组合和构造有关。

（二）岩溶发育的阶段性

岩溶和其他自然现象一样有其发生、发展和消亡的过程，完成一个岩溶旋回。在幼年期，岩溶形态以地表形态为主，石芽、溶沟发育，漏斗和落水洞少量出现；在早壮年期，岩溶主要向地下发展，漏斗、落水洞、干谷、盲谷、溶蚀洼地广泛发育，大部分地表水转为地下水；晚壮年期，地下岩溶规模进一步扩大，溶洞和暗河顶部坍塌，地下水又变为地表水，形成坡立谷、峰林等；最后进入晚年期，地表水流又广泛发育，形成溶蚀平原、孤峰、残丘，岩溶现象逐渐走向消亡。

实际上，岩溶发育大多是多旋回的，即多代性，这往往造成不同时期岩溶形态的叠加，如我国新疆、青海、西藏三地交界处的昆仑山中发现了长350 km，宽20～30 km的岩溶峰林，分布在海拔4 400～5 600 m的高度，它们是古近纪、新近纪期间形成的热带峰林，在原岩溶地貌上又叠置了现代冰川地貌。

（三）岩溶形态的垂直分带性

岩溶地区岩溶水的水动力特征具有垂直分带性，这决定了所形成的岩溶形态也有垂直分带的特征。岩溶形态在垂直剖面上可分为四个带（图6-2）。

1. 岩溶垂直发育带（Ⅰ）

此带位于最高潜水面以上包气带中，地下水是间歇性流动。大气降水沿着各种张开结构面渗入岩体中，产生垂直发育的岩溶形态，如溶蚀漏斗、落水洞和竖井等。局部存在水平隔水层时，可形成局部的水平岩溶形态。此带厚度在山地和峡谷区可达数百米，在溶原区仅十数米。此带各种岩溶形态连通性差，常见发育有悬挂泉。

2. 岩溶水平和垂直交替发育带（Ⅱ）

此带又称季节变动带。地下水垂直和水平运动随季节周期性交替，岩溶发育较强烈。岩溶形态既有垂直的落水洞，又有近水平发育的溶洞。本带厚度取决于地下水位变幅，在岩

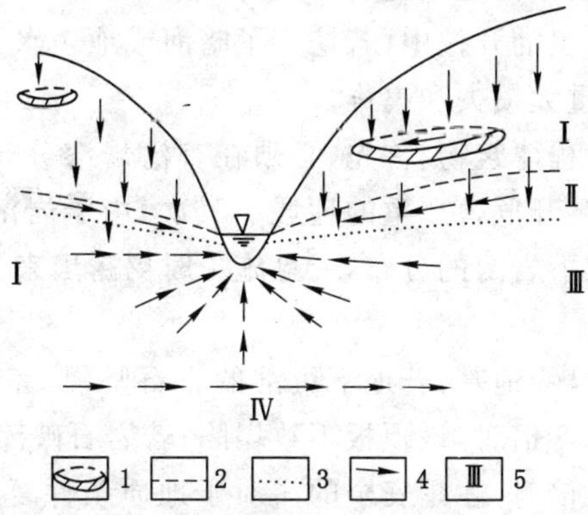

图 6-2　岩溶垂直分带示意图

1——上层滞水；2——地下水最高水位线；
3——地下水最低水位线；4——地下水流向；5——分带编号

溶发育强烈的岩体中此带厚度很小，在岩溶发育还比较弱的地方则可达百米以上，并有落水洞泉和间歇性泉的发育。

3. 岩溶水平发育带(Ⅲ)

此带位于地下水最低水位以下受河流排泄作用范围以内的饱水带，包括河谷两侧地下水水平流动亚带和河谷底部地下水向上流动的减压带(倒虹吸管带)。本带岩溶以水平发育形态为主，有大量的水平或近水平的溶洞、暗河和地下湖泊，在河流底部发育有放射状的溶洞、溶孔、溶隙。

4. 深部溶孔溶隙发育带(Ⅳ)

此带位于岩溶水平发育带以上，很少受当地岩溶基准面的影响，地下水的流向取决于较大的地貌及地质构造条件，水流循环缓慢，通常岩溶发育微弱，以溶隙、溶孔为主，只有在一定的构造条件下经过较长时期才能发育有较大的深部溶洞。

应当指出岩溶的这种垂直分带是可以因气候、地貌和构造的变动而发生变化的。地壳上升，岩溶水平发育带可变为季节变化带；地壳下降，情况则相反。一般来说，垂直分带比较明显的地区是在构造稳定、有河流深切的厚层纯碳酸盐岩高原地区。而在新构造运动强烈上升地区或可溶岩层分布复杂地区，岩溶垂直分带特征就不明显。

(四) 岩溶发育的成层性

岩溶往往发育有多层溶洞，这种溶洞成层的原因一般认为是地壳构造运动上升-稳定-再上升交替变化，导致岩溶垂直-水平-垂直交替发育的结果。

(五) 岩溶发育的地带性

岩溶发育受气候条件影响也很大，在不同的气候带内其岩溶发育的特征也有一定差异。我国岩溶类型主要有热带岩溶、亚热带岩溶、温带岩溶三大类，此外还有高寒气候带岩溶、干旱区岩溶和海岸岩溶等。

五、岩溶地区工程地质问题及防治

(一) 主要工程地质问题

在岩溶发育地区进行工程建设，经常遇到的工程地质问题主要是地基塌陷、不均匀下沉和基坑、洞室涌水等。各种岩溶形态都造成了地基的不均匀性，因而引起基础的不均匀变形。在建筑物基坑或地下洞室的开挖中，若挖穿了暗河或地表水下渗通道，则会造成突然涌水，给工程施工和使用造成重大损失和灾难。

在岩溶发育地区修建工程建筑物，首先，必须在查清岩溶分布、发育情况的基础上选择工程建筑物的位置，尽可能避开危害严重的地段。其次，由于岩溶发育的复杂性，特别是不可能在施工之前全部查清地下岩溶的分布，一旦施工时揭露出来，则必须有针对性地采取必要的工程措施。

一般认为，对于普通建筑物地基，若地下可溶的岩石坚硬、完整，裂隙较少，则溶洞顶板厚度大于溶洞最大宽度的1.5倍时，该顶板不致塌陷；若岩石破碎、裂隙较多，则溶洞顶板厚度应大于溶洞最大宽度的3倍时，才是安全的。对于地质条件复杂或重要建筑物的安全顶板厚度，则得进行专门的地质分析和力学验算才能确定。

（二）常用防治措施

岩溶地基的处理措施归纳起来有挖填、跨盖、灌注和排导等

1. 石芽地基的处理

石芽地基的处理可用深入基岩1 m左右的现浇钢筋混凝土桩基(图6-3)，或将石芽移除。必须指出的是，在石芽地基上采用钢筋混凝土预制支承桩是不合适的，因为石芽地形起伏大、芽面陡，可能产生桩底沿着芽面滑动的恶果。

2. 溶洞地基的处理

溶洞地基的处理视洞穴顶板稳定性和建筑物的重要性而决定。若洞穴规模较大，建筑物跨度大且又较重要时，可采用整体刚性基础，并使之支承于溶洞周围较完整的岩体上，溶洞内也可用碎石、泥砂回填(图6-4)。山西省南部某大型火电厂主厂房的动力车间基础位于一个大溶洞上，就是采用这种方式处理的。如若洞穴规模较小，且上部为一般建筑物，则仅需对溶洞用碎石、泥砂回填。洞门用钢筋混凝土板支撑于洞周围岩石上，采用一般基础即可。

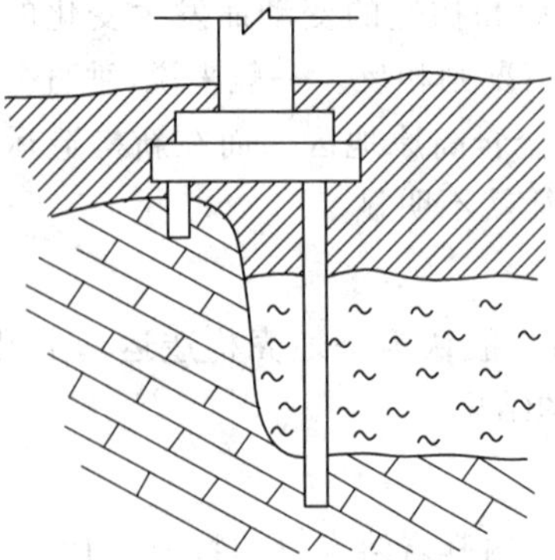

图6-3　现浇钢筋混凝土桩基

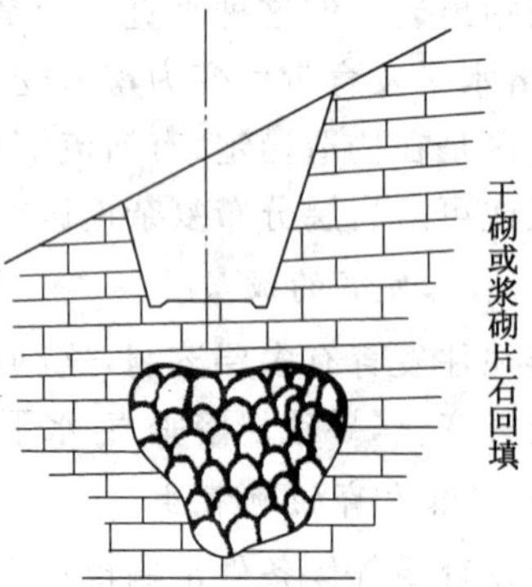

图6-4　回填溶洞

3. 土洞地基的处理方法

覆盖型岩溶地基是指在岩溶平原、洼地、谷地中覆盖着较厚的第四纪松散堆积层，在上覆土层中常常发育着空洞，一般叫土洞。当土洞顶板在建筑物荷重作用下失去平衡而产生

下陷或塌落时，则危及建筑物的安全。另外，还有在交通沿线产生土洞，威胁交通安全，如2016年5月30日，山东省滕州市发生岩溶塌陷，形成土洞，该土洞与京沪高铁直线距离不超过100 m(图6-5)。

图6-5　山东滕州市土洞照片

该类型地基常会遇到不均匀沉陷和地面塌陷问题。如广西玉林火电厂的主要设备基础倾斜、水池漏水、仓库开裂、办公楼不均匀沉陷，就是由于从竖井式溶洞中抽水导致地下水位下降而引起的。当地下水位下降10 m时，附近地面多处塌陷，次年3月，塌陷增至130多处，面积0.13 km^2。因此，凡是岩溶地区有第四纪土层分布的地段，都要注意土洞发育的可能性，应查明土洞的成因、形成条件、位置、埋深、大小，以及与土洞发育有关的溶洞、溶沟的分布。

土洞地基的处理方法主要有：利用竖井、沉井及各种桩(预制桩、灌注桩)，使建筑物基础坐落在坚硬稳定的基础上；利用梁板跨越塌陷；覆盖土层较薄时，可剥离土层进行铺盖，或采用刚性大平板基础直接置于基岩面及溶洞上。

4. 地下洞库、隧道工程防治岩溶的措施

(1) 预防岩溶水的措施。在施工过程中打超前钻探孔，若有突水可能，则采取预先排水措施再掘进；灌浆填堵以隔绝水源，灌浆材料可用水泥、混凝土和沥青等；地面打钻孔进行垂直排水以疏干隧洞区地下水，但对于岩溶地区的防排水措施应予慎重处理，主要原则是既要有利于工程修建，减轻岩溶的发展和危害，又要考虑有利于该区的环境保护，不能由于排水、引水不当，造成新的环境问题。

(2) 处理溶洞的措施。若溶洞规模不大且出现于洞顶或边墙部位时，一般可采用清除充填物后回填堵塞(图6-6)；若出现在边墙下或洞底可采用加固或跨越的方案(图6-7)；若溶洞规模较大，甚至有暗河存在时，可在隧道内架桥跨越。

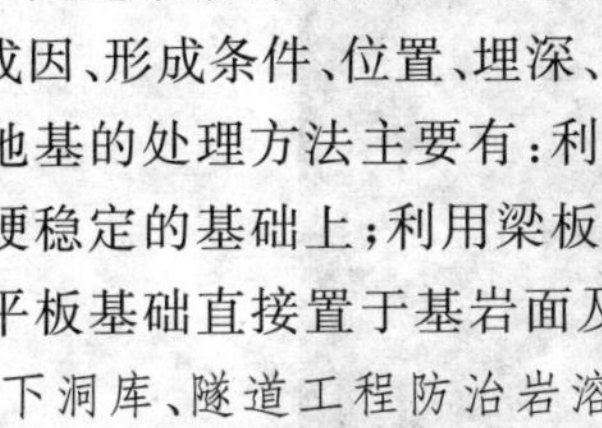

图6-6　隧道拱顶溶洞回填

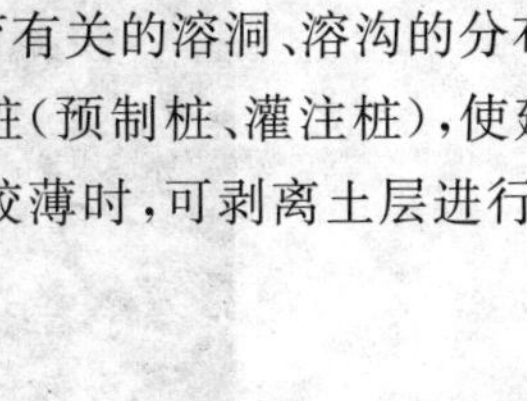

图6-7　隧道边墙下溶洞处理

第二节 地 震

地震是一种破坏性很强的自然灾害。据不完全统计，地壳上每年发生的地震约有500万次以上，人们能感觉到的约5万次，能造成破坏作用的约有1 000次，其中强烈破坏性的大地震有十几次。强烈的地震会在顷刻间使较大地域内遭受毁灭性的破坏。例如，1976年7月28日凌晨3时42分发生在我国唐山的大地震，使整个城市成为废墟，死亡24万余人。2004年12月26日，印度尼西亚苏门答腊岛附近海域发生了一场近百年来罕见的海底地震，引发了高达10 m的海啸，夺去东南亚沿海国家15万余人的生命。2008年5月12日14时28分，我国四川省汶川县又发生了举世震惊的大地震(图6-8)，遇难和失踪人数达8万多人，严重受灾地区达10万平方千米。2011年3月11日14时46分，日本宫城县以东太平洋海域发生里氏8.9级地震，此次地震可能引发的海啸最高达到23 m，遇难和失踪人数2万多人。

因此，在工程活动中，必须考虑地震这个主要的环境地质因素，并采取必要的防震措施。

图6-8 汶川地震的现场图片

一、地震的基本概念

(一) 地震的概念

地震是一种地质现象，是地壳构造运动的一种表现。在地下深处，由于某种原因岩层突然破裂或塌陷或由于火山喷发等产生震动，并以弹性波的形式传递到地表的现象称为地震。地震发生在海底时称为海震。

地震是一种特殊形式的地壳运动，发生迅速，震动剧烈，引起地表开裂、错动、隆起、喷水冒砂、山崩、滑坡等地质现象，并引起工程建筑的变形、断裂、倒塌，造成巨大的生命财产损失。

(二) 地震名词

1. 震源和震中

地壳或地幔中发生地震的地方称为震源。震源在地面上的垂直投影称为震中。震中可看作地面上震动的中心，震中附近地面震动最大，远离震中地面震动减弱。如图6-9所示。

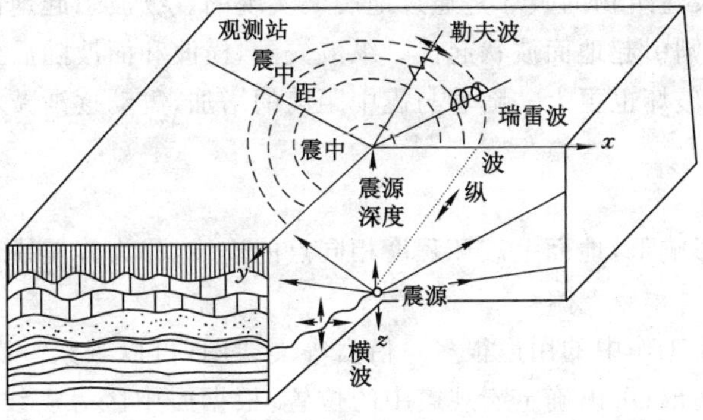

图 6-9　地震名词图示

2. 震源深度

震源与地面的垂直距离，称为震源深度。

通常把震源深度在 70 km 以内的地震称为浅源地震，70～300 km 的地震称为中源地震，300 km 以上的地震称为深源地震。绝大部分的地震是浅源地震，震源深度多集中于 5～20 km 左右，中源地震比较少，而深源地震为数更少。

同样大小的地震，当震源较浅时，波及范围较小，破坏性较大；当震源深度较大时，波及范围虽较大，但破坏性相对较小。多数破坏性地震都是强震。深度超过 100 km 的地震，在地面上不会引起灾害。例如，唐山地震震中位于唐山市内铁路以南的市区，震源深度为 12～16 km，属于浅源地层，唐山市区平地的建筑物几乎全部遭到毁坏。

3. 震中距和震中区

地面上某一点到震中的直线距离，称为该点的震中距。震中距在 1 000 km 以内的地震通常称为近震，大于 1 000 km 的地震称为远震。引起灾害的一般都是近震。

围绕震中的一定面积的地区，称为震中区，它表示一次地震时震害最严重的地区。强烈地震的震中区往往又称为极震区。

4. 地震波

(1) 地震波：地震发生时，震源处产生剧烈振动，以弹性波方式向四周传播，此弹性波称地震波。

(2) 体波：地震波在地下岩土介质中传播时称体波。体波包括纵波和横波。

① 纵波：又称压缩波或 P 波，它是由于岩土介质对体积变化的反应而产生的，靠介质的扩张和收缩而传播，质点振动的方向与传播方向一致。纵波传播速度最快，平均为 7～13 km/s。纵波既能在固体介质中传播，也能在液体或气体介质中传播。

② 横波：又称剪切波或 S 波，它是由于介质形状变化反应的结果，质点振动方向与传播方向垂直，各质点间发生周期性剪切振动。横波传播速度平均为 4～7 km/s，比纵波慢。横波只能在固体介质中传播。

(3) 面波：体波到达地表面后，沿着地表面传播的波称为面波。

面波只限于沿着地表面传播，一般可以说它是体波经地层界面多次反射形成的次生波，包括沿地面滚动传播的瑞雷波和沿地面蛇形传播的勒夫波两种。面波传播速度最慢，平均速度为 3～4 km/s。

地层对地表面及建筑物的破坏是通过地震波实现的。纵波引起地面上、下颠簸，横波使地面水平摇摆，面波则引起地面波状起伏。纵波先到，横波和面波随后到达，由于横波、面波震动更剧烈，造成的破坏也更大。随着与震中距离的增加，震动逐渐减弱，破坏逐渐减小，直至消失。

5. 等震线

在同一次地震影响下，地面上破坏程度相同点的连线，称为等震线。画有等震线的地图称作等震线图。

等震线图在地震工作中的用途很多。借由等震线图，可以观察一次地震各地区的破坏和地震能量传布的情形；可以确定宏观震中的位置；根据震中区等震线的形状，还可以推断产生地震的断层(发震断层)的走向。图 6-10 为 2008 年汶川地震的等震线图，整体特别是最里边的等震线的长轴方向是 NE-SW 向，与龙门山大断裂的方向是一致的。

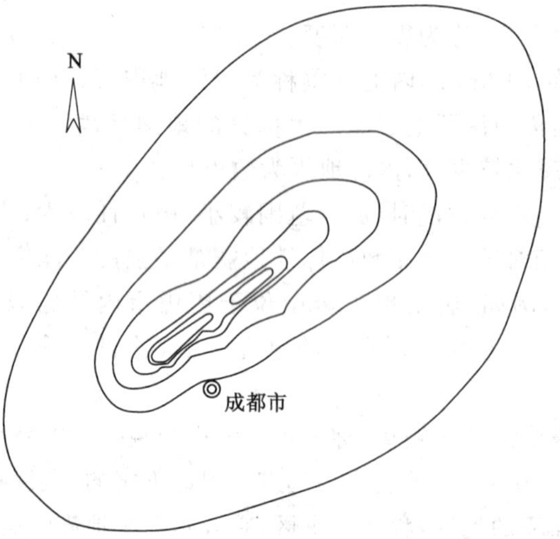

图 6-10　汶川地震的等震线图

二、地震震级与地震烈度

地震震级与地震烈度是衡量地震大小的两个概念。震级是地震能量的大小，烈度是地震造成的破坏程度，而烈度是工程建设人员更为关心的问题。这两个概念既有联系又有区别。

(一) 地震震级

地震震级是一次地震本身能量大小的等级。震级大小由震源释放出的能量多少来决定，释放的能量越大，震级越大。它用符号 M 表示。震级是地震固有的属性，一次地震所释放的能量是固定的，因此无论在任何地方测定都只有一个震级，其数值是根据地震仪记录的地震波图确定的。

我国使用的震级是国际上通用的里氏震级，将地震震级划为 10 个等级。震级与震源发出的总能量之间的关系如表 6-1 所示。

表 6-1　　震级与能量的关系

地震震级	能量/J	地震震级	能量/J
1	2.00×10^{6}	6	6.31×10^{13}
2	6.31×10^{7}	7	2.00×10^{15}
3	2.00×10^{9}	8	6.31×10^{16}
4	6.31×10^{10}	8.5	3.55×10^{17}
5	2.00×10^{12}	8.9	1.41×10^{18}

从表 6-1 中可见，震级相差一级，能量相差 32 倍左右。一次大地震释放的能量是十分惊人的。到目前为止，世界上发生的最大地震是 1960 年智利 9.5 级大地震，其释放的能量转化为电能，相当于一个 122.5×10^{4} kW 的电站 36 年的总发电量。

一般认为，小于 2 级的地震称为微震；2～4 级为有感地震；5～6 级以上的地震称为破坏性地震；7 级以上地震称为强烈地震或大地震。

（二）地震烈度

地震烈度是指地震时受震区的地面及建筑物遭受地震影响和破坏的程度。一次地震只有一个震级，而地震烈度却在不同地区不同。震中烈度最大，震中距愈大，烈度愈小。地震烈度的大小除与地震震级、震中距、震源深浅有关外，还与当地地质构造、地形、岩土性质等因素有关。

划分具体烈度等级是根据人的感觉，家具和物品所受震动的情况，房屋、道路及地面的破坏现象等因素的综合分析而进行的。世界各国划分的地震烈度等级不完全相同，我国使用的是十二度地震烈度表（表 6-2）。表中将地震烈度根据不同地震情况分为Ⅰ～Ⅻ度，每一烈度均有相应的地震加速度和地震系数，以便地震烈度在工程上的应用。地震烈度小于Ⅴ度的地区，具有一般安全系数的建筑物是足够稳定的；Ⅵ度地区，一般建筑物不必采取加固措施，但应注意地震可能造成的影响；Ⅶ～Ⅸ度地区，能造成建筑物损坏，必须按工程规范规定进行工程地质勘察，并采取有效防震措施；Ⅹ度以上地区属灾害性破坏，其勘察要求需作专门研究，选择建筑物场地时应尽可能避开不良地段并采取特殊防震措施。

表 6-2　　中国地震烈度鉴定标准表

烈度	名称	加速度 $a/(\mathrm{cm/s^2})$	地震情况
Ⅰ	无感震	<0.25	人不能感觉，只有仪器可以记录到
Ⅱ	微震	0.26～0.50	少数在休息中极宁静的人能感觉，住在楼上者更容易感觉
Ⅲ	轻震	0.6～1.0	少数人感觉地动（像有轻车从旁边过），不能即刻断定是地震，震动来自方向或持续时间有时约略可定
Ⅳ	弱震	1.1～2.5	少数在室外的人和绝大多数在室内的人都感觉，家具等有些摇动，盘、碗和窗户玻璃振动有声，屋梁、天花板等咯咯作响，缸里的水或敞口皿中的液体有些荡漾，个别情形惊醒睡觉的人
Ⅴ	次强震	2.6～5.0	差不多人人有感觉，树木摇晃，如有风吹动，房屋及室内物件全部震动，并咯咯作响，悬挂物如帘子、灯笼、电灯等来回摆动，挂钟停摆或乱打，盛满器皿中水溅出，窗户玻璃出现裂纹，睡觉的人惊逃户外

续表 6-2

烈度	名称	加速度 $a/(cm/s^2)$	地震情况
Ⅵ	强震	5.1～10.0	人人有感觉，大部分惊骇跑到户外，缸里水剧烈荡漾，墙上挂图、架上书籍掉落，碗碟器皿打碎，家具移动位置或翻倒，墙上灰泥产生裂缝，坚固的庙堂房屋亦有些地方掉灰，不好的房屋受相当损伤，但较轻
Ⅶ	损害震	10.1～25.0	室内陈设物品及家具损伤甚大，庙里的风铃叮当作响，池塘里腾起波浪并翻起浊泥，河岸砂砾处有崩滑，井泉水位有改变，房屋有裂缝，灰泥及雕塑装饰大量脱落，烟囱破裂，骨架建筑的隔墙亦有损伤，质量不好的房屋严重损伤
Ⅷ	破坏震	25.1～50.0	树木发生摇摆，有的断折，重的家具物件移动很远或抛翻，纪念碑从座下扭转或倒下，建筑较坚固的房屋如庙宇也被损害，墙壁裂缝或部分裂坏，骨架建筑隔墙倾脱，塔或工厂烟囱倒塌，建筑特别好的烟囱顶部亦遭损坏，陡坡或潮湿的地方发生小裂缝，有些地方涌出泥水
Ⅸ	毁坏震	50.1～100.0	坚固建筑物如庙宇等损坏颇重，一般砖砌房屋严重破坏，有相当数量的倒塌，不能再住人，骨架建筑根基移动，骨架歪斜，地上裂缝颇多
Ⅹ	大毁坏震	100.1～250.0	大的庙宇、砖墙及骨架建筑连基础遭受破坏，坚固砖墙发生危险裂缝，河堤、坝、桥梁、城墙均严重损伤，个别的被破坏，钢轨亦挠曲，地下输送管道破坏，马路及柏油街道起裂缝与皱纹，松散软湿之地开裂相当宽而深的长沟，且有局部崩滑，屋顶岩石部分剥落，水边惊涛拍岸
Ⅺ	灾震	250.1～500.0	砖砌建筑全部坍塌，大的庙宇与骨架建筑亦只部分保存，坚固的大桥破坏，桥墩崩裂，钢梁弯曲(弹性大的木桥损坏较轻)，城墙开裂崩坏，路基堤坝断开，铁轨弯曲且鼓起，地下输送管完全破坏，不能使用，地面开裂甚大，沟道纵横错乱，到处土滑山崩，地下水夹泥沙从地下涌出
Ⅻ	大灾震	500.1～1 000	一切人工建筑物无不毁坏，物体抛掷空中，山川风景变异，范围广大，河流堵塞，造成瀑布，湖底升高，地裂山崩，水道改变等

(三) 工程应用地震烈度的划分

为了把地震烈度应用到工程实际中，地震烈度本身又可分为基本烈度、建筑场地烈度和抗震设防烈度。

1. 基本烈度

基本烈度是指该地区在一百年内，在一般场地条件下可能遭遇到的最大地震烈度。它是根据对一个地区的实地地震调查、地震历史记载、仪器记录并结合地质构造综合分析得出的，所指的是一个较大范围的地区，而不是一个具体的工程建筑场地。目前，我国采用表 6-2 中所列为基本烈度。地震基本烈度大于或等于Ⅶ度的地区为高烈度地震区。

2. 建筑场地烈度

建筑场地烈度也称小区域烈度，它是指在建筑场地范围内，由于地质条件、地形地貌条件及水文地质条件不同而引起对基本烈度的提高或降低。通常可提高或降低半度至一度。但是，在新建工程的抗震设计中，不能单纯用调整烈度的方法来考虑场地的影响，而应针对不同的影响因素采用不同的抗震措施。

3. 抗震设防烈度

抗震设防烈度又称为计算烈度或设防烈度，是指按国家批准权限审定，作为一个地区抗震设防依据的地震烈度。一般情况下可采用基本烈度，如北京的抗震设防烈度为 8 度。

它是根据建筑物的重要性、永久性、抗震性以及工程的经济性等条件对基本烈度进行适当调整后的烈度。对于特别重要的建筑物，例如特大桥梁、长大隧道、高层建筑等，地震作用应高于本地区抗震设防烈度的要求，经国家批推，可提高烈度1度；对于重要建筑物，如各种公路工程建筑物、活动人数众多的公共建筑物等，可按基本烈度设计；对于一般建筑物，如一般工业与民用建筑物，可降低烈度1度。但为保证属于人量的Ⅵ度地区的建筑物都有一定抗震能力，基本烈度为Ⅵ度时，不再降低。对于临时建筑物，可不考虑设防。

三、地震类型

按成因类型可分为构造地震、火山地震、陷落地震和人工地震四类。

（一）构造地震

由地壳运动引起的地震称为构造地震。地壳运动使组成地壳的岩层发生倾斜、褶皱、断裂、错动以及大规模岩浆活动等，在此过程中因应力释放、断层错动而造成地壳震动。构造地震约占地震总数的90%。构造地震机制有两种流行学说，一种是弹性回跳说，一种是黏滑说。弹性回跳说认为，当地壳运动使岩体变形时，在岩体内部产生应力，当岩体内应力积累到超过岩石强度极限时，岩体发生突然破裂或错动，同时释放大量的应变能引起地震，岩体随即弹回原状。黏滑说认为，断裂面上摩擦阻力不均匀，断裂错动过程中因摩擦受阻而产生黏滞现象，同时积累应变能，当积累的应变能足以克服摩擦阻力时，断裂产生错动并回跳，同时释放大量的应变能引起地震。板块构造理论认为，地震主要发生在各板块衔接地带，洋中脊受到拉张，以浅源地震为主；板块之间相互错动的俯冲带或仰冲带，则沿接触带向下，震源由浅变深，最深震源可达720 km。

（二）火山地震

由火山喷发引起的地震称为火山地震。这类地震强度较大，但受震范围较小，它只占地震总数的7%左右。如1972年黑龙江五大连池火山喷发引起的地震。

（三）陷落地震

由地层塌陷、山崩、巨型滑坡等引起的地震称为陷落地震。地层塌陷主要发生在石灰岩岩溶地区，岩溶溶蚀作用使溶洞不断扩大，导致上覆地层塌落，形成地震。陷落地震一般地震能量较小，影响范围小。此类地震只占地震总数的3%左右。

（四）人工地震

由人类工程活动引起的地震称为人工地震。如修建水库、开挖矿道、油田抽水或注水、人工爆破、核试验等都可能引起地震。它们为数甚少，但随着人类工程活动日益加剧，人工地震也越来越引起人们关注。

赞比亚首都东南约300千米处的卡利巴大坝高125 m，水库面积6 649 km^2，水库蓄水量达1 750亿立方米。1958年12月水库开始蓄水，这之后发生了多次地震。水库在1963年8月蓄满水，这时水库发生了一系列强烈的地震。最强的一次地震震级为6.1级，另一次地震震级为6.0级。

四、地震分布

在四种类型的地震中，构造地震影响范围最大，破坏性也最大，是地震研究的重点。全世界发生构造地震的地区分布并不均匀，主要受地质构造条件控制，多发生在近代造山运动和地壳的大断裂带上，即形成于地壳板块的边缘地带。

（一）全球地震分布

地震分布并不均匀，主要发生在地震带上，全球地震带主要有环太平洋地震带、欧亚地震带（地中海-印尼带，地中海-喜马拉雅地震带）、大洋中脊地震带（海岭地震带）和大陆裂谷地带，如图 6-11 所示。

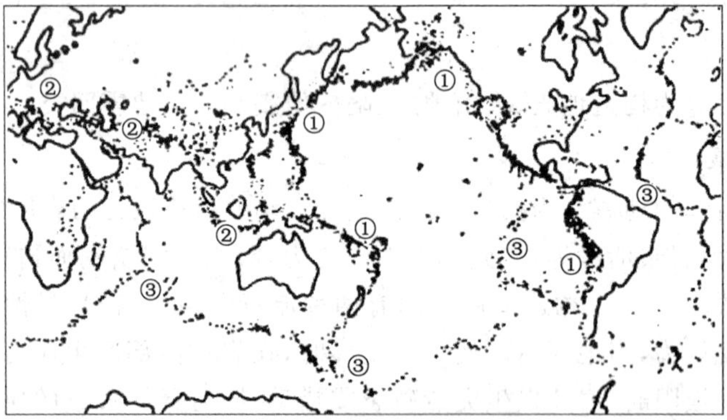

图 6-11　世界地震带分布示意图

①——环太平洋地震带；②——欧亚地震带；③——海岭地震带

构造地震主要分布在环太平洋地震活动带和地中海-中亚地震活动带两个地带。

（1）环太平洋带西部边缘包括日本、马里亚纳群岛、菲律宾、印尼，直至新西兰。它的东部边缘是南、北美洲的西海岸，包括美国、墨西哥、秘鲁、智利等国。该带地震占全世界地震总数的 80%以上。

（2）欧亚地震带大致呈东西走向，与山脉延伸方向一致，从亚速尔群岛经过地中海、喜马拉雅地区，至我国云南、四川西部和缅甸等地，与环太平洋带相接。此带地震占全世界地震总数的 15%左右。

（二）中国地震分布

我国地处世界上两大地震活动带的中间，地震多发，地震活动性比较强烈。我国地震主要集中在以下 5 个地震带：

（1）东南沿海及台湾省地震带。其中台湾省地震最频繁，属环太平洋地震带。

（2）郯城-庐江地震带。自安徽庐江往北至山东郯城一线，并穿过渤海，经营口，与吉林舒兰、黑龙江依兰断裂连接，是我国东部的强地震带。

（3）华北地震带。包括北起燕山，南经山西到渭河平原，构成“S”形地震带。

（4）横贯中国的南北向地震带。北起贺兰山、六盘山，横越秦岭，通过甘肃文县，沿岷江向南经四川盆地西缘，直达滇东地区。

（5）西藏-滇西地震带。属地中海-中亚地震带。

五、震害

（一）震害及分类

震害，也称地震效应，指地震造成的破坏。其主要与震级大小、震中距和场地的工程地质条件等因素有关。震害可分为直接震害和间接震害。

1. 直接震害

直接震害指地震直接引起的人身伤亡与财产损失。财产损失中包括各种人工建筑(如房屋、桥梁、隧道、地下厂房、道路、水利工程等)和自然环境(如农田、河流、湖泊、地下水等)的破坏所造成的损失。

2. 间接震害

间接震害指与地震相关的灾害和损失。如火灾、水灾(海啸、大潮波浪等)、山地灾害(滑坡、崩塌、泥石流、液化、地面塌陷、不均匀沉陷、地表断裂等)、流行疾病,以及由于劳动力丧失、交通中断等引起的一系列经济损失。

(二) 与建筑物有关的地震破坏

与建筑物有关的地震破坏,又可分为震动破坏和地面破坏两个方面。

1. 震动破坏对建筑物的影响

震动破坏指地震力和震动周期的破坏。地震力是指地震波传播时施加于建筑物的惯性力。随着惯性力性质不同,使建筑物出现水平震动破坏、竖直震动破坏、扭转破坏、剪切破坏等。

地震力对地表建筑的作用可分为垂直方向和水平方向两个振动力。竖直力使建筑物上下颠簸;水平力使建筑物受到剪切作用,产生水平扭动或拉、挤。两种力同时存在、共同作用,但水平力危害较大,地震对建筑物的破坏,主要是由地面强烈的水平晃动造成的,垂直力破坏作用居次要地位。因此,在工程设计中,通常主要考虑水平方向地震力的作用。此外,地震对建筑物的破坏还与震动周期有关,如果建筑物的自振周期与地基卓越周期相等或接近时,将发生共振,使建筑物振幅加大而破坏。地震振动时间越长,建筑物破坏也越严重。例如修建在深厚软土层上的高层建筑物易受到强烈的破坏。

2. 地面破坏对建筑物的影响

与建筑物有关的地面破坏主要有地面断裂、斜坡破坏和地基失效。

(1) 地面断裂

地面断裂是指地震造成的地面断开与沿断裂面的错动。常引起断裂附近及跨越断裂的建筑物发生位移、变形、开裂、倒塌等破坏。地裂缝多产生在河、湖、水库的岸边和高陡悬崖上边,多以数条或十数条大致平行岸边或崖边排列。在平原地区松散沉积层中也多见。

(2) 斜坡破坏

斜坡破坏指地震使自然山坡或人工边坡失去稳定而产生的破坏现象,如崩塌、滑坡等。大规模的崩塌、滑坡不仅可以掩埋村镇、中断交通、破坏水利工程,还可以堵河断流,甚至造成新的地震。崩塌、滑坡物质还可以与冰水、库水、暴雨等组成泥石流,对建筑物造成新的破坏。

(3) 地基失效

地基失效是指地基、土体在地震作用下产生的振动压密、震陷、振动液化、喷水冒砂、不均匀沉降、塑性流变、地基承载力下降或丧失等造成的地基破坏和失效,从而导致建筑物破坏。

此外,海震时,海啸对港口、码头等沿海建筑也可造成巨大破坏。

第三节 滑 坡

滑坡是山区铁路、公路中经常遇到的一种地质灾害。由于山坡或路基边坡发生滑坡，常使交通中断，影响公路的正常运输。大规模的滑坡，可以堵塞河道，损毁公路，破坏厂矿，掩埋村庄，对山区建设和交通设施危害很大，对房屋建筑的破坏力也很大。下面列举一些较大的滑坡：

(1) 1972 年 7 月的香港宝城大厦滑坡，数万立方米残积土从山坡上下滑，巨大的冲击力使得宝城大厦倒塌，当场死亡 120 人。

(2) 2009 年 6 月 5 日的重庆武隆鸡尾山的滑坡，26 人遇难，63 人失踪。

(3) 2014 年 8 月 27 日晚上 8 时 30 分左右，贵州省黔南州福泉市发生了一起山体滑坡事件，导致两个村民小组房屋被掩埋，造成 23 人遇难、22 人受伤。

(4) 2015 年 12 月 20 日 11 时 40 分，广东省深圳市光明新区恒泰裕工业园发生山体滑坡，滑坡覆盖面积约 38 万平方米，造成 33 栋建筑物被掩埋或不同程度受损，73 人遇难，4 人失踪。

(5) 2016 年 5 月 8 日凌晨 5 时，福建省三明市泰宁县开善乡发生山体滑坡，导致池潭水电厂 1 座办公楼被冲垮、1 座项目工地住宿工棚被埋压，造成 35 人遇难，1 人失踪。

(6) 2016 年 9 月 28 日 17 时 35 分，浙江省丽水市遂昌县苏村发生一起山体滑坡灾害，约 20 幢居民楼被泥石流冲毁，截至 10 月 9 日，已确认死亡 19 人，8 人仍失联。

(7) 2017 年 6 月 24 日 6 时许，四川省阿坝州茂县叠溪镇新磨村突发山体高位垮塌，造成河道堵塞 2 km，100 余人被掩埋。

可见，加强对滑坡的了解，研究滑坡的发生机理，控制滑坡的发生，关系到人民生命和财产安全。

一、滑坡的基本概念

(一) 滑坡的概念

人工边坡或天然斜坡上的岩土体在重力作用下，沿一定的滑动面(或滑动带)整体向下滑动的现象，称为滑坡(图 6-12)。

图 6-12 某滑坡图片

滑坡是边坡变形破坏的一种主要类型。边坡包括自然边坡和人工边坡。自然边坡是指在自然地质作用下形成的山体斜坡、河谷岸坡等；人工边坡是指人类工程活动形成的斜坡，例如房屋、桥梁工程的基坑边坡，道路工程中的路堑、路堤边坡等。按边坡组成物质可分为土质边坡和岩质边坡。

（二）滑坡的基本构成

一个发育完全的滑坡，其形态特征和结构比较完备，是识别和判断滑坡的重要标志，如图 6-13 所示。

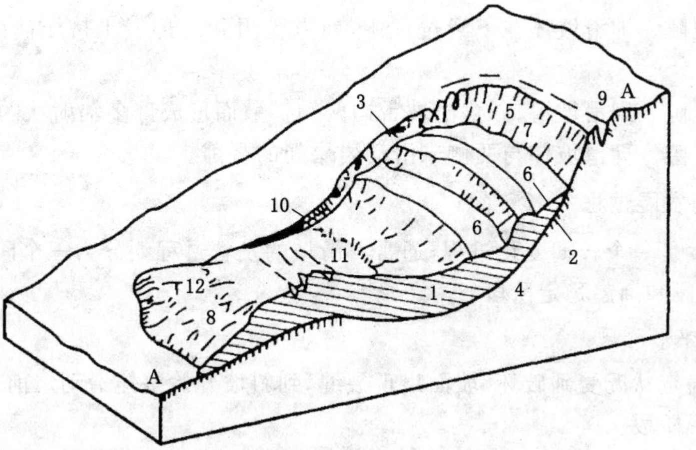

图 6-13　滑坡构成示意图

1——滑坡体；2——滑动面；3——滑坡周界；4——滑坡床；5——滑坡壁；6——滑坡台阶；7——滑坡封闭洼地；8——滑坡舌；9——拉张裂隙；10——剪切裂隙；11——鼓张裂隙；12——扇形裂隙

1. 滑坡体

沿滑动面向下滑动的那部分岩体或土体被称为滑坡体，简称滑体。滑坡体经滑动变形，相互挤压，整体性相对完整，仍保持有原层位和结构构造体系，只是裂隙松动。

2. 滑坡床

滑坡床是指滑坡体的下面没有滑动的基岩，也称滑坡基盘。

3. 滑动面（滑动带）

滑坡体与滑坡床之间的分界面称为滑动面。一个滑坡体内有时不止一个滑动面，勘察时应注意找出最下面的滑动面。滑动面常里不规则状，亦可为直线、折线或圆弧状等。

4. 滑坡周界

平面上滑坡体与周围稳定不动的岩体或土体的分界线称滑坡周界。

5. 滑坡壁

滑坡体后缘与不滑动岩体断开处形成高数十厘米至数十米的陡壁称滑坡壁，平面上呈弧形，是滑动面的上部在地表露出的部分。

6. 滑坡台阶

滑坡体各部分下滑速度差异或滑体沿不同滑面多次滑动，在滑坡上部形成阶梯状台面称滑坡台阶。

7. 滑坡舌

滑坡体前线伸出部分如舌状称滑坡舌。由于受到了滑床的摩擦阻滞，舌部往往隆起形成滑坡鼓丘。

8. 滑坡裂隙

在滑坡体及其周界附近有各种裂隙，包括：

(1) 拉张裂隙。即滑坡体与后缘岩层拉开时，在后壁上部坡面上留下的一些弧形裂隙，若斜坡面出现拉张裂隙，往往是滑坡将要发生的先兆。沿滑坡壁向下的张裂隙最深、最长、最宽，称主裂隙。

(2) 鼓张裂隙。即滑坡体在下滑过程中，前方受阻和后部岩土挤压而向上鼓起所形成的裂隙。

(3) 扇形裂隙。即滑坡滑动时，滑坡舌向两侧扩散而形成许多辐射状的裂隙。

(4) 剪切裂隙。即滑坡体与两侧未滑动岩层间的裂隙。

二、滑坡的发展过程

滑坡的发生是一个长期变化过程，通常将滑坡的发育过程划分为三个阶段：蠕动变形阶段、滑动破坏阶段和渐趋稳定阶段。

(一) 蠕动变形阶段

从斜坡的稳定状况受到破坏，坡面出现裂缝，到斜坡开始整体滑动之前的这段时间称为滑坡的蠕动变形阶段。

在斜坡内部产生微小变形或移动，进一步发展，直至坡面出现断续的拉张裂缝；渗水作用加强，变形进一步发展，开始出现不大的错距，两侧剪切裂缝也相继出现。坡脚附近的岩土被挤压、滑坡出口附近潮湿渗水，滑动面大部分形成，但未全部贯通。进一步发展，错距不断增大，出现膨胀裂缝，滑动面形成，开始向下滑动。

(二) 滑动破坏阶段

滑坡体下滑，滑坡后缘迅速下陷，滑坡壁越露越高，滑坡体分裂成数块，并在地面上形成阶梯状地形，滑坡体上的树木东倒西歪地倾斜，滑坡体上的建筑物严重变形以至倒塌毁坏。

随着滑坡体向前滑动，滑坡体向前伸出，形成滑坡舌。滑动的速度大小取决于滑动过程中岩土抗剪强度降低的绝对数值，并和滑动面的形状、滑坡体厚度和长度以及滑坡在斜坡上的位置有关。

(三) 渐趋稳定阶段

滑动停止后，形成特殊的滑坡地形外，在岩性、构造和水文地质等方面都相继发生了一些变化，如地层整体性被破坏，透水性增强，岩石倾角变化，断层、节理方位发生变化等。

滑动带附近岩土的强度由于压密固结又重新增加，滑坡体上的东倒西歪的"醉林"又重新垂直向上生长，滑坡前缘无水渗出或流出清凉的泉水时，表示滑坡已基本趋于稳定。

三、滑坡的分类

对滑坡进行分类，有助于反映各种滑坡的特征和认识其发生发展的规律，更好地研究和治理滑坡，从而便于提出合理有效的防治措施。根据滑坡的不同特征和不同工程的要求，可以有多种滑坡分类方法。

(一) 按滑坡力学特征分类

1. 推移式滑坡

滑体上部局部破坏,上部滑动面局部贯通,向下挤压下部滑体,最后整个滑体滑动。它是滑体上部增加荷载或地表水沿拉张裂隙渗入滑体等原因所引起的。如图 6-14(a)所示。

2. 平移式滑坡

始滑部位分布在滑动面的许多点,同时局部滑动,然后逐步发展成整体滑动。如图 6-14(b)所示。

3. 牵引式滑坡

滑体的下部首先失去平衡发生滑动,逐渐向上发展,使上部滑体受到牵引而跟随滑动,大多是因坡脚遭受冲刷和开挖而引起的。如图 6-14(c)所示。

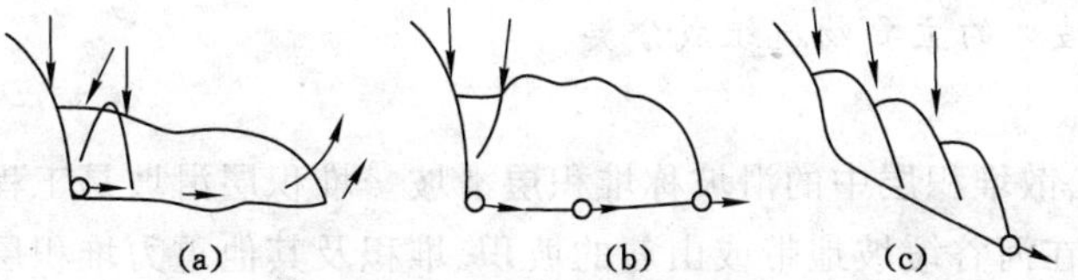

图 6-14　滑坡构成示意图

(a) 推移式滑坡;(b) 平移式滑坡;(c) 牵引式滑坡

(二) 按滑坡体规模的大小分类

(1) 小型滑坡:滑坡体小于 3×10^4 m^3。

(2) 中型滑坡:滑坡体介于 $3\times10^4\sim5\times10^5$ m^3。

(3) 大型滑坡:滑坡体介于 $5\times10^5\sim3\times10^6$ m^3。

(4) 巨型滑坡:滑坡体大于 3×10^6 m^3。

(三) 按滑坡体厚度的大小分类

(1) 浅层滑坡:滑坡体厚度小于 6 m。

(2) 中层滑坡:滑坡体厚度为 6～20 m。

(3) 深层滑坡:滑坡体厚度大于 20 m。

(四) 按滑动面与地质构造特征分类

1. 均质滑坡

均质滑坡指多发生在均质土体或极破碎的、强烈风化的岩体中的滑坡。滑动面不受岩体中结构面控制,多为近圆弧形滑面。如图 6-15(a)所示。

2. 顺层滑坡

顺层滑坡指沿岩层面或软弱结构面形成滑面的滑坡。多发生在岩层面与边坡面倾向接近,而岩层面倾角小于边坡坡度的情况下。如图 6-15(b)所示。

3. 切层滑坡

切层滑坡指滑动面切过岩层面的滑坡。多发生在沿倾向坡外的一组或两组节理面形成贯通滑动面的滑坡。如图 6-15(c)所示。

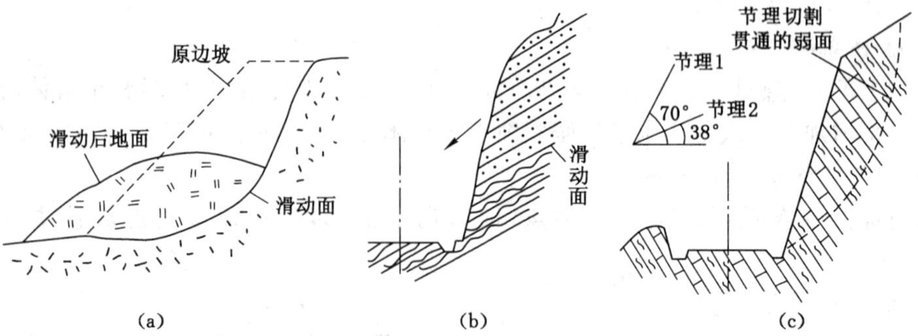

图 6-15　滑坡构成示意图

(a) 均质滑坡;(b) 顺层滑坡;(c) 切层滑坡

（五）根据滑坡体的主要物质组成分类

1. 堆积层滑坡

发生在各种松散堆积层中的滑坡称堆积层滑坡。堆积层滑坡是工程中经常碰到的一种滑坡类型,多出现在河谷缓坡地带或山麓的坡积、堆积及其他重力堆积层中。它的产生往往与地表水和地下水直接参与有关。滑坡体一般多沿下伏的基岩顶面,不同地质年代或不同成因的堆积物的接触面,以及堆积层本身的松散层面滑动。滑坡体厚度一般从几米到几十米。

2. 黄土滑坡

发生在不同时期的黄土层中的滑坡称黄土滑坡。它的产生常与裂隙及黄土对水的不稳定性有关,多见于河谷两岸高阶地的前缘斜坡上。常成群出现,且大多为中、深层滑坡。其中有些滑坡的滑动速度很快,变形急剧,破坏力强,属于崩塌性的滑坡。

3. 黏土滑坡

发生在均质或非均质黏土层中的滑坡称黏土滑坡。黏土滑坡的滑动面呈圆弧形,滑动带呈软塑状。黏土的干湿效应明显,干缩时多张裂,遇水作用后呈软塑或流动状态,抗剪强度急剧降低,所以黏土滑坡多发生在久雨或受水作用后,多属中、浅层滑坡。

4. 岩层滑坡

发生在各种基岩岩层中的滑坡属岩层滑坡,它多沿岩层层面或其他构造软弱面滑动。岩层滑坡多发生在由砂岩、页岩、泥岩、泥灰岩以及片理化岩层(片岩、千枚岩等)组成的斜坡上。

四、影响滑坡形成和发展的因素

（一）斜坡外形

斜坡的存在,使滑动面能在斜坡前缘临空出露,这是滑坡产生的先决条件。斜坡不同高度、坡度、形状等要素可使斜坡内力状态变化,内应力的变化可导致斜坡稳定或失稳。当斜坡愈陡、高度愈大以及当斜坡中上部突起而下部凹进,且坡脚无抗滑地形时,滑坡容易发生。

（二）岩性

斜坡岩土体的性质及结构是形成滑坡的物质基础。一般易形成滑坡的岩石,大都是碎屑岩、软弱的片状变质岩。岩性多为泥岩、页岩、板岩、泥化层、构造破碎岩层。这些软弱岩经水的软化作用后,抗剪强度降低,容易出现软弱滑动面,形成崩滑体。

黏性土滑坡在四川成都平原密集,在闽、浙、晋西等地亦较密集;半成岩类黏土岩滑坡在青、川、滇等地分布密集;黄土滑坡在黄河中游、甘等地较密集。

(三)构造

构造是形成滑坡的基本条件之一。斜坡内的一些层面、节理、断层等软弱面若与斜坡倾向近于一致,则易失稳成为滑坡。一般,软弱面组合成为滑动面。断裂带岩体破碎,并为地下水渗流创造了条件。因此,断裂带控制着滑坡发育地带的延伸方向、发育规模及分布密度。滑坡体成群、成带、成线状分布的特点几乎都与断裂构造分布有关。

(四)水

水的作用可使岩土软化、强度降低。在土质边坡或岩质边坡受地下水作用时,泥质岩层往往会泥化、软化;另外,地下水使孔隙水压增高,产生浮托力、动水压力,这些都会使岩石抗剪强度降低,容易形成软弱面。

降雨下渗引起地下水活动状态的变化,它可成为滑坡的直接诱发因素。因此,雨季滑坡频频发生。如长江三峡库区,1982 年 7 月中下旬,万县地区降雨 600～700 mm,结果在云阳县和忠县发生滑坡 2 万多处。

(五)地震

地震可诱发滑坡发生。地震首先将斜坡岩土体结构破坏,使粉砂层液化,从而降低岩土体抗剪强度;同时地震波在岩土体内传递,使岩土体承受地震惯性力,增加滑坡体的下滑力,促进滑坡发生。

(六)人为因素

人工切坡使边坡过陡、大爆破方法施工、斜坡上工程建筑的荷载作用、人工集水建筑物的漏水及护坡设计不当等都可能诱发滑坡。

五、滑坡的野外识别与稳定程度野外判别

(一)滑坡的野外识别

在地质测绘中,识别滑坡的存在,是工程地质工作的基本任务。

斜坡在滑动之前,常有一些先兆现象。如地下水位发生显著变化,干涸的泉水重新出水并且混浊,坡脚附近湿地增多,范围扩大;斜坡上部不断下陷,外围出现弧形裂缝;坡面树木逐渐倾斜,建筑物开裂变形;斜坡前缘土石零星掉落,坡脚附近的土石被挤紧,并出现大量鼓张裂缝等。

如经调查证实,山坡农田变形,水田漏水,水田改为旱田,大块田改为小块田;或者斜坡上某段灌溉渠道不断破坏或逐年下移,则说明斜坡已在缓慢滑动过程中。

斜坡滑动之后,会出现一系列的变异现象。这些变异现象,为我们提供了在野外识别滑坡的标志。

1. 地形地物标志

滑坡的存在,常使斜坡不顺直、不圆滑而造成圈椅状地形和槽谷地形,其上部有陡壁及弧形拉张裂缝;中部坑洼起伏,有一级或多级台阶,其高程和特征与外围河流阶地不同,两侧可见羽毛状剪切裂缝;下部有鼓丘,呈舌状向外突出,有时甚至侵占部分河床,表面有鼓张或扇形裂缝;两侧常形成沟谷,出现双沟同源现象[图 6-16(a)];有时内部多积水洼地,喜水植

物茂盛,有“醉汉林”[图6-16(b)]及“马刀树”[图6-16(c)]和建筑物开裂、倾斜等现象。

图6-16　滑坡标志

(a) 双沟同源现象;(b) 醉汉林;(c) 马刀树

2. 地层构造标志

滑坡范围内的地层整体性常因滑动而破坏,有扰乱松动现象;层位不连续,出现缺失某一地层、岩层层序重复或层位标高有升降等特殊变化;岩层产状发生明显的变化;构造不连续(如裂隙不连贯、发生错动)等,都是滑坡存在的标志。

3. 水文地质标志

沟谷交汇的陡坡下部或地下水露头多的斜坡地带,常发育着滑坡群。在地下水露头较多的斜坡地带,多产生浅层小滑坡,这种小滑坡因含水层与周界外的联系错断,形成单独的含水体系,有时发生潜水位不规则和流向紊乱的现象,斜坡下部常有成排的泉水溢出。同时在滑坡周界裂缝的两侧,坡面洼地和舌部常有喜水植物茂盛生长。

上述各种变异现象,是滑坡运动的统一产物,它们之间有不可分割的内在联系。因此,在实践中必须综合考虑几个方面的标志,互相验证,才能准确无误,绝不能根据某一标志,就轻率地作出结论。例如,某线快活岭地段,从地貌宏观上看,有圈椅状地形存在,并且其内有几个台阶,曾被误认为是一个大型古滑坡,后经详细调查,发现圈椅范围内几个台阶的高程与附近阶地高程基本一致,应属同一期的侵蚀堆积面;圈椅范围内的松散堆积物下部并无扰动变形,基岩产状也与外围一致;而且外围的断裂构造均延伸至其中,未见有错断现象;圈椅状范围内,仅见一处流量微小的裂隙泉水,未见有其他地下水露头。综合分析,判定圈椅状地形应为早期溪流流经的古河弯地段,而并非滑坡。

(二) 滑坡的稳定程度野外判别

滑坡稳定程度的判别对于工程地质非常重要,关系到设计和施工等很多方面。滑坡稳定程度在野外可从地貌形态比较、地质条件对比和影响因素变化分析等方面来判断。

1. 地貌形态比较

滑坡是斜坡地貌演变的一种形式,它具有独特的地貌特征和发育过程,在不同的发育阶段有不同的外貌形态。因此可以总结出相对稳定和不稳定滑坡的地貌特征,作为判断滑坡稳定性的参考。在实践中,一般参照表6-3进行比较。

表6-3　稳定滑坡与不稳定滑坡的形态特征

不稳定的滑坡地貌特征	相对稳定的滑坡地貌特征
1. 滑坡后壁高、陡,未长草木,常能找到擦痕和裂缝	1. 滑坡后壁较高,长满了树木,找不到擦痕和裂缝

续表 6-3

不稳定的滑坡地貌特征	相对稳定的滑坡地貌特征
2. 滑坡台阶尚保存台坎，土体松散，地表有裂缝，且沉陷不均	2. 滑坡台阶宽大且已夷平，土体密实，无陷落不均现象
3. 滑坡前缘的斜度较陡，土体松散，未生草木，并不断产生少量的坍塌	3. 滑坡前缘的斜坡较缓，土体密实，长满草木，无松散坍塌现象
4. 滑坡的两侧多是新生的沟谷，切割较浅，沟底多为松散堆积物	4. 滑坡两侧的自然沟谷切割很深，谷底基岩出露
5. 滑坡体湿度很大，地面泉水和湿地较多，舌部泉水流量不稳定	5. 滑坡体较干燥，地表一般没有泉水或湿地，滑坡舌泉水清澈
6. 滑坡前缘正处在河水冲刷的条件下	6. 滑坡前缘舌部有河水冲刷的痕迹，舌部的细碎土石已被河水冲走，残留有一些较大的孤石

2. 地质条件对比

在已发现的滑坡体上，仔细考察地层岩性、岩层产状、岩层成层情况及其完整性。如地质构造有无断层和不整合面，有无软弱夹层及片理或节理面。同时注意位于斜坡上的台阶、裂缝、泉水和湿地分布及含水层变化的情况，并将这些情况综合起来，与其他稳定的和不稳定的滑坡进行分析比较，从中得出结论。

3. 影响因素变化的分析

斜坡发生滑动后，如果形成滑坡的不稳定因素并未消除，则在转入相对稳定的同时，又会开始不稳定因素的积累，并导致发生新的滑动。只有当不稳定因素消除，滑坡才能由于稳定因素的逐渐积累而趋于长期稳定。

通过调查，找出对滑坡起主要作用的因素及其变化规律，根据这些因素在建筑物使用年限内的最大不利组合及其发展趋势，可粗略地判断滑坡的稳定性。如四川某桥位北岸，地层为砂页岩互层，岩层倾向南西，倾角 7°左右，在一组张性裂隙和一对扭性裂隙的不利组合下，大量地表水（城市工业、生活污水和雨水）沿裂隙下渗，使深部页岩泥化，大大降低其强度，形成滑动面，曾引起较大规模的深层岩体滑坡，在采取排水等措施后，已基本趋于稳定。但考虑建桥施工中，将进一步切割坡脚，同时，在桥梁设计使用年限内，下游规划筑一高坝，蓄水后，大部分滑动面将被回水浸泡而引起其抗剪强度再度削弱，可能促使滑坡复活。因此，最终否定了该桥位。

六、滑坡防治

（一）滑坡的防治原则

滑坡的防治原则应当是以防为主、整治为辅；查明影响因素，采取综合整治；一次彻底，不留后患。在工程位置选择阶段，尽量避开可能发生滑坡的区域，特别是大型、巨型滑坡区域；在工程场地勘测设计阶段，必须进行详细的工程地质勘测，对可能产生的新滑坡，采取正确治理的工程设计，避免新滑坡的产生；对已有的老滑坡要防止其复活；对正在发展的滑坡进行综合整治。

1. 大型滑坡

整治大型滑坡，技术复杂、工程量大，时间较长。因此，在勘测阶段对于可以绕避且经济合理的，首先应考虑路线绕避的方案。必须于滑坡附近通过时，应按先后缘、前缘，后中间的顺序进行。因为，后缘安全性大、整治工程小，前缘则应选在缓坡滑面段上通过，不得已再从中部通过。在已建成的路线上发生的大型滑坡，如改线绕避将会废弃很多工程，应综合各方面的情况，作出绕避、整治两个方案比较。对大型复杂的滑坡，常采用多项工程综合治理，应作整治规划，工程安排要有主次缓急，并观察效果和变化，随时修正相应整治措施。

2. 中型或小型滑坡

对于中型或小型滑坡连续地段，一般情况下路线可不绕避，但应注意调整路线平面位置，以求得工程量小、施工方便和经济合理的路线方案。

3. 路线通过滑坡地区

路线通过滑坡地区，要慎重对待，对发展中的滑坡要进行整治，对古滑坡要防止复活，对可能发生滑坡的地段要防止其发生和发展。对变形严重、移动速度快、危害性大的滑坡或崩塌性滑坡，宜采取立竿见影的措施，以防止其进一步恶化。

4. 先做好临时排水工程

整治滑坡一般应先做好临时排水工程，然后再针对滑坡形成的主要因素，采取相应措施。

（二）滑坡的防治措施

1. 排水

滑坡的滑动多与地表水或地下水有关。因此在滑坡的防治中往往要排除地表水或地下水，以减少水对滑坡岩土体的冲蚀、减少水的浮托力和增大滑带土的抗剪强度等，从而增加滑坡的稳定性。有的滑坡在疏干滑带中的地下水后就稳定了。在整治初期，由于采取一些排除水的措施，往往收到了防止或减缓滑坡发展的效果。

（1）排除地表水

对滑坡体外地表水要截流旁引，不使它流入滑坡内。最常用的措施是在滑坡体外部斜坡上修筑截流排水沟（图 6-17）。当滑体上方斜坡较高且汇水面积较大时，这种截水沟可能需要平行设置两条或三条。对滑坡体内的地表水，要防止它渗入滑坡体内，尽快把地表水用排水明沟汇集起来引出滑坡体外。应尽量利用滑体地表自然沟谷修筑树枝状排水明沟，或与截水沟相连形成地表排水系统。

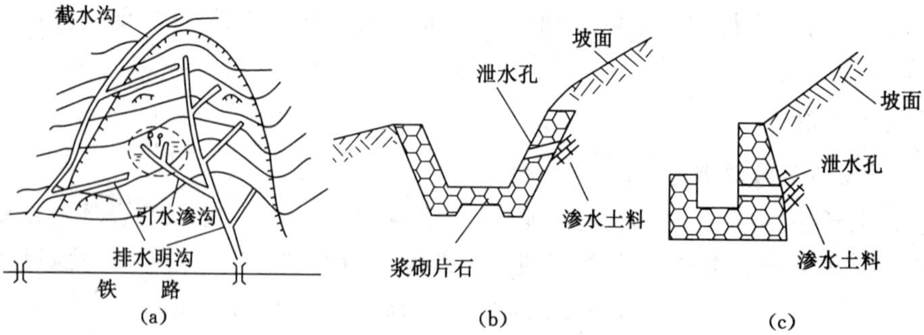

图 6-17　滑坡地表排水系统及截水沟断面图

(a) 滑坡地表排水系统；(b)、(c) 截水沟断面图

（2）排除地下水

排除地下水是用地下建筑物拦截、疏干地下水以及降低地下水位等，来防止或减小地下

水对滑坡的影响。根据地下水的类型、埋藏条件和工程的施工条件，可采用的地下排水工程有截水盲沟（图 6-18）、支撑盲沟（图 6-19）、边坡渗沟、排水隧洞以及设有水平管道的垂直渗井、水平钻孔群（图 6-20）和渗管疏干等。

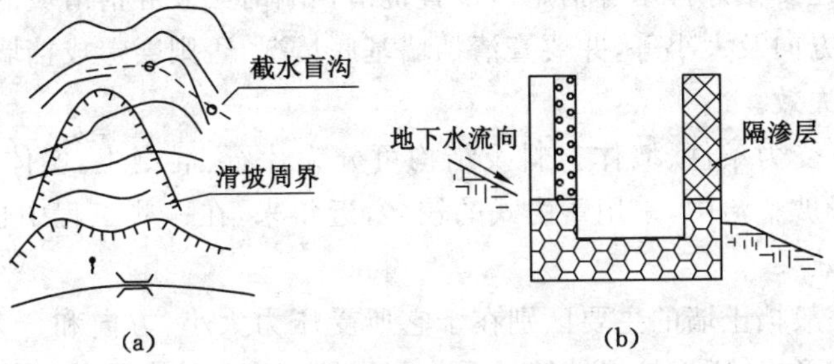

图 6-18　滑坡截水盲沟

（a）截水盲沟平面布置图；（b）截水盲沟断面图

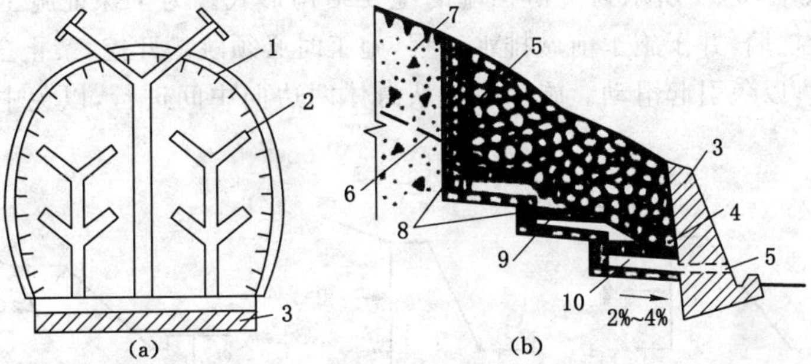

图 6-19　支撑盲沟与挡土墙联合结构

（a）支撑盲沟平面布置图；（b）剖面图

1——截水天沟；2——支撑盲沟；3——挡土墙；4——干砌块石、片石；

5——泄水孔；6——滑动面位置；7——粗砂、砾石反滤层；

8——有孔混凝土盖板；9——浆砌片石；10——纵向盲沟

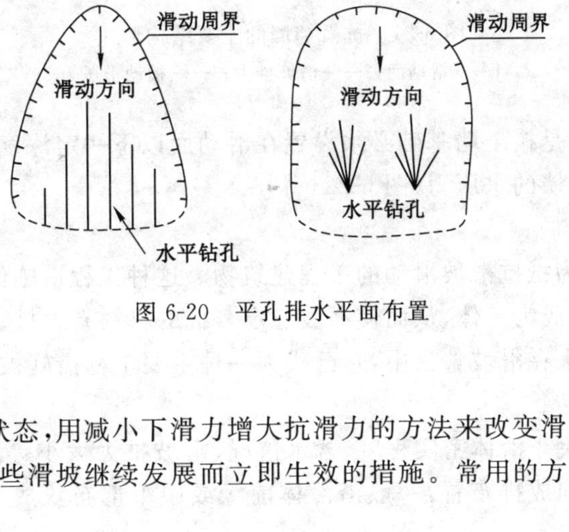

图 6-20　平孔排水平面布置

2. 抗滑支挡

根据滑坡的稳定状态，用减小下滑力增大抗滑力的方法来改变滑体的力学平衡条件，使滑坡稳定，这是防止某些滑坡继续发展而立即生效的措施。常用的方法有挡土墙、抗滑桩和锚固工程。

（1）抗滑挡土墙

抗滑挡墙在施工时破坏山体平衡小，稳定滑坡收效较快，故在整治滑坡中是经常采用的一种有效措施。对于中小型滑坡可以单独采用，对于大型复杂滑坡，抗滑挡墙可作为综合措施的一部分，同时还要做好排水等措施。设置抗滑挡墙时必须弄清滑坡的滑动范围、滑动面层数及位置、推力方向及大小等，并要查清挡墙基底情况，否则会造成挡墙变形，甚至挡墙随滑体滑动，使工程失效。

抗滑挡墙按其受力条件、墙体材料及结构可分为片石、混凝土、实体、装配式和桩板式等。在以往山区滑坡整治中，采用重力式的较多，近年来，在一些工程中也采用了桩板式挡墙，取得了较好的效果。

抗滑挡墙与一般挡土墙的主要区别在于它所受压力大小、方向和合力作用点不同。由于滑坡的滑动面已形成，所以抗滑挡墙的受力与挡墙高度和墙背形状无关，主要由滑坡推力所决定。其受力方向与墙背后较长一段滑动面方向有关，即平行墙后的一段滑动面的倾斜方向。推力的分布为矩形，合力作用点为矩形的中点。因此，重力式抗滑挡墙有墙坡缓、外形矮胖的特点，如图 6-21 所示为抗滑挡墙的主要结构形式。为了保证施工安全，最好在旱季施工修筑抗滑挡墙，并于施工前做排水工程，施工时必须跳槽开挖，禁止全拉槽，开挖一段应立即砌筑回填，以免引起滑动。施工时应从滑体两边向中间进行，以免中部推力集中，推毁已成挡墙。

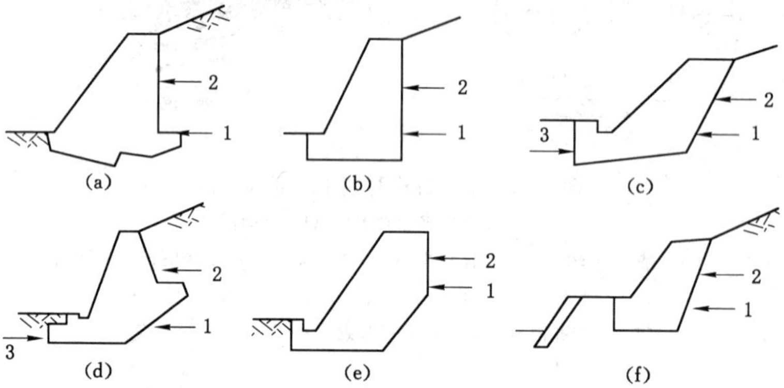

图 6-21　抗滑挡墙的主要结构形式

1——滑动面；2——滑坡推力；3——被动土压力

另外，重要的一点是挡土墙基础必须设置在滑动面以下一定深度的稳定岩层上，墙后设排水沟，以消除对挡土墙的水压力（图 6-22）。

（2）抗滑桩

抗滑桩是以桩作为抵抗滑坡滑动的工程建筑物。这种工程措施像是在滑体和滑床间打入一系列铆钉，使两者成为一体，从而使滑坡稳定。桩的材料有木桩、钢管桩、混凝土桩和钢筋混凝土桩等。近些来在滑坡整治中，它已成为一种主要工程措施被广泛应用，取得了良好的效果。

抗滑桩的布置取决于滑体密实程度、含水情况、滑坡推力大小等因素，通常按需要在平面上多沿垂直滑动方向成排布置，一般沿滑体前缘或中下部布置成一排和数排（图 6-23）。

桩横断面可为方形、矩形或圆形，桩下部深入滑面以下的长度应不小于全桩长的1/4～1/3。桩的排数、每排根数、每根长度、断面尺寸等均应视具体滑坡情况而定。已修成的较大滑坡抗滑桩实例为3排50多根桩，最长的单根桩长约50 m，断面4 m×6 m。

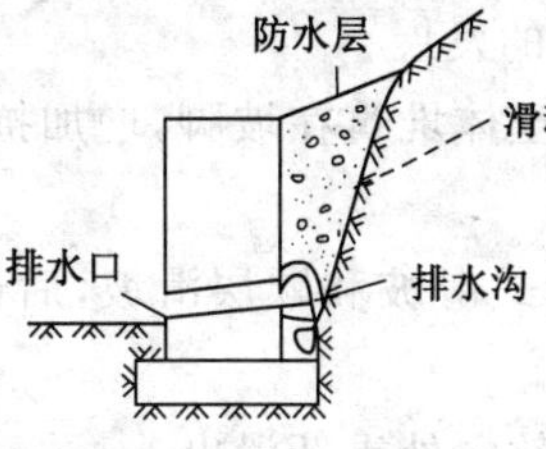

图6-22　带排水功能的抗滑挡墙

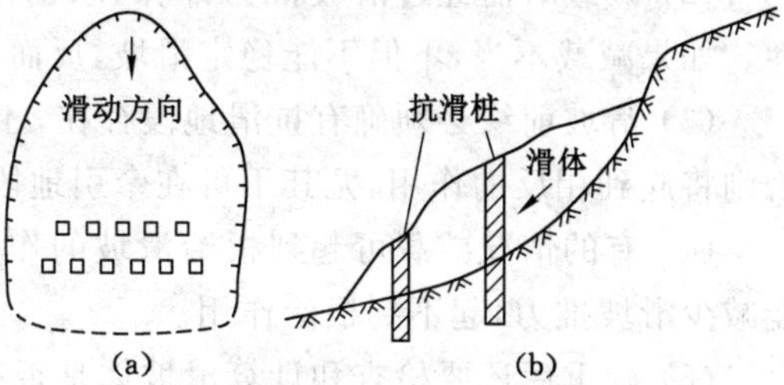

图6-23　抗滑桩平面和断面图

(a) 平面图；(b) 断面图

(3) 锚固工程

锚固工程也是近些年发展起来的新型抗滑加固工程，包括锚杆加固和锚索加固。通过对锚杆或锚索预加应力，增大了垂直滑动面的法向压应力，从而增加滑动面抗剪强度，阻止滑坡发生(图6-24)。

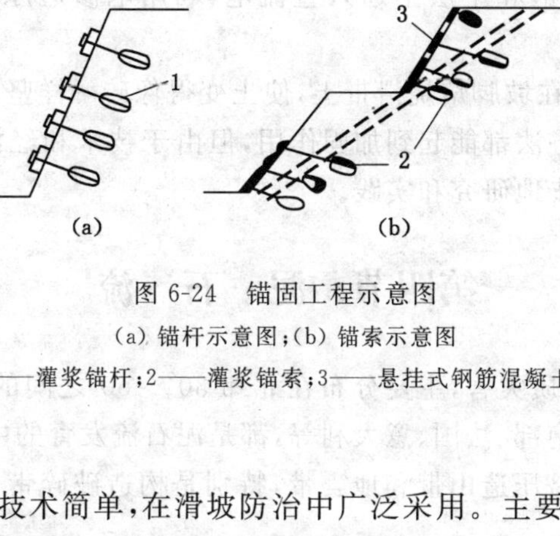

图6-24　锚固工程示意图

(a) 锚杆示意图；(b) 锚索示意图

1——灌浆锚杆；2——灌浆锚索；3——悬挂式钢筋混凝土墙

3. 刷方减载

这种措施施工方便、技术简单，在滑坡防治中广泛采用。主要做法是将滑体上部岩、土体消除，降低下滑力；消除的岩、土体可堆筑在坡脚，起反压抗滑作用(图6-25)。

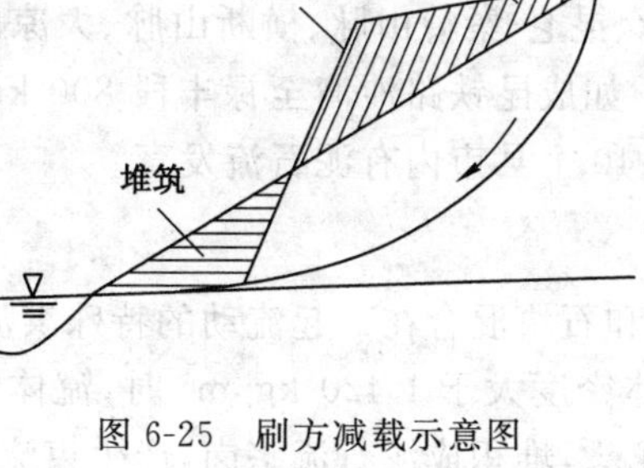

图6-25　刷方减载示意图

但要强调的几点是：

(1) 经过地质调查、勘探和综合分析之后，确认滑坡性质为推动式或是错落转化而成的滑坡，具有上陡下缓的滑动面，并经过技术经济比较之后，认为减载方法确属有效并无后患时才可采用。

(2) 减载时需经过滑坡推力计算，求出沿各滑动面的推力，才能判断各段滑体的稳定性。如果减载不当，不但不能稳定滑坡，反而可能加剧滑坡的发展。

(3) 滑坡前缘必须确有抗滑地段存在，才能在此将岩、土体堆筑在坡脚，增加抗滑能力，否则将起到相反的作用，尤其不可在牵引地段堆筑。

(4) 有的情况减载可起到根治滑坡的作用。但对牵引式滑坡和顺层滑坡，后部减载只能减少滑坡推力，起不到根治作用。

(5) 减重后还要检查和计算滑坡体是否有可能沿某些软弱处重新滑出。

(6) 采用减重时也要做好排水和地表的防渗工作。

4. 改善滑动面或滑动带的岩土性质

改善滑动带岩土性质的目的是增加滑动带的抗剪强度，提高滑带土强度，达到整治要求。这些方法包括化学加固法、电渗排水法、焙烧法、钻孔爆破法等。

(1) 化学加固是把水泥砂浆或化学浆液注入滑动带附近的岩土中，凝固、胶结作用使岩土体抗剪强度提高。

(2) 电渗排水法是在饱和土层中通入直流电，利用电渗透原理，疏干土体，提高土体强度。

(3) 焙烧法是用导洞在坡脚焙烧滑带土，使土变得像砖一样坚硬。

从理论上来说，这些方法都能起到加固作用，但由于技术和经济的原因，实践中在我国应用尚不广泛，有待进一步地研究和实践。

第四节 泥 石 流

泥石流是一种山区地质灾害，主要分布在北纬 30°～50°之间的山地。这一纬度带中的中国、日本、美国、俄罗斯南部、法国、意大利等，都是泥石流发育的主要国家。在这一纬度带中，泥石流又主要发育在挤压造山带和地震带，特别是构造破碎带。如太平洋山系、喜马拉雅山脉、阿尔卑斯山脉等。

我国是一个多山国家，山区面积达 70%左右，是世界上泥石流最发育的国家之一。我国西南、西北、华北、华东、中南、东北等山区均有泥石流发育，遍及 23 个省区，尤以西南、西北山区最多。天山-阴山山脉、昆仑-秦岭山脉、横断山脉、大凉山、雪峰山、大别山、长白山等山脉，都是泥石流发育地带。如成昆铁路沙湾至禄丰段 800 km 线路内，就有 249 条泥石流沟；甘肃全省 82 个县市就有 40 个县市内有泥石流发育。

一、泥石流的概念

泥石流是一种水与泥沙和石块混合在一起流动的特殊洪流。

实验表明，当泥石流流体密度大于 1 420 kg/m^3 时，流体性质将发生质的改变，表露出某些泥石流的特征，如形成龙头，堆积成泥石流垄岗，产生束流现象，直进性爬高，弯道超高，具有较大撞击能力和对沟槽有较大侵蚀能力等。通常泥石流密度在 1 420～2 440 kg/m^3 之间。

另外,不少学者将密度 1 420 kg/m³ 作为划分泥石流与挟砂洪流的界线,这表明流体中固体物质的含量是它们之间的本质区别。

二、泥石流的特点

通常,泥石流具有突然爆发与流速快、流量大、物质容量大和破坏力强的特点,发育具有时间性和周期性的特点。

(一)泥石流的致灾特点

1. 突发性

泥石流爆发具有突发性,常在集中暴雨或积雪大量融化时突然爆发。一旦泥石流爆发,顷刻间大量泥砂、石块形成的“洪流”像一条“巨龙”一样,沿沟谷迅速奔泻而出,有时尘烟腾空、巨石翻滚、泥浆飞溅、山谷雷鸣、地面震动,直到沟口平缓处堆积下来。

2. 强大的破坏性

泥石流具有强大的破坏性,将沿途遇到的村镇房屋、道路、桥梁瞬间摧毁、掩埋,甚至堵河断流,造成严重的自然灾害,给人民生命财产带来巨大损失。

1981 年 7 月 9 日凌晨 1 时,四川省甘洛县利子依达沟爆发泥石流,泥石流密度达 2 340 kg/m³,流速达 13.4 m/s,最大泥深 10.6 m,84 万立方米固体物质冲入大渡河,将宽 120 m、水大浪急的大渡河拦路截断 4 h,冲毁成都端桥台,剪断 2 号桥墩,冲毁桥梁 2 孔,将行驶至此的 442 次列车的机车及两节客车车厢冲入大渡河,240 人死亡或失踪,直接经济损失2 000 多万元。

2010 年 8 月 7 日 22 时左右,甘肃省甘南藏族自治州舟曲县城东北部山区突降特大暴雨,降雨量达 97 mm,持续 40 多分钟,引发三眼峪、罗家峪等四条沟系发生泥石流,长约 5 km,平均宽度 300 m,平均厚度 5 m,总体积 750 万立方米,流经区域被夷为平地,截至 2010 年 9 月 7 日舟曲特大山洪泥石流已造成 1 481 人死亡,284 人失踪,1 824 人受伤。如图 6-26 所示。

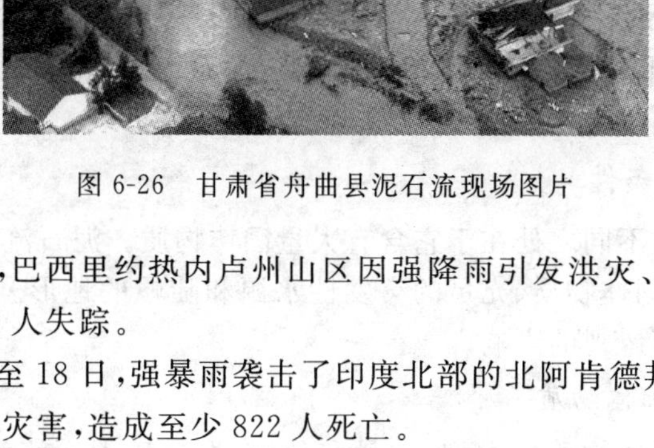

图 6-26 甘肃省舟曲县泥石流现场图片

2011 年 1 月 11 日,巴西里约热内卢州山区因强降雨引发洪灾、山体滑坡和泥石流,造成至少 806 人死亡、300 人失踪。

2013 年 6 月 16 日至 18 日,强暴雨袭击了印度北部的北阿肯德邦、北方邦等地区,并引发洪水和泥石流等次生灾害,造成至少 822 人死亡。

2016年7月25日晚，四川九寨沟县普降暴雨，其中双河乡甘沟村发生特大泥石流，造成8户农房被毁，双河乡190余人紧急疏散，省道205线被泥石流掩埋1 km多后中断。

2017年6月18日下午，北京市陆续开始降雨，门头沟斋堂地区最大小时雨量约100 mm，上游来水与本地区短时强降水共同作用，引发局地山洪泥石流，该泥石流导致5人遇难身亡，仍有1人失联。

（二）泥石流的发育特点

1. 泥石流分布的区域性

由于水文气象、地形、地质条件的分布有区域性的规律，因此，泥石流的发育分布也具有区域性的特点。

(1) 泥石流多分布在地质构造复杂、新构造运动强烈、地震活动频繁、岩石破碎、植被稀少的山区，这些区域为泥石流形成和发育提供了丰富的固体物质。

(2) 泥石流多分布在温带和半干旱山区，特别是干湿季节分明、降水集中的山区。干湿两季分明的区域，一般岩石物理风化强烈，大量风化碎屑在旱季积累，而雨季时雨水又集中，极易激发成泥石流。

2. 泥石流活动的时间性

由于水文气象具有周期性变化的特点，同时泥石流流域内大量松散固体物质的再积累也不是短期内所能完成的，因此，泥石流的活动具有一定的时间性。

(1) 明显的季节性

中国大部分地区处于东南季风和西南季风的影响范围内，季风盛行时带来充沛的降雨，为泥石流的形成提供了水源。季风盛行期为每年5～10月，更集中于6～9月，这期间亦为泥石流的激发期。

(2) 多发生在傍晚和夜间

由于中国大部分山区在夏季的午后及傍晚多有雷雨、暴雨，以及冰川亦在午后消融，易激发泥石流。

(3) 多发生在较长的干旱年头之后

因较长的干旱期间积累了大量碎屑物质，而且较长干旱后，多有丰富的降水，给泥石流的形成创造了条件。

(4) 泥石流发生多具有周期性

因同一个区域影响泥石流形成的条件如丰水期、融冰期以及地震等，多是周期性出现。此外，形成泥石流的某一条件，要达到形成泥石流的程度，需有一个从量变到质变的积累过程，而这个过程就导致了泥石流发生的周期性。但在某一周期内，同一流域泥石流形成条件的组合不会相同，影响形成条件的因素复杂，因此，泥石流虽有周期性，但其规模大小、流体性质以及危害程度等不完全相同。

三、泥石流的形成条件

泥石流与一般洪流不同之处在于它含有大量固体物质。泥石流的形成必须具备三个基本条件，即丰富的松散固体物质、充足的突发性水源和陡峻的地形。另外，某些人为因素对泥石流的形成也有不可忽视的影响。

（一）丰富的松散土体物质

组成泥石流松散固体物质的类型、数量和位置，取决于泥石流沟流域内的地质环境条件。一般泥石流活跃地区都是地质构造复杂、新构造运动和地震活动强烈、岩石风化破碎严重、滑坡和崩塌等地质灾害多发的地区。新构造运动强烈、地震活动频繁、构造断裂发育，使岩石破碎，山体失稳，风化加速和地质灾害频繁发生，就为泥石流提供了大量的松散固体物质。

松散固体物质的来源包括：岩体风化破碎堆积物、崩滑物质、洪积物等。泥石流松散物质的来源是多方面的，一条泥石流沟可能具有多种松散物质来源。此外，松散物质所处的位置和自身的固结程度也是非常重要的，靠近沟尾的松散物质一般不易搬动，靠近沟口的松散物质则相对容易搬动。固结程度高的松散物质在靠近沟口也不一定能被搬动。有多少物质能参加泥石流运动，应具体情况具体分析。

（二）充足的突发性水源

水不仅是泥石流的组成部分和搬运介质，同时也是启动松散物质（如浸泡软化松散物质、降低其抗剪强度、产生浮力、推动瓦解松散物质等）和产生松散物质（如诱发崩塌、滑坡等）的主要因素，所以水是形成泥石流的基本条件之一。形成泥石流的突发水源主要来自集中的暴雨，也可以是冰雪迅速大量融化或水库溃决。

（三）适当的地形

泥石流的地形条件要求大气降雨能迅速汇聚，并拥有巨大动能。为此，沟上游应有一个面积很大、便于汇水的区域，此区域多为三面环山、一面出口的瓢形、掌形或漏斗形的围谷地形。泥石流常发生在地形陡峻（约为 30°～60°）、沟床纵坡度大的山地。这种地形因山坡陡峭，植被不易发育，风化、剥蚀、崩塌、滑坡等现象严重，可为泥石流提供丰富的松散物质。沟的下游多位于沟口外大河河谷地两侧，地形开阔、平坦，是泥石流的沉积处所。

一条典型的泥石流沟，从上游到下游一般可以分为三个区段，即形成区、流通区和沉积区，如图 6-27 所示。

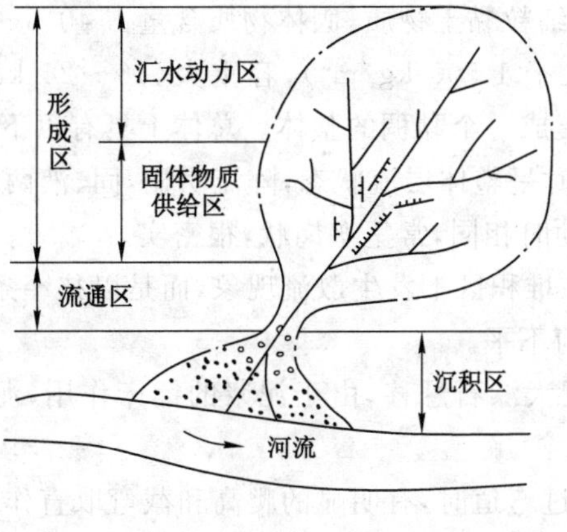

图 6-27　典型泥石流沟示意图

1. 形成区

一般位于泥石流沟的上、中游。它又可分为汇水动力区及固体物质供应区，汇水区是汇聚和提供水源的地方；固体物质供应区山体裸露、风化严重、不良地质作用广泛分布，是为泥石流储备与提供大量泥砂石块的地方。

2. 流通区

位于泥石流沟中、下游，多为一段较短的深陡峡谷。非典型的泥石流沟，可能没有明显的流通区。

3. 沉积区

位于泥石流沟下游，一般多为山口外地形较开阔地段，泥石流至此流速变缓，大量固体物质呈扇形沉积。

（四）人类活动影响

人类工程活动不当可促使泥石流发生、发展或加剧其危害。乱砍滥伐森林、开垦陡坡、破坏植被，使山体裸露，开矿、采石、筑路中任意堆放弃渣，都直接、间接地为泥石流提供物质条件和地表流水迅速会聚的条件，将导致泥石流逐渐形成。

四、泥石流的分类

（一）按泥石流地貌特征分类

1. 山坡型泥石流

山坡型泥石流主要沿山坡坡面上的冲沟发育，沟谷短、浅，沟床纵坡常与山坡坡度接近。泥石流流程短，其面积一般小于 1 km^2，形成区与沉积区直接相连，有时无明显的流通区。固体物质来源主要为沟岸塌滑或坡面侵蚀。

2. 沟谷型泥石流

沟谷型泥石流沟谷明显，长度较大，有时切穿多道次级横向山梁，个别甚至切穿分水岭。形成区、流通区、沉积区明显，固体物质来源主要为流域崩塌、滑坡，沟岸坍塌、支沟洪积扇等。

（二）按泥石流流体性质分类

1. 黏性泥石流

这类泥石流含有大量细粒黏土物质，固体物质含量占 40%～60%，最高可达 80%，密度大于 1 800 kg/m^3（泥流大于 1 500 kg/m^3），容重大（16～24 kN/m^3），流体黏度大于 0.3 Pa·s，水和泥砂、石块凝集成一个黏稠的整体。总体上具有以下特点：

(1) 该类泥石流运动时呈整体层流状态，阵流明显，固、液两相物质等速运动，堆积物无分选性，且结构往往与运动时相同，常呈垄岗状，很密实。

(2) 流体黏滞性强，在堆积区不发生散流现象，而是以狭窄条带状如长舌一样向下奔泻和堆积，堆积物的地面坎坷不平。

(3) 浮托力强，能将巨大漂石悬移，由于泥浆的铺床作用，泥石流速快，冲击力大，破坏性强。

(4) 当它在流途上经过弯道时，有明显的爬高和截弯取直作用，并不一定循沟床运动。

2. 稀性泥石流

这类泥石流中水是主要成分，固体物质占 10%～40%，且细粒物质少，泥石流密度小于 1 800 kg/m^3（泥流小于 1 500 kg/m^3），流体黏度小于 0.3 Pa·s。主要有以下特点：

(1) 该类泥石流运动时呈紊流状态，无明显阵流，固、液两相物质不等速运动，漂石流速慢于浆体流速，堆积物有明显分选性。

(2) 其流速和破坏性均小于黏性泥石流。

(3) 在运动过程中,水泥浆速度远远大于石块的运动速度,石块以滚动或跃移方式下泻,因此,它具有极强的冲刷力,常在短时间内将原先填满堆积物的沟床下切成几米至十几米的深槽。

(4) 稀性泥石流在堆积区呈扇状散流,将原先的堆积扇切成条条深沟,停积后水泥浆慢慢流失,堆积扇表面较平坦。

(三) 按泥石流物质组成分类

1. 泥石流型泥石流

它既含有很不均匀的粗碎屑物质如块石、原石、碎石、砾石、砂砾等,又含有相当多的黏土质细粒物质如黏粒、粉粒,因黏土有一定的黏结性,所以堆积物常形成黏结较牢固的土石混合物质。在我国主要出现在温暖、潮湿、化学风化强烈的南方地区,如西南、华南等地。

2. 水石流型泥石流

固体物质主要是非常不均匀的粗碎屑颗粒如砂、砾、卵石、漂石等,黏土含量很少,且它们在泥石流运动过程中极易被冲洗掉。所以水石流型泥石流的堆积物常常是很粗大的碎屑物质。在我国,主要分布在干燥、寒冷、以物理风化为主的北方地区和高海拔地区,如北京密云山区即为水石流区。

3. 泥流型泥石流

固体物质基本上由细粒泥砂组成,仅含少量岩屑碎石,黏度大,呈不同稠度的泥浆状。此类泥石流主要分布在我国西北黄土高原地区。

五、泥石流的防治

(一) 泥石流的防治原则

泥石流是一种间歇性洪流,在未经防治之前,有往复多次发生的特点。建筑物选址时,要对泥石流发生的历史和现状进行调查,凡有可能遭受泥石流影响的地段,不应布置建筑物,在不得已时,应当采取防治措施。防治泥石流的原则是以防为主。

(1) 对泥石流分布较集中,规模较大,发生频繁,危害严重的地带,应通过经济和技术比较,在有条件的情况下,采取跨河绕道走对岸的方案或其他绕避方案。

(2) 通过散流发育且有相当固定沟槽的宽大堆积扇时,宜按天然沟床分散设桥,不宜改沟归并;如堆积扇比较窄小,散流不明显,则可集中设桥,一桥跨过。

(3) 路线跨越泥石流沟时,首先应考虑从流通区或沟床比较稳定、冲淤变化不大的堆积扇顶部用桥跨越。这种方案可能存在平面线形较差,纵坡起伏较大,沟口两侧路堑边坡容易发生崩塌、滑坡等病害。

(4) 如泥石流流量不大,在全面考虑的基础上,路线也可以在堆积扇中部以桥隧或过水路或过水路面通过。采用桥隧时,应充分考虑两端路基的安全措施。但是,这种方案往往很难克服排导沟的逐年淤积问题。

(5) 当河谷比较开阔,泥石流沟距大河较远时,路线可以考虑走堆积扇的外线。这种方案线形一般比较舒顺,纵坡也比较平缓,但可能存在以下问题:堆积扇逐年向下延伸,淤埋路基;河床摆动,路基有遭受水毁的威胁。

(6) 在处于活动阶段的泥石流堆积扇上,一般不宜采用路堑。路堤设计应考虑泥石流的淤积速度及公路使用年限,慎重确定路基标高。

(二) 泥石流的防治方法

泥石流防治是一个综合性工程,在泥石流沟的不同区段,其防治目的和主要防治手段均有所不同。

1. 形成区

形成区防治以水土保持和排洪为主。

(1) 水土保持

水土保持包括封山育林、植树造林、平整山坡、修筑梯田。在汇水区,广种植被,延迟地表水汇流时间,降低洪峰流量。水土保持虽是根治泥石流的一种方法,但需要一定的自然条件,收效时间也较长,一般应与其他的措施配合进行。

(2) 排洪

在松散物质供给区上游,修建环山排洪渠或泄洪隧道,使地表径流不经过松散物质堆积场地,或残留的地表径流不足以启动松散物质。在松散物供给区,一般以灌浆、锚固、支挡等措施形成加固边坡,稳定松散物质。

2. 流通区

流通区的防治以拦渣坝为主。在流通区泥石流已经形成,一般采用多道拦渣坝的形式,将泥石流物质拦截在沟中,使其不能到达下游或沟口建筑物场地,并减弱泥石流的规模;固定泥石流沟床,防止沟床下切和谷坡坍塌;缓减沟床纵坡,降低流速;将泥石流中的固体物质全部拦淤,只许余水过坝。

拦渣坝常见的有重力式挡墙(图 6-28)和格栅坝(图 6-29)两种。

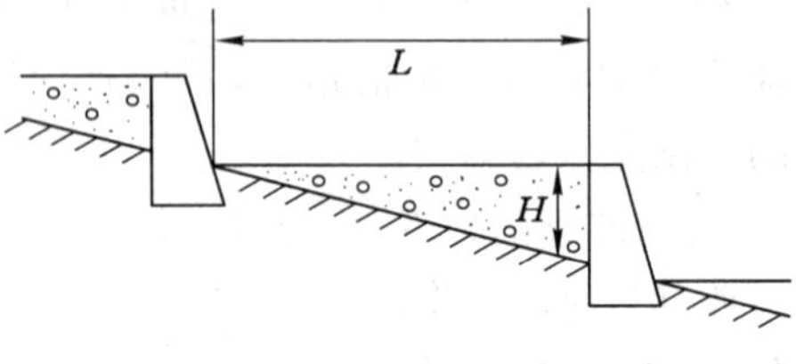

图 6-28 重力式挡墙

图 6-29 格栅坝

(1) 重力式挡墙

抗冲击能力强,一般间隔不远,使墙内拦挡物质能够停积到上游墙体下部,起到防冲护基作用。挡墙的数量和高度,以能全部拦截或大部分拦截泥石流物质为准,以减轻泥石流对下游建筑物的危害。

(2) 格栅坝

既能截留泥石流物质,又能排走流水,已越来越多地被采用。但注意应使其具有足够的抗冲击能力。

3. 沉积区

沉积区的防治以排导工程为主。常见的工程措施有排导槽、排导沟、明洞渡槽和导流堤等。

(1) 排导槽(沟)

排导槽(沟)是常用的一种构筑物(图 6-30)。设计排导沟应考虑泥石流的类型和特征。为减小沟道冲淤,防止决堤漫溢,排导沟应尽可能接直线布设,必须转弯时,应有足够大弯道半径。排导沟纵坡宜一坡到底,如必须变坡时,从上往下应逐渐变陡。排导沟的出口处最好能与地面有一定的高差,同时必须有足够的堆淤场地,最好能与大河直接衔接。

图 6-30　排导槽(沟)

一般位于桥下的排导槽(沟)用浆砌片石构筑而成,槽的底坡应大于泥石流停积坡度,使泥石流在桥下一冲而过。槽的横截面积应大于泥石流洪峰横截面积,排导槽出口常与河流锐角相交,以便河流顺利带走排出物质。

(2) 明洞渡槽和护路廊道

明洞渡槽主要用于危害严重、又不易防治的泥石流沟,在桥梁位置修建明洞,在明洞上方修建排导槽,使上游泥石流通过明洞上方排导槽越过线路位置,从而起到保护线路的目的。明洞一定要有足够的长度,以防特大型泥石流从明洞两端洞门强入明洞内(图 6-31)。

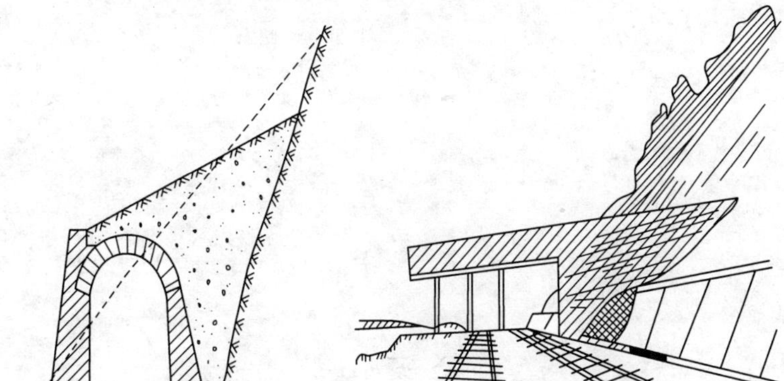

图 6-31　明洞渡槽与护路廊道

(a) 明洞渡槽;(b) 护路廊道

(3) 导流堤

导流堤主要用于引导泥石流方向，以保护居民点(图 6-32)。

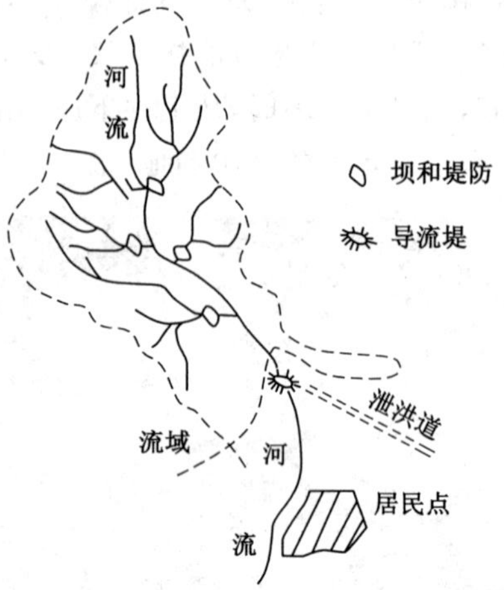

图 6-32　泥石流排倒示意图

另外，对于难以治理的泥石流沟，还可以根据具体情况采用隧道、桥梁、涵洞、过水路面等方式跨越泥石流。

需要强调的是，上述防治措施应综合运用，以求取得较好效果。

第七章　岩土工程地质分级和分类

第一节　岩体分级的目的和代表性方案

一、工程岩体分级的目的及方法

工程岩体分级的目的是为了在工程建设的各个阶段，能够正确、及时地评价工程岩体的稳定性。从工程实际要求进行分级，根据其特征，结合试验提出相应的设计计算指标或参数，以便使工程建设达到经济、合理、安全的目的。通过分类可以概括地反映各类工程岩体的质量好坏，预测可能出现的岩体力学问题，为工程设计、支护衬砌、建筑物选型和施工方法选择等提供参数和依据。同时，也为岩石工程建设的勘察、设计、施工和编制定额提供必要的基本依据，是经济合理地进行岩体开挖和加固支护设计、快速安全施工以及建(构)筑物安全运行必不可少的条件。

岩石分级方法早在1774年欧洲人罗曼就提出来了，他首先对石灰岩作了系统分类。后来，18世纪末俄国人维尔涅尔又将岩石定性地分成五类：松软岩、软岩、裂隙破碎岩、次坚硬岩和坚硬岩。而真正把岩石分级同工程联系起来还是从19世纪后期才开始。20世纪50年代以后，岩体分级促进了工程建设的发展，越来越受到重视，从而加快了发展的步伐，取得了重大进展。据统计，迄今为止各种各样的岩体分级方法已有百余种之多。如何正确认识和选取合理的分级方法，是人们普遍关注的问题。

任何一种岩体分级方法都是为了一定的目的而服务的，因此它必然存在一定的局限性。总体上来说，按照用途可将岩体工程分级分为通用和专用两种类型。前者是一种针对性较小的、原则性的、大致的分级；后者是针对某一学科领域、某一个具体工程或某一工程的具体部位岩体的特殊要求，或专为某种工程目的服务而专门编制的分级。例如用于锚杆支护的围岩分级、地铁岩层分级、坝基岩体分级等。

二、工程岩体分级的代表性方案

岩体的工程分级是工程地质学中一个重要的研究课题。岩体分级经历了由岩石分级向岩体分级的转变、从单指标岩体分级(如美国的迪尔等人1967年提出的岩石质量指标RQD分类、岩体的弹性波速及完整性指数等)到多指标综合分级、从定性到定量分级的研究过程。

作为工程设计用的工程岩体分级一般应尽量满足如下要求：

(1) 形式简单，含义明确，便于实际应用，一般以五、六级为宜。

(2) 分级参数要包括影响工程岩体稳定性的主要参数，它们的指标应能在现场或室内快速、简便地获取。

(3) 评价标准应尽量科学化、定量化和简明实用。

目前，国内外有关岩体工程分类方法很多，有定性的，也有定量的，分类原则和考虑的因素也不尽相同。随着大跨度地下空间的开发建设和工程经验的积累，工程岩体分级方法仍需要进一步研究与发展。下面介绍几种国内外应用较广、影响较大的分类方法。

1. 岩体的Q分类法

岩体质量分类Q系统，简称Q系统，是目前应用最广的岩体质量分类方法。其最初目的是为了确定隧洞施工时的支护方案。该系统建立了岩体质量指标Q与支护类型之间的关系，并在隧洞开挖实例验证的基础上建立了洞室开挖跨度与Q值的关系。

Q系统是1974年挪威岩土工程研究所的Nick Barton和Lunde等人，根据212个隧洞工程实例，提出的确定岩体隧道开挖质量指标的方法。它主要考虑了岩体完整性、节理特征、地下水和地应力影响。以6个参数确定反映隧洞围岩稳定性的岩体质量指标Q值。此指标由下式计算：

$$Q=\frac{RQD}{J_n}\frac{J_r}{J_a}\frac{J_w}{SRF} \tag{7-1}$$

式中 RQD——岩石质量指标，%；

J_a——节理组系数(无到破碎)，0.5～2.0；

J_r——节理面粗糙度系数(粗糙到镜面)，0.5～4；

J_n——节理面蚀变系数(新鲜到蚀变夹泥)，0.75～20；

J_w——裂隙水折减系数(干燥到特大水流)，0.75～1；

SRF——地应力折减系数。

在上述6个参数取值时，Q系统提供了比较详细的对于各个参数的取值表，可以方便地查出各种情况下参数对应的取值，从而计算出Q值。Q的范围为0.001～1 000，代表着围岩的质量从极差的挤出性岩石到极好的坚硬完整岩体，分为9个质量等级(表7-1)。

表7-1　Q系统岩体分类等级表

Q值	0.001～0.01	0.01～0.1	0.1～1	1～4	4～10	10～40	40～100	100～400	400～1 000
等级	特别差的	极差的	很差的	差的	一般	好的	很好的	极好的	特别好的

2. 岩石的RMR分类法

RMR系统是Bieniawski于1973年提出的一种确定岩石质量等级的方法。它将岩石强度(A)，岩石质量指标RQD(B)，不连续面间距(C)，不连续面性状(D)，地下水状况(E)，以及根据不连续面的产状条件与基础、边坡、洞室方向关系确定的修正系数(F)共6个指标作为基本参数，根据岩石状况逐一评分，则可得到岩石质量的RMR总评分。

该指标由下式计算：

$$RMR=A+B+C+D+E+F \tag{7-2}$$

式中 A——岩石强度，分数0～15；

B——RQD(岩石质量指标)，分数3～20；

C——不连续面间距(2～6 m)，分数5～20；

D——不连续性状(粗糙到夹泥)，分数0～30；

E——地下水(干燥到流动)，分数0～15；

F——不连续面产状条件(很好到很差)，分数0～12。

根据 *RMR* 值将岩体分为 5 类(表 7-2)。

表 7-2　　RMR 系统岩体质量分类

RMR 指标	81～100	61～80	41～60	21～40	≤20
分级	Ⅰ	Ⅱ	Ⅲ	Ⅳ	Ⅴ
质量说明	很好	好	中等	差	很差

3.《工程岩体分级标准》(GB/T 50218)

尽管各类分级方法都从不同角度反映了岩体的结构特征、岩体所处环境特点和力学特征,但总体上缺少可比性和一致性。鉴于此原因,1986 年根据国家计委的要求,由水利部主编国家标准《工程岩体分级标准》,并于 1994 年经建设部批准为强制性国家标准,1995 年 7 月 1 日起施行。2014 年 8 月 27 日,国家住房和城乡建设部、国家质量监督检验检疫总局联合发布了最新版的 GB/T 50218—2014,自 2015 年 5 月 1 日起施行。该标准适用于各部门、各行业的岩石工程。

《工程岩体分级标准》(GB/T 50218)采用定性和定量相结合的方法,对工程岩体采用初步分级和详细分级的两类分级方法。

(1) 工程岩体质量的初步分级

工程岩体质量初步分级是通过对岩石坚硬程度和岩体完整程度两个因素进行稳定性和定量分析。岩石坚硬程度的定性划分方法如表 7-3 所示。

表 7-3　　岩石坚硬程度的定性划分

名称		岩性鉴定	代表性岩石
硬质岩	坚硬岩	锤击声清脆,有回弹,震手,难击碎;浸水后,大多无吸水反应	未风化～微风化的花岗岩、正长岩、闪长岩、辉绿岩、安山岩、片麻岩、硅质板岩、石英岩、硅质胶结的砾岩、石英砂岩、硅质石灰岩等
	较坚硬岩	锤击声较清脆,有轻微回弹,稍震手,较难击碎;浸水后,有轻微吸水反应	① 弱风化的坚硬岩; ② 未风化～微风化的熔结凝灰岩、大理岩、板岩、白云岩、石灰岩、钙质砂岩、粗晶大理岩等
软质岩	较软岩	锤击声不清脆,无回弹,较易击碎;浸水后,指甲可刻出印痕	① 强风化的坚硬岩; ② 中等(弱)风化的较坚硬岩; ③ 未风化至微风化的凝灰岩、千枚岩、砂质泥岩、泥灰岩、泥质砂岩、粉砂岩、砂质页岩等
	软岩	锤击声哑,无回弹,有凹痕,易击碎;浸水后,手可掰开	① 强风化的坚硬岩; ② 中等(弱)风化至强风化的较坚硬岩; ③ 中等(弱)风化的较软岩; ④ 未风化的泥岩、泥质页岩、绿泥石片岩、绢云母片岩等
	极软岩	锤击声哑,无回弹,有较深凹痕,手可捏碎;浸水后,可捏成团	① 全风化的各种岩石; ② 强风化的软岩; ③ 各种半成岩

岩石坚硬程度的定量指标采用岩石单轴饱和抗压强度 R_c 的实测值。当无条件取得实测值时,也可采用实测的岩石点荷载强度指数 $I_{s(50)}$ 的换算值。

$$R_c=22.82I_{s(50)}^{0.75} \tag{7-3}$$

岩石单轴饱和抗压强度 R_c 与定性划分的岩石坚硬程度的对应关系如表 7-4 所示。

表 7-4　　岩石单轴饱和抗压强度 R_c 与定性划分的岩石坚硬程度的对应关系

R_c/MPa	>60	60～30	30～15	15～5	≤5
坚硬程度	硬质岩		软质岩		
	坚硬岩	较坚硬岩	较软岩	软岩	极软岩

岩体完整程度的定性划分如表 7-5 所示。其中，结构面的结合程度按照表 7-6 确定。

表 7-5　　岩体完整程度的定性划分

岩体完整程度	结构面发育程度		主要结构面的结合程度	主要结构面类型	相应结构类型
	组数	平均间距/m			
完整	1～2	>1.0	结合好或结合一般	节理、裂隙、层面	整体状或巨厚层状结构
较完整	1～2	>1.0	结合差	节理、裂隙、层面	块状或厚层状结构
	2～3	1.0～0.4	结合好或结合一般		块状结构
较破碎	2～3	1.0～0.4	结合差	节理、裂隙、劈理、层面、小断层	裂隙块状或中厚层状结构
	≥3	0.4～0.2	结合好		镶嵌碎裂结构
			结合一般		薄层状结构
破碎	≥3	0.4～0.2	结合差	各种类型结构面	裂隙块状结构
		≤0.2	结合一般或结合差		碎裂结构
极破碎	无序		结合很差		散体状结构

表 7-6　　结构面结合程度的定性划分

结合程度	结构面特征
结合好	张开度小于 1 mm，为硅质、铁质或钙质胶结，或结构面粗糙，无充填物； 张开度 1～3 mm，为硅质或铁质胶结； 张开度大于 3 mm，结构面粗糙，为硅质胶结
结合一般	张开度小于 1 mm，结构面平直，钙泥质胶结或无充填物； 张开度 1～3 mm，为钙质胶结； 张开度大于 3 mm，结构面粗糙，为铁质或钙质胶结
结合差	张开度 1～3 mm，结构面平直，多为泥质胶结或钙泥质胶结； 张开度大于 3 mm，多为泥质或碎屑充填
结合很差	泥质充填或泥夹岩屑充填，充填物厚度大于起伏差

岩体完整程度的定量指标采用岩体完整性指数 K_v。K_v 应采用实测值。当无条件取得实测值时，也可用岩体体积节理数(J_v)，按表 7-7 确定对应的 K_v 值。K_v 与定性划分的岩体完整程度的对应关系，可按表 7-8 确定。

表 7-7　　J_v 与 K_v 对照表

J_v/(条/m³)	<3	3～10	10～20	20～35	≤35
K_v	>0.75	0.75～0.55	0.55～0.35	0.35～0.15	≤0.15

表 7-8　　K_v 与定性划分的岩体完整程度的对应关系

K_v	>0.75	0.75～0.55	0.55～0.35	0.35～0.15	≤0.15
完整程度	完整	较完整	较破碎	破碎	极破碎

在上述岩体质量定量评价的基础上，可根据下式确定岩体基本质量指标(BQ)：

$$BQ=90+3R_c+250K_v \tag{7-4}$$

需要指出的是，在应用式(7-4)时，应遵守下列限制条件：

① 当 $R_c>90K_v+30$ 时，应以 $R_c=90K_v+30$ 和 K_v 代入计算 BQ 值。

② 当 $K_v>0.04R_c+0.4$ 时，应以 $K_v=0.04R_c+0.4$ 和 R_c 代入计算 BQ 值。

前一个限制条件是对强度大而完整性较差的岩体的调整，后者是对完整性较好但强度较差的岩体的一种限制，使分级更合理地反映这两类岩体对稳定性的影响。

根据岩体基本质量的定性特征和岩体基本质量指标(BQ)两者相结合来确定岩体基本质量分级，按表 7-9 对岩体质量进行初步定级。

表 7-9　　岩体基本质量分级

基本质量级别	岩体基本质量的定性特征	岩体基本质量指标(BQ)
Ⅰ	坚硬岩，岩体完整	>550
Ⅱ	坚硬岩，岩体较完整； 较坚硬岩，岩体完整	550～451
Ⅲ	坚硬岩，岩体较破碎； 较坚硬岩，岩体较完整； 较软岩，岩体完整	450～351
Ⅳ	坚硬岩，岩体破碎； 较坚硬岩，岩体较破碎至破碎； 较软岩，岩体较完整至较破碎； 软岩，岩体完整至较完整	350～251
Ⅴ	较软岩，岩体破碎； 软岩，岩体较破碎至破碎； 全部极软岩及全部极破碎岩	≤250

(2) 工程岩体质量的详细分级

当遇有地下水、岩体稳定性受软弱结构面影响且由一组起控制作用或存在表 7-10 所列的高初始应力现象时，应对岩体基本质量指标进行修正，按表 7-9 对岩体质量进行详细定级。

表 7-10　　高初始应力地区岩体在开挖过程中出现的主要现象

应力情况	主要现象	R_c/σ_{max}
极高应力	硬质岩：开挖过程中有时发生岩爆，有岩块弹出，洞壁岩体发生剥离，新生裂隙多，成洞性差；基坑有剥离现象，成形性差。 软质岩：岩芯常有饼化现象，开挖过程中洞壁岩体有剥离，位移极为显著，甚至发生大位移，持续时间长，不易成洞；基坑发生显著隆起或剥离，不易成形	<4
高应力	硬质岩：开挖过程中可能出现岩爆，洞壁岩体有剥离和掉块现象，新生裂隙较多，成洞性较差；基坑有剥离现象，成形性一般尚好。 软质岩：岩芯有时有饼化现象，开挖过程中洞壁岩体位移显著，持续时间较长，成洞性差；基坑有隆起现象，成形较差	4～7

岩体基本质量指标修正值的计算公式如下：

$$[BQ]=BQ-100(K_1+K_2+K_3) \tag{7-5}$$

式中　K_1——地下水影响修正系数；

K_2——主要软弱结构面产状影响修正系数；

K_3——初始应力状态影响修正系数。

K_1，K_2，K_3 值分别按照表 7-11、表 7-12 和表 7-13 确定。

表 7-11　　地下水影响修正系数 K_1

地下水出水状态	BQ				
	>550	550～451	450～351	350～251	≤250
潮湿或点滴状出水，$p\leqslant0.1$ 或 $Q\leqslant25$	0	0	0～0.1	0.2～0.3	0.4～0.6
淋雨状或线流状出水，$0.1<p\leqslant0.5$ 或 $25<Q\leqslant125$	0～0.1	0.1～0.2	0.2～0.3	0.4～0.6	0.7～0.9
涌流状出水，$p>0.5$ 或 $Q>125$	0.1～0.2	0.2～0.3	0.4～0.6	0.7～0.9	1.0

注：① p 为地下工程围岩裂隙水压，MPa；② Q 为每 10 m 洞长出水量，L/min・10m。

表 7-12　　主要软弱结构面产状影响修正系数 K_2

结构面产状及其与洞轴线的组合关系	结构面走向与洞轴线夹角小于 30°，结构面倾角 30°～75°	结构面走向与洞轴线夹角大于 60°，结构面倾角大于 75°	其他组合
K_2	0.4～0.6	0～0.2	0.2～0.4

表 7-13　　初始应力状态影响修正系数 K_3

BQ		>550	550～451	450～351	350～251	≤250
围岩强度应力比 R_c/σ_{max}	<4	1.0	1.0	1.0～1.5	1.0～1.5	1.0
	4～7	0.5	0.5	0.5	0.5～1.0	0.5～1.0

4.《岩土工程勘察规范》(GB 50021)分类法

《岩土工程勘察规范》(GB 50021)指出，在进行岩土工程勘察时，应该鉴定岩石的地质名称和风化程度，并进行岩石坚硬程度、岩体完整程度和岩体基本质量等级的划分。其中岩石坚硬程度等级的划分按表 7-14 执行。

表 7-14　　　岩石坚硬程度分类

坚硬程度	坚硬岩	较硬岩	较软岩	软岩	极软岩
饱和单轴抗压强度 f_t/MPa	$f_t>60$	$60\geqslant f_t>30$	$30\geqslant f_t>15$	$15\geqslant f_t>5$	$f_t\leqslant 5$

岩体的完整程度等级划分按表 7-15 进行。

表 7-15　　　岩体完整程度分类

完整程度	完整	较完整	较破碎	破碎	极破碎
完整性指数	>0.75	0.55～0.75	0.35～0.55	0.15～0.35	<0.15

注：完整性指数为岩体压缩波速度与岩块压缩波速度之比的平方，选定岩体和岩石测定波速时，应注意其代表性。

岩体的基本质量等级划分按表 7-16 进行。

表 7-16　　　岩体基本质量等级分类

坚硬程度＼完整程度	完整	较完整	较破碎	破碎	极破碎
坚硬岩	Ⅰ	Ⅱ	Ⅲ	Ⅳ	Ⅴ
较硬岩	Ⅱ	Ⅲ	Ⅳ	Ⅳ	Ⅴ
较软岩	Ⅲ	Ⅳ	Ⅳ	Ⅴ	Ⅴ
软岩	Ⅳ	Ⅳ	Ⅴ	Ⅴ	Ⅴ
极软岩	Ⅴ	Ⅴ	Ⅴ	Ⅴ	Ⅴ

第二节　土的常用分类指标

土是地壳表层岩石风化作用的产物残留在原地或经过搬运堆积在异地所形成的松散堆积物。在我国古代，五色土象征着我们广博的大中华。所谓的五色土是指青、红、白、黑、黄五种颜色的土，这也反映了我国的土体是多种多样且分布具有一定的区域性。

土是尚未固结成岩的松、软堆积物，主要是第四纪的产物。土由各类岩石经风化作用而形成，位于地壳的表层，是人类工程经济活动的主要地质环境。土与岩石的根本区别是土不具有刚性的联结，物理状态多变，力学强度低等。为了评价土作为地基或建筑材料的适宜性，有必要对土进行工程分类，而分类体系的建立是将工程性质相近的土划分为一类。因此，必须选取最能反映土的基本属性，又便于测定的指标作为土的分类依据。

一、土的颗粒粒组划分及颗粒级配

自然界中的土是由粒径大小不同的土粒组成的。土粒的大小称为粒度，通常以粒径表示。介于一定粒度范围内的土粒，称为粒组。划分粒组的分界尺寸称为界限粒径。各个粒组随着分界尺寸的不同，土的主要性质也相应呈现出一定的变化。

目前，粒组划分的界限尺寸因不同国家、不同行业、不同用途等有不同的规定。表 7-17 提供的是《土的工程分类标准》(GB/T 50145)中土粒粒组的划分。

表 7-17　　土粒组的划分

粒组统称	颗粒名称		粒组粒径的范围/mm	一般特性
巨粒	漂石(块石)		$d>200$	透水性好,无毛细水
	卵石(碎石)		$60<d\leqslant200$	
粗粒	砾粒	粗砾	$20<d\leqslant60$	易透水,无黏性,干燥时松散
		中砾	$5<d\leqslant20$	
		细砾	$2<d\leqslant5$	
	砂粒	粗砂	$0.5<d\leqslant2$	
		中砂	$0.25<d\leqslant0.5$	
		细砂	$0.075<d\leqslant0.25$	
细粒	粉粒		$0.005<d\leqslant0.075$	透水性小,易冻胀
	黏粒		$d\leqslant0.005$	透水性很小,毛细水上升高度大

土的性质主要取决于不同粒组的相对含量,土的粒度成分是指大小土粒的搭配情况,又称为土的颗粒级配,通常用土中各个粒组的相对含量的百分比来表示。为了解各粒组的相对含量,《土工试验方法标准》(GB/T 50123)规定,颗粒分析方法有筛分法和沉降分析法两种。其中筛分法适用于粒径在 0.075～60 mm 的土;对于粒径小于 0.075 mm 的土,可用沉降分析法。用筛分法进行试验时,将风干的一定质量的土样放入一套孔径不同的标准筛内,标准筛的孔径依次为 60 mm、40 mm、20 mm、10 mm、5 mm、2 mm、1.0 mm、0.5 mm、0.25 mm、0.1 mm、0.075 mm。经过振动后可将土粒分开,称出留在每个筛上的土重,即可求出留在每个筛上土重的相对含量。

根据筛分试验结果,采用累计曲线法表示土粒的硬粒级配或粒度成分。半对数坐标的颗粒级配曲线如图 7-1 所示,横坐标为土粒粒径,以对数坐标表示;纵坐标表示小于某粒径的土质量累计百分含量。

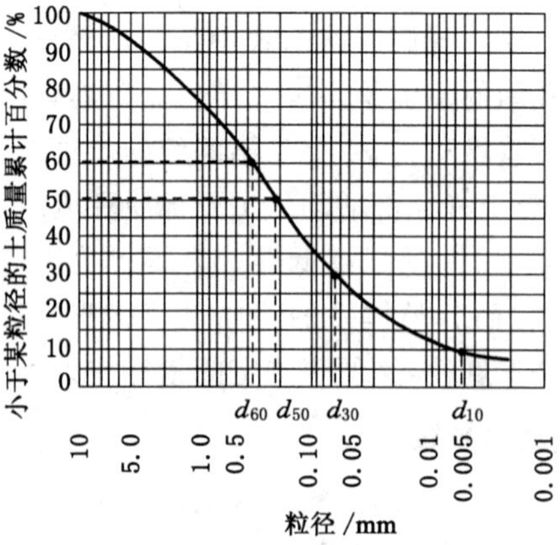

图 7-1　颗粒级配累计曲线

根据颗粒级配累计曲线可以大致判断土粒的均匀程度或级配是否良好。常用两个级配指标描述土的级配特征,即不均匀系数 C_u 和曲率系数 C_c。

不均匀系数 C_u

$$C_u=\frac{d_{60}}{d_{10}} \tag{7-6}$$

曲率系数 C_c

$$C_c=\frac{d_{30}^2}{d_{60}d_{10}} \tag{7-7}$$

式中　d_{10}——有效粒径，即在级配曲线上小于该粒径的土粒质量占土粒总质量的10%；

d_{30}——中值粒径，即在级配曲线上小于该粒径的土粒质量占土粒总质量的30%；

d_{60}——控制粒径，即在级配曲线上小于该粒径的土粒质量占土粒总质量的60%。

从累计曲线的坡度可以判断土粒的级配是否良好。如曲线较陡，表示粒径大小相差不大，土粒较均匀，级配不良；反之，曲线平缓，则表示粒径大小相差悬殊，土粒不均匀，即级配良好。在一般情况下，工程上把 $C_u<5$ 的土称为匀粒土，属于级配不良；$C_u>10$ 的土属于级配良好。当砾类土或砂类土同时满足 $C_u\geqslant5$ 和 $C_c=1\sim3$ 两个条件时，则为级配良好的土；如果不能同时满足，则为级配不良。

二、土的界限含水量及塑性指标

黏性土最主要的物理状态特征是它的稠度。所谓稠度是指土的软硬程度或土对外力引起变形或破坏的抵抗能力。黏性土的状态变化是由于土中含水量的变化而引起的，黏性土由一种状态转到另一种状态的临界含水量称为界限含水量，或称阿太堡(Atterbeg)界限含水量。它对黏性土的分类及工程性质评价有重要意义。

当黏性土的含水量很高时，黏性土极易流动，处于流动状态。随着含水量的不断减少，逐渐进入可塑状态。所谓可塑状态是指黏性土在某含水量范围内，可用外力塑成任意形状而不产生裂纹，并且当外力撤走后，仍能保持原来的形状，黏性土的这种特性称为可塑性。当含水量继续减小时，将丧失其可塑性，进入半固体状态。若含水量进一步减少，土就进入固体状态。在黏性土的状态转变过程中，存在两个界限点：黏性土由流动状态转变为可塑状态的界限含水量称为液限，也称为可塑性上限，用 ω_L 表示；黏性土由可塑状态转变为固态的界限含水量称为塑限，也称为可塑性下限，用 ω_P 表示。

当取质量为76 g、锥角为30°的液限仪锥尖入土深度为17 mm时，对应的含水量为液限，该值与国外采用碟式液限仪测定的液限值相当。黏性土的塑限采用“搓条法”测定，即用双手将天然湿度的土样搓成小圆球(球径小于10 mm)，放在毛玻璃板上用手掌慢慢搓成直径为3 mm时恰好断裂，这时测定断裂土条的含水量就是塑限。

液限与塑限的差值称为塑性指数，用符号 I_P 表示，即：

$$I_P=\omega_L-\omega_P \tag{7-8}$$

塑性指数 I_P 表示土体处于可塑状态的含水量变化范围。一般来说，土粒越细且细颗粒(黏粒)的含量越高，则 I_P 越大；黏土矿物(尤其是蒙脱石)可能具有的结合水量大，I_P 也越大。因此，塑性指数在一定程度上综合反映了影响黏性土特征的各种主要因素，在工程上常用其对黏性土进行分类。

液性指数是指黏性土的天然含水量与塑限差值除以塑性指数，用符号 I_L 表示，即：

$$I_L=\frac{\omega-\omega_P}{I_P}=\frac{\omega-\omega_P}{\omega_L-\omega_P} \tag{7-9}$$

液性指数可以反映黏性土的软硬状态，I_L 值越大土愈软。《建筑地基基础设计规范》(GB 50007)规定，黏性土根据液性指数数值划分为坚硬、硬塑、可塑、软塑和流塑五种状态，见表 7-18。

表 7-18　　黏性土的状态

液性指数 I_L	状态
$I_L \leqslant 0$	坚硬
$0 < I_L \leqslant 0.25$	硬塑
$0.25 < I_L \leqslant 0.75$	可塑
$0.75 < I_L \leqslant 1$	软塑
$I_L > 1$	流塑

三、土的有机质含量

有机质含量是土中比较重要的物理性质指标。其含量的测定方法有两种：一是用重铬酸钾容量法，比较适合测定有机质含量小于 15%的土样；二是烧失量法，比较适合测定有机质含量大于 15%的土样。

烧失量法是指土在 550 ℃ 烧灼至恒量时，所失去质量与干试样质量之比，以百分数来表示，用以估计土中有机质含量。试验操作中将烘干后试样放于干燥器内冷却并保存好，称取烘干后试样 3.000～5.000 g 到已知质量的瓷坩埚中，再将坩埚放入高温炉内，在炉温 550 ℃ 下烧灼 0.5 h，取出稍冷后盖上坩埚盖，放入干燥器内，冷却至室温，称取质量，如此重复烧灼、冷却、称重，直至最后相邻两次称量相差不大于 0.005 g 为恒重。试验结果按下式计算：

$$Q=\frac{m_1-m_2}{m_1-m_3}\times 100\% \qquad (7\text{-}10)$$

式中　Q——烧失量，%，计算精确至 0.1%；

m_3——坩埚质量，g；

m_1——在 65～70 ℃时，烘干试样加坩埚质量，g；

m_2——在 550 ℃时，烧灼试样加坩埚质量，g。

重铬酸钾法测定的有机质是以碳、氧、氢、氮为主体，还有少量硫、磷以及金属元素组成的有机化合物的通称。试验中在加热的条件下，用过量的重铬酸钾-硫酸($K_2Cr_2O_7$-H_2SO_4)溶液，来氧化土壤有机质中的碳，$Cr_2O_7^{2-}$ 等被还原成 Cr^{3+}，剩余的重铬酸钾($K_2Cr_2O_7$)用硫酸亚铁($FeSO_4$)标准溶液滴定，根据消耗的重铬酸钾量计算出有机碳量，再乘以常数 1.724，即为土壤有机质含量。

第三节　土的工程分类方案及野外鉴别

土是在自然地质历史时期经过各种地质作用形成的地质体，它的工程性质与其形成方式、形成与发展变化的条件密切相关，即与土的成因类型和形成的地质历史有关。为了能大致判别土的工程性质，有必要进行土的工程分类。土的工程分类任务是将用于工程建设目的的各种自然土，按其工程地质性质的差异划分为类或组，是以服务于工程建筑为目的的分类，是从事土的工程地质研究的重要基础理论课题。

土的工程分类是土体工程地质研究的重要内容。按照其具体内容和适用范围，可以概括分为3种基本类型：比较全面的综合性分类、局部性分类和专门性分类。其分类的目的在于以下几个方面：

(1) 可判断基本工程性质，进行地基土承载力、抗渗流与抗冲刷稳定性及振动荷载作用下液化可能性的初步评价。

(2) 可确定不同土类的研究方法和地基处理方法。

(3) 可采用工程地质类比法，减少试验数量和内容，节约人力、财力和时间。

目前国内各部门根据各自的用途特点和实践经验，制订了各自的分类方法，所遵循的原则有3个方面：

(1) 以成因、地质年代为基础的原则，因为土是自然历史的产物，土的性质受土的成因(包括形成环境)与形成年代控制。

(2) 分类体系采用的指标既要能综合反映土的主要工程性质，又要求指标测定方法简单、方便。

(3) 分类体系采用的指标要在一定程度上反映工程用土的差异性，即同类土的工程性质最大程度相似，异类土的工程性质具有显著差异。

土的分类方法很多，不同部门根据其用途采用各自的分类方法。目前国内对土进行分类的标准、规程(规范)主要有以下几种：国家标准《土的工程分类标准》(GB/T 50145)，《建筑地基基础设计规范(GB 50007)，《岩土工程勘察规范》(GB 50021)；交通部《公路土工试验规程》(JTG E40)；水利部《土工试验规程》(SL 237)。综合起来，目前国内有关土的工程分类系统主要有以下两种：

(1) 建筑工程系统的分类体系，侧重于把土作为建筑地基和环境。例如我国国家标准《建筑地基基础设计规范》(GB 50007)和《岩土工程勘察规范》(GB 50021)的分类。

(2) 材料系统的分类体系，侧重于把土作为建筑材料，用于路堤、土坝和填土地基等工程。如我国国家标准《土的工程分类标准》(GB/T 50145)、《公路桥涵地基与基础设计规范》(JTG D63)和《公路土工试验规程》(JTG E40)。

一、建筑工程系统的分类方案

《岩土工程勘察规范》(GB 50021)在考虑土的分类时，首先考虑了地质年代和地质成因，同时将某些特殊条件下形成的和具有特殊工程性质的区域性特殊土与普通土区别开来。土作为建筑场地和建筑物地基时，其分类一般可按下列原则进行。

(一) 按照沉积年代划分

根据沉积(堆积)年代可分为老沉积土(第四纪晚更新世 Q_3 沉积土及其以前沉积的土)和新近沉积土(第四纪晚更新世近期沉积土)。

(二) 根据地质成因分类

根据地质成因可分为残积土(包括泉水沉积、洞穴堆积等)、风成沉积土、冰川沉积土和水流沉积土。沿着水流方向，根据不同沉积条件又可分为坡积土、洪积土、山区河谷冲积土、平原河谷冲积土、湖泊沉积土、三角洲沉积土(河-湖相、河-海相)、海相沉积土、海陆交互相堆积、人工堆积等，或者是上述两个或两个以上的混合成因形成的土。

按照成因分类的主要类型和堆积特征如表 7-19 所示。

表 7-19　土的主要成因类型和堆积特征

成因类型	堆积方式及条件	堆积物特征
残积	岩石经风化作用而残留在原地的碎屑堆积物	碎屑物从地表向深处由细变粗，其成分与母岩相关，一般不具层理，碎块呈棱角状，土质不均，具有较大孔隙，厚度在小丘顶部较薄，低洼处较厚
坡积	风化碎屑物由雨水或融雪水沿斜坡搬运及本身的重力作用在斜坡上或坡角堆积而成	碎屑物从坡上往下逐渐变细，分选性差，层理不明显，厚度变化较大，厚度在斜坡较陡处较薄，坡角处较厚
洪积	有暂时性洪流将山区或高地的大量风化碎屑物携带至沟口或平缓地带堆积而成	颗粒具有一定的分选性，但往往大小混杂，碎屑多呈亚棱角状，洪积扇顶部颗粒较粗，层理紊乱呈交错状，透镜体及夹层较多，边缘处颗粒细，层理清楚
冲积	有长期的地表水流搬运，在河流阶地冲积平原、三角洲地带堆积而成	颗粒在河流上游较粗，向下游逐渐变细，分行性及磨圆度均好，层理清楚，除牛轭湖及某些河床相沉积外厚度较稳定
淤积	在静水或缓慢的流水环境中沉积，并伴有生物化学作用而成	颗粒以粉粒、黏粒为主，且含有一定数量的有机质或盐类，一般土质较松，有时为淤泥质黏性土、粉土及粉砂夹层，具有清晰的薄层理
风积	在干旱气候条件下，碎屑物被风吹扬，降落堆积而成	颗粒主要以粉粒或砂粒组成，土质均匀，质纯，孔隙大，结构松散

土体的成因类型代号见表 7-20，当土层有两种或两种以上成因时，可采用混合代号，例如，冲积和洪积混合层，表示为 Q^{al+pl}；同时表示地层单位与成因类型时，可用联合代号，例如，第四纪上更新统冲积成因的土，表示为 Q_3^{al}。

表 7-20　土的成因类型代号

成因类型	代号	成因类型	代号	成因类型	代号	成因类型	代号
残积	Q^{el}	海相沉积	Q^{m}	湖积	Q^{l}	化学堆积	Q^{ch}
坡积	Q^{dl}	冰积	Q^{gl}	人工填土	Q^{ml}	风积	Q^{eol}
冲积	Q^{al}	洪积	Q^{pl}	海陆交互	Q^{mc}	成因不明	Q^{pr}

（三）根据有机质含量分类

根据有机质含量可分为无机土、有机土、泥炭质土和泥炭四类。其中有机质土根据含水量、液限、孔隙比等指标分为淤泥质土和淤泥两种，泥炭质土根据有机质含量又可细分为弱泥炭质土、中泥炭质土和强泥炭质土三类。具体如表 7-21 所示。

表 7-21　土按有机质含量分类

分类名称	有机质含量 W_u/%	现场鉴别特征	说明
无机土	$W_u<5\%$		
有机土	$5\%\leqslant W_u\leqslant 10\%$	深灰色，有光泽，味臭，除腐殖质外尚含少量未完全分解的动植物体，浸水后水面出现气泡，干燥后体积收缩	① 如果现场鉴别或有地区经验时，可不做有机质含量测定 ② 当 $\omega>\omega_L$，$1.0\leqslant e<1.5$ 时称淤泥质土 ③ 当 $\omega>\omega_L$，$e\geqslant 1.5$ 时称淤泥

续表 7-21

分类名称	有机质含量 W_u/%	现场鉴别特征	说明
泥炭质土	$10\% < W_u \leqslant 60\%$	深灰或黑色，有腥臭味，能看到未完全分解的植物结构，浸水体胀，易崩解，有植物残渣浮于水中，干缩现象明显	可根据地区特点和需要细分： 弱泥炭质土（$10\% < W_u \leqslant 25\%$） 中泥炭质土（$25\% < W_u \leqslant 40\%$） 强泥炭质土（$40\% < W_u \leqslant 60\%$）
泥炭	$W_u > 60\%$	除有泥炭质土特征外，结构松散，土质很轻，暗淡无光泽，干缩现象极为明显	

（四）根据颗粒级配或塑性指数分类

土按颗粒级配和塑性指数分为碎石土、砂土、粉土和黏性土

1. 碎石土

粒径大于 2 mm 的颗粒质量超过总质量 50% 的土称为碎石土。根据颗粒级配和颗粒形状按表 7-22 分为漂石、块石、卵石、碎石、圆砾和角砾。

表 7-22　碎石土分类

土的名称	颗粒形状	颗粒级配
漂石	圆形及亚圆形为主	粒径大于 200 mm 的颗粒质量超过总质量 50%
块石	棱角形为主	
卵石	圆形及亚圆形为主	粒径大于 20 mm 的颗粒质量超过总质量 50%
碎石	棱角形为主	
圆砾	圆形及亚圆形为主	粒径大于 2 mm 的颗粒质量超过总质量 50%
角砾	棱角形为主	

注：定名时，应根据颗粒级配由大到小以最先符合者确定。

2. 砂土

粒径大于 2 mm 的颗粒质量不超过总质量的 50%，且粒径大于 0.075 mm 的颗粒质量超过总质量 50% 的土称为砂土。根据颗粒级配按表 7-23 分为砾砂、粗砂、中砂、细砂和粉砂。

表 7-23　砂土分类

土的名称	颗粒级配
砾砂	粒径大于 2 mm 的颗粒质量占总质量 25%～50%
粗砂	粒径大于 0.5 mm 的颗粒质量超过总质量 50%
中砂	粒径大于 0.25 mm 的颗粒质量超过总质量 50%
细砂	粒径大于 0.075 mm 的颗粒质量超过总质量 85%
粉砂	粒径大于 0.075 mm 的颗粒质量超过总质量 50%

注：定名时应根据颗粒级配由大到小以最先符合者确定。

砂土的密实度可按照表 7-24 分为松散、稍密、中密、密实。

表 7-24　　砂土密实度分类

标准贯入试验锤击数 N	密实度
$N \leqslant 10$	松散
$10 < N \leqslant 15$	稍密
$15 < N \leqslant 30$	中密
$N > 30$	密实

3. 粉土

粒径大于 0.075 mm 的颗粒质量不超过总质量的 50%，且塑性指数小于或等于 10 的土，称为粉土。一般根据地区规范（如上海、天津等地的规范），由黏粒含量的多少，可按照表 7-25 划分为黏质粉土和砂质粉土。

表 7-25　　砂土分类

土的名称	颗粒级配
黏质粉土	粒径小于 0.005 mm 的颗粒质量超过总质量的 10%
砂质粉土	粒径小于 0.005 mm 的颗粒质量不超过总质量的 10%

4. 黏性土

塑性指数大于 10 的土称为黏性土。根据塑性指数按表 7-26 分为粉质黏土和黏土。其状态按照液性指数可分为坚硬、硬塑、可塑、软塑和流塑。

表 7-26　　黏性土按塑性指数分类

土的名称	粉质黏土	黏土
塑性指数	$10 < I_p \leqslant 17$	$I_p > 17$

注：确定 I_p 时，液限以 76 g 圆锥仪沉入土样中深度 10 mm 为准。

（五）根据土的工程特性分类

根据土的工程特性可分为一般土和各种特殊土。

1. 一般土的工程性质

(1) 碎石类土的工程性质

碎石类土，颗粒粗大，主要由岩石碎屑或石英、长石等原生矿物组成，呈单粒结构及块状和假斑状构造，具有孔隙大、透水性强、压缩性低、抗剪强度大的特点。但它的工程性质与黏粒的含量及孔隙中充填物的性质和数量有关。典型的流水沉积的碎石类土，分选性好，孔隙中充填少量砂粒，透水性最强，压缩性最低，抗剪强度最大。基岩风化碎石和山坡堆积碎石类土，分选较差，孔隙中充填大量砂粒和粉、黏等细小颗粒，透水性相对较弱，内摩擦角较小，抗剪强度较低，压缩性稍大。总的来说，碎石类土一般可构成良好地基，但由于透水性强，常使基坑涌水较大，坝基、渠道渗漏。

(2) 砂类土的工程性质

砂类土是指砂土和粉土，一般颗粒较大，主要由石英、长石、云母等原生矿物组成。一般没有联结，呈单粒结构及伪层状构造，并有透水性强、压缩性低、压缩速度快、内摩擦角较大、抗剪强度较高等特点,但均与砂粒大小和密度有关。通常,粗、中砂土的上述特性明显,且一般构成良好地基,为较好的建筑材料,但可能产生涌水或渗漏;粉、细砂土的工程性质相对差,特别是饱水粉、细砂土受振动后易产生液化。

(3) 黏性土的工程性质

黏性土中黏粒含量较多,常含亲水性较强的黏土矿物,具有水胶联结和团聚结构,有时有结晶联结,孔隙微小而多。常因含水量不同呈固态、塑态和流态等不同稠度状态,压缩速度小,压缩量大,抗剪强度主要取决于黏聚力,内摩擦角较小。

黏性土的工程性质主要取决于其联结和密实度,即与其黏粒含量、稠度、孔隙比有关。常因黏粒含量增多,黏性土的塑性、胀缩性、透水性、压缩性和抗剪强度等有明显变化。从粉土到黏土,其塑性指数、胀缩量、黏聚力逐渐增大,而渗透系数和内摩擦角则逐渐减小。稠度影响最大,近流态和软塑态的土,有较高的压缩性和较低的抗剪强度;而固态或硬塑态的土,其压缩性较低,抗剪强度较高。

2. 特殊土的工程性质、危害及防治措施

(1) 黄土

① 黄土的基本特征

黄土是第四纪以来在干旱及半干旱地区形成的一种特殊土,在我国西北及华北地区等地广泛发育。其基本特征是:a. 颜色为淡黄、褐黄或灰黄色;b. 质地均一,颗粒组成以粉粒(粒径为 0.005～0.006 mm)为主,含量一般在 60%以上,几乎没有大于 0.25 mm 的颗粒;c. 富含碳酸钙,含量为 10%～20%,且常形成钙质结核;d. 具有多孔性,一般有肉眼可见的大孔隙、虫孔等,孔隙比较大,一般在 1.0 左右;e. 一般无层理,具柱状节理,垂直节理发育,天然条件下,稳定边坡近于直立;f. 被水浸湿后土体显著沉陷,具有湿陷性。

具以上全部特征的,称为黄土;具部分特征的称为黄土质土或黄土状土。一般认为风积成因的黄土,不具层理,称为原生黄土。原生黄土经再次搬运而堆积,具有层理,形成黄土质(状)土,称为次生黄土。

我国黄土的形成经历了地质时代中的整个第四纪时期,黄土地层的划分如表 7-27 所示。

表 7-27　　黄土地层的划分

年代		黄土名称		成因		湿陷性
全新世 Q_4	近期 Q_4^2	新黄土	新近堆积黄土	次生黄土	以水成为主	强湿陷性
	早期 Q_4^1		黄土状土			一般有湿陷性
晚更新世 Q_3			马兰黄土	原生黄土	以风成为主	
中更新世 Q_2		老黄土	离石黄土			上部部分土层有湿陷性
早更新世 Q_1			午城黄土			不具湿陷性

注:测定黄土湿陷性的试验压力为 200～300 kPa;深层离石黄土(Q_2)在大压力(超过 300 kPa)作用下有时会呈现湿陷性。

② 黄土的成因

黄土按生成过程及特征可划分为风积、坡积、残积、洪积、冲积等成因类型。风积黄土分布在黄土高原平坦的顶部和山坡上,厚度大,质地均匀,无层理。坡积黄土多分布在山坡坡脚及斜坡上，厚度不均，基岩出露区常夹有基岩碎屑。残积黄土多分布在基岩山地上部，由表层黄土及基岩风化而成。洪积黄土主要分布在山前沟口地带，一般有不规则层理，厚度不大。冲积黄土主要分布在大河的阶地上，如黄河及其支流的阶地上。阶地越高，黄土厚度越大，有明显层理，常夹有粉砂、黏土、砂卵石等，大河阶地下部常有厚数米及数十米的砂卵石层。

③ 黄土的湿陷性

黄土的湿陷性是天然黄土受水浸湿后，在自重压力或附加压力与自重压力共同作用下产生的急剧而显著的下沉。

黄土的湿陷性以及湿陷性的强弱程度是黄土地区工程地质条件评价的主要内容。黄土湿陷性的判别与评价可用定量指标衡量。湿陷系数 δ_s 是室内浸水压缩试验测得的黄土在某种规定压力下由于浸水而产生的湿陷量与土样原始高度的比值。《湿陷性黄土地区建筑规范》(GB 50025)规定，当黄土的 $\delta_s < 0.015$ 时，应定为非湿陷性黄土；$\delta_s \geqslant 0.015$ 时，则定为湿陷性黄土。在判定为湿陷性黄土后，尚需进一步确定湿陷的类型。黄土的湿陷可分为自重湿陷与非自重湿陷两类。前者是指黄土在没有外荷载的作用下，浸湿后会迅速发生剧烈的湿陷；后者则是指黄土需在一定的外荷载的作用下，浸水后才发生湿陷。黄土样在与其饱和自重压力相等的压力作用下测得的湿陷系数称为自重湿陷系数 δ_{zs}。在工程勘察中应按实测或计算自重湿陷量确定建筑场地的湿陷类型。当自重湿陷量小于或等于 7 cm 时，应定为非自重湿陷性黄土场地；当自重湿陷量大于 7 cm 时，应定为自重湿陷性黄土场地。应注意的是，进行自重湿陷量计算时，计算深度内，自重湿陷系数 δ_{zs} 小于 0.015 的土层不应累计。然后根据湿陷类型，计算自重湿陷量及总湿陷量，确定黄土地基的湿陷等级，从轻微到很严重分为Ⅰ～Ⅳ级。

黄土的湿陷一般总是在一定的压力下才能发生，低于这个压力时，黄土浸水不会发生显著湿陷。这个开始出现明显湿陷的压力，称为湿陷起始压力，指湿陷性黄土的湿陷系数达到 0.015 时的最小湿陷压力。这是一个很有使用价值的指标。在工程设计中，若能控制黄土所受的各种荷载不超过初始压力，则可避免湿陷。黄土湿陷性的强弱与黄土中的黏粒含量多少、天然含水量的高低及密实度的大小有关。

④ 湿陷性黄土的危害

湿陷性黄土具有湿陷变形量大、速率快、变形不均匀等特征，往往使工程设施的地基产生大幅度的沉降或不均匀沉降，从而造成建筑物开裂、倾斜，甚至破坏。

a. 建筑物地基湿陷灾害。建筑物地基若为湿陷性黄土，在建筑物使用中因地表积水或管道、水池漏水而发生湿陷变形，加之建筑物的荷载作用，更加重了黄土的湿陷程度，常表现为湿陷速度快和非均匀性，使建筑物地基产生不均匀沉陷，破坏了建筑基础的稳定性及上部结构的完整性。在湿陷性黄土分布区，尤其是黄土斜坡地带，经常遇到黄土陷穴。这种陷穴常使工程建筑遭受破坏，如引起房屋下沉开裂、铁路路基下沉等。由于陷穴的存在，可使地表水大量潜入路基和边坡，严重者导致路基坍滑。由于地下暗穴不易被发现，经常在工程建筑物刚刚完工交付使用时便突然发生倒塌事故。在湿陷性黄土区，铁路路基有时因暗穴而引起轨道悬空，造成行车事故。

b. 渠道湿陷变形灾害。黄土分布区一般气候比较干燥，为了进行农田灌溉、城市和工矿企业供水，常修建引水工程。但是，由于某些地区黄土具有显著的自重湿陷性，因此水渠的渗漏常引起渠道的严重湿陷变形，导致渠道破坏。

⑤ 湿陷性黄土的防治措施

在湿陷性黄土地区，虽然因湿陷而引发的灾害较多，但只要能对湿陷变形特征与规律进行正确的分析和评价，采取恰当的处理措施，湿陷便可以避免。

a. 防水措施。水的渗入是黄土湿陷的基本条件，因此，只要能做到严格防水，湿陷事故是可以避免的。防水措施是为防止或减少建筑物地基受水浸湿而采取的措施。这类措施有平整场地，以保证地面排水通畅；做好室内地面防水设施和室外散水、排水沟，特别是开挖基坑时，要注意防止水的渗入；切实做到上下水道和暖气管道等用水设施不漏水等。

b. 地基处理措施。地基处理是对建筑物基础下一定深度内的湿陷性黄土层进行加固处理或换填非湿陷性土，达到消除湿陷性、减小压缩性和提高承载力的方法。在湿陷性黄土地区，通常采用的地基处理方法有重锤表层夯实法、强夯法、复合地基法、垫层法、挤密法、预浸水法、单液硅法或碱液加固法和桩基等。

（2）膨胀土

① 膨胀土的特征

膨胀土是一种富含亲水性黏土矿物，并且随含水量增减体积发生显著胀缩变形的高塑性黏土。其粒度组成中黏粒（粒径小于 0.002 mm）含量大于 30%，液限 ω_L 大于 40%，黏土矿物主要是蒙脱石和伊利石，二者吸水后强烈膨胀，失水后收缩，长期反复多次胀缩，强度衰减，可能导致工程建筑物开裂、下沉、失稳破坏。膨胀土在全世界范围内分布广泛，我国是世界上膨胀土分布广、面积大的国家之一，20 多个省、市、自治区都有分布。我国亚热带气候区的广西、云南等地的膨胀土，与其他地区相比，胀缩性强烈，形成时代自上新世（N_2）开始到晚更新世（Q_3），多为上更新统地层，成因有洪积、冲积、湖积、坡积、残积等，多分布在二级或二级以上阶地、山前丘陵和盆地边缘。

膨胀土的基本特征是：a. 多为灰白、棕黄、棕红及褐色等；b. 土中黏粒含量高，常达 35%以上，且黏粒中大部分为亲水性很强的蒙脱石和伊利石等黏土矿物，常含铁、锰或钙质结核；c. 土中可溶盐及有机质含量都较低；d. 天然状态下的膨胀土结构致密；e. 土体常有大量网状裂隙，裂面有蜡状光泽的挤压面，所以，膨胀土又称裂土。其工程特性有：a. 含水量低，一般在 20%左右，呈坚硬或硬塑状态；b. 孔隙比小，一般小于 0.8，密度大，压缩性很低，且膨胀土具有超固结性；c. 以黏粒与粉粒为主，塑性高，塑限 ω_P 一般为 17%～35%，液限 ω_L 一般为 40%～68%，塑性指数 I_P 一般为 18～23；d. 具有膨胀结构，胀缩强烈，自由膨胀率一般大于 40%；e. 作为地基土，承载能力较高，作为土坡，随着应力松弛、水的渗入，长期强度很低（$\varphi=10°$，c 很小），稳定坡度较小，一般小于 12°。

② 影响胀缩性的因素

影响胀缩性的主要因素有土的粒度成分和矿物成分、土的天然含水量和结构状态、水溶液介质等。黏粒含量越多，亲水性强的蒙脱石越多，土的膨胀性和收缩性就越大；天然含水量越小，失水收缩越小，但可能的吸水量越大，故膨胀率可能越大。同样成分的土，吸水膨胀率随天然孔隙比的增大而减小，收缩则相反。此外，外部条件和气候变化情况与场地排水条件及地下水位的变化等都直接影响土的胀缩变形。

③ 膨胀土的危害

膨胀土的胀缩特性对工程建筑，特别是低荷载建筑物具有很大的破坏性。只要地基中水分发生变化，就能引起膨胀土地基产生胀缩变形，从而导致建筑物变形，甚至破坏。膨胀土地基的破坏作用主要源于明显而反复的胀缩变化。因此，膨胀土的性质和发育情况是决定膨胀土危害程度的基础条件。膨胀土厚度越大，埋藏越浅，危害越严重。它可使房屋等建筑物的地基发生变形而引起房屋沉陷开裂。有资料表明，在强胀缩土发育区，房屋破坏率可达60%～90%。另外，膨胀土对铁路、公路以及水利工程设施的危害也十分严重，常导致路基和路面变形、铁轨移动、路堑滑坡等，影响运输安全和水利工程的正常运行。

在膨胀土中开挖地下洞室，常见围岩底鼓、内挤、坍塌等变形现象，导致隧道衬砌变形破坏，地面隆起。膨胀土隧道围岩变形常具有速度快、破坏性大、延续时间长和整治困难等特点。

④ 膨胀土危害的防治措施

在膨胀土分布区进行工程建设时，应避免大挖大填，在建筑物四周要加大散水范围，在结构上设置圈梁；铁路、公路施工避免深长路堑，要少填少挖，路堤底部垫砂，路堑设置挡土墙或抗滑桩，边坡植草铺砂。所有工程设施附近都要修建坡面、坡脚排水设施，避免降雨、地表水、城镇废水的冲刷、汇集。

对于已受膨胀土破坏的工程设施则视具体情况，采用加固、拆除重建等措施进行治理。

a. 膨胀土地基的防治措施。为了防止由于膨胀土地基胀缩变形而引起的建筑物破坏，在城镇规划和建筑工程选址时，要进行充分的地质勘察，弄清膨胀土的分布范围、发育厚度、埋藏深度以及膨胀土的物理性质和水理性质，在此基础上合理规划建筑布局，尽可能避开膨胀土发育区。在难以找到非膨胀土工程场地时，尽可能选择地形简单、胀缩性相对较弱、厚度小而且地下水水位变化较小、容易排水、没有浅层滑坡和地裂缝的地段进行工程建设，以最大限度地减少膨胀土的危害。除对建筑物布置和基础设计采取措施外，最主要的是对膨胀土地基进行防治和加固。经常采用的措施有防水保湿措施和地基改良措施。

——防水保湿措施。主要是指防止地表水下渗和土中水分蒸发，保持地基土湿度的稳定，从而控制膨胀土的胀缩变形。具体方法有：在建筑物周围设置散水坡，防止地表水直接渗入和减小土中水分蒸发；加强上、下水管和有水地段的防漏措施；在建筑物周边合理绿化，防止植物根系吸水造成地基土的不均匀收缩而引起建筑物的变形破坏；选择合理的施工方法，在基坑施工时，应分段快速作业，保证基坑不被暴晒或浸泡等。

——地基改良措施。地基土改良可以有效消除或减小膨胀土的胀缩性，通常采用换土法或石灰加固法。换土法就是挖除地基土上层约1.5 m厚的膨胀土，回填非膨胀性土，如砂、砾石等；石灰加固法是将生石灰掺水压入膨胀土内，石灰与水相互作用产生氢氧化钙，吸收土中水分，而氢氧化钙与二氧化碳接触后形成坚固稳定的碳酸钙，起到胶结土粒的作用。

b. 膨胀土边坡变形的防治措施。一般情况下，膨胀土路堑边坡要求一坡到顶。在坡脚还应设置侧沟平台，防止滑体堵塞侧沟，同时采取坡面防水、坡面加固和支挡等措施。

(3) 软土

① 软土的特征

软土是在静水或水流缓慢的环境中沉积的，并有微生物参与，含有较多的有机质的疏松软弱的黏性土。其天然含水量大于液限，孔隙比 e 大于或等于1.0。当 $1.0 \leqslant e < 1.5$ 时称为淤泥质土；当 $e \geqslant 1.5$ 时称为淤泥。我国软土的分布广泛，主要位于沿海平原地带、内陆湖盆、洼地及河流两岸地区。我国软土成因类型主要有沿海沉积型(滨海相、潟湖相、溺谷相、

角洲相)、内陆湖盆沉积型、河滩沉积型和沼泽沉积型。

我国的软土有下列特征：a. 软土的颜色多为灰绿、灰黑色，手摸有滑腻感，能染指，有机质含量高时有腥臭味；b. 软土的颗粒成分主要为黏粒及粉粒，黏粒含量高达60%～70%；c. 软土的矿物成分除粉粒中的石英、长石、云母外，黏土矿物主要是伊利石，高岭石次之，此外，软土中常有一定量的有机质，可高达8%～9%；d. 软土具有典型的海绵状或蜂窝状结构；e. 软土具层理构造，软土、薄层粉砂、泥炭层等相互交替沉积或呈透镜体相间沉积，形成性质复杂的土体。

由于有上述这些特定的物质成分和结构、构造特点，软土具有以下的工程特性：a. 孔隙比大，一般大于1；含水量高，一般为50%～70%；未受扰动时，处于软塑状态，但经扰动后，其结构破坏，处于流动状态。b. 透水性小，渗透系数k为10^{-8}～10^{-6} cm/s，压缩性大，压缩系数α为0.7～20 MPa^{-1}，固结时间长；因常夹薄层粉细砂，其水平方向的渗透系数较大。c. 强度低，软土的不排水抗剪强度一般小于20 kPa，随含水量的增大，压缩性增加，强度降低。d. 有较显著的触变和蠕变特性，扰动后土的强度降低；随着时间增长其强度能恢复的性能称为触变性，一般软土的灵敏度常为3～4；在一定荷载下，土的剪切变形随时间增长的特性称为蠕变，蠕变使土体的变形量增加，抗剪强度降低。e. 具有不均匀性。

当软土中的有机质含量为5%～10%时，称为有机土；有机质含量为10%～60%时，称为泥炭质土；超过60%时称为泥炭。泥炭的特征是：a. 含水量极高，可达百分之几百甚至百分之三千，孔隙比达9～25，这是由于腐殖质吸水能力很强以及泥炭固态物质比重小的缘故；b. 透水性与腐殖质的分解程度及含量有关，分解程度高的泥炭不易排水；c. 性质和含水量的关系很大，干燥的压实的泥炭很坚实，饱和的泥炭多呈流动状态，承载力极低。泥炭干燥后体积缩去10%～75%，它的压缩性很高，而且不均匀。

② 软土的危害

由于软土强度低、压缩性高，故以软土作为建筑物地基所遇到的主要问题是承载力低和地基沉降量过大。软土的容许承载力一般低于100 kPa，有的只有40～60 kPa。上覆荷载稍大，就会发生沉陷，甚至出现地基被挤出的现象。

在软土地区修筑路基时，由于软土抗剪强度低，抗滑稳定性差，不但路堤的高度受到限制，而且易产生侧向滑移，在路基两侧常产生地面隆起，形成远伸至坡脚以外的坍滑或沉陷。

③ 软土地基的加固措施

在软土地区进行工程建设往往会遇到地基强度和变形不能满足设计要求的问题，特别是在采用桩基、沉井等深基础措施而技术与经济上又不可能时，可采取加固措施来改善地基性质以增加稳定性。地基处理的方法很多，大致可归结为土质改良法、换填法和补强法等。

a. 土质改良法。土质改良法指利用机械、电化学等手段增加地基土的密度或使地基土固结的方法，如用砂井、砂垫层、真空预压、电渗法、强夯法等排除软土地基中的水分以增大软土的密度；或用石灰桩、拌合法、旋喷注浆法等使软土固结以改善土的性质。

b. 换填法。换填法指利用强度较高的土换填软土。

c. 补强法。补强法是采用薄膜、绳网、板桩等约束地基土的方法，如铺网法、板桩围截法等。

在道路建设中，对软土路基也必须进行加固处理，主要采用砂井、砂垫层、生石灰桩、换填土、旋喷注浆、电渗排水、侧向约束和反压护道等方法。

(4) 冻土

① 冻土的特征

温度等于或低于 0 ℃并含有冰的土层称为冻土。按冻土含冰特征,可定名为少冰冻土、多冰冻土、富冰冻土、饱冰冻土和含土冰层。冻土可分为多年冻土和季节冻土。冻结状态能保持 3 年或 3 年以上者,称为多年冻土;冬季冻结,夏季全部融化,逐年周期性冻结、融化的土,称为季节冻土。另外,还有隔年冻土,指冬季冻结,而翌年夏季并不融化的那部分冻土。我国多年冻土按地理分布划分为两种类型:一是大小兴安岭、阿尔泰等高纬度多年冻土区;二是长白山、天山、阿尔泰山、祁连山、青藏高原、喜马拉雅山等高海拔多年冻土地区,为高原多年冻土。

土中水分因温度降低而结冰或由于温度升高而融化,土的工程性质都将受到不利的影响。土冻结时,由于水分结冰膨胀,土的体积随之增大,地基隆起,称为冻胀;融化时,土体积缩小,地基沉降,称为融沉。冻胀和融沉都会给建筑物带来危害。因此,冻胀和融沉是冻土的两个重要特征。

土的冻胀程度一般用平均冻胀率表示,是冻结后土体膨胀的体积与未冻结土体体积的百分比。其值越大,则土的冻胀性越强。根据土的类别、冻前天然含水量、冻结期间地下水位距冻结面的最小距离和平均冻胀率 η,一般把土分为Ⅰ级不冻胀土($\eta \leqslant 0.01$)、Ⅱ级弱冻胀土($0.01 < \eta \leqslant 0.035$)、Ⅲ级冻胀土($0.035 < \eta \leqslant 0.06$)、Ⅳ级强冻胀土($0.06 < \eta \leqslant 0.12$)和Ⅴ级极强冻胀土($\eta > 0.12$)。实践证明,土的冻胀程度与气温条件有关,还与土的粒度成分、冻前土的含水量和地下水有关。在同样条件下,粗粒的土比细粒的土冻胀程度小;冻前土的含水量越小则土的冻胀程度越小。一般认为,冻前含水量大于某个限值 ω_0($\omega_0 = 0.8\omega_P$,称为起始冻胀含水量)时,才出现冻胀现象;无地下水补给条件的比有地下水补给条件的土的冻胀程度小。一般认为地下水位低于冻结深度的距离小于 1.5 m(细砂、粉砂土)或 2 m(黏性土)时,地下水就能不断补给并参与冻结。

多年冻土根据土的类别、总含水量和平均融化下沉系数(δ_0)的大小可分为Ⅰ级不融沉($\delta_0 \leqslant 0.01$)、Ⅱ级弱融沉($0.01 < \delta_0 \leqslant 0.03$)、Ⅲ级融沉($0.03 < \delta_0 \leqslant 0.1$)、Ⅳ级强融沉($0.1 < \delta_0 \leqslant 0.25$)、Ⅴ级融沉($\delta_0 > 0.25$)等类别。$\delta_0$ 为冻土试样融化前后的高度差与融化前试样高度的比值。

② 冻土的危害

土体在冻结时体积膨胀,地面出现隆起;而冻土融化时体积缩小,地面又发生沉陷。同时,土体在冻结、融化时,还可能产生裂缝、热融滑塌、寒冻石流和融冻泥流等灾害。因此,土体的频繁冻融影响和危害人类经济活动和工程建设。就危害程度而言,多年冻土的融化危害较大,而季节性冻土的冻结作用危害更大。

热融坍塌可使建筑物基底或路基边坡失去稳定性,也可使建筑物被滑塌物堵塞和掩埋。由于热融滑塌呈牵引式缓慢发展,所以很少出现滑塌体整体失稳的现象。热融滑塌一般自地下深处向地表发展,侧向延展很小,厚度只有 1.5～2.5 m,稍大于当地季节融化层的厚度。

热融沉陷与人类工程活动有着十分密切的关系。在多年冻土地区,铁路、公路、房屋、桥涵等工程的修建,都可能因处理不当而引起热融沉陷。例如,房屋采暖散热使多年冻土融化,在房屋基础下形成融化盘,在融化盘内,地基土将会产生较大的不均匀沉陷。在路基工程中，开挖破坏了原来的天然覆盖层，或路堤上方积水并下渗，都可能造成地下冰逐年融化，从而导致路基连年大幅度沉陷甚至突陷。若路堤下为饱冰黏性土，融化后处于软塑至流塑状态，承载力很低，在车辆振动荷载作用下，路堤在瞬间即可产生大幅度的沉陷，造成中断行车等严重事故。

③ 冻土危害的防治措施

冻土危害的防治原则是根据自然条件和建筑设计、使用条件尽可能保持一种状态，即要么长期保持其冻结状态，要么使其经常处于消融状态。首先，必须做到合理地选址和选线，制订正确的建筑原则，尽量避免或最大限度地减轻冻害的发生。在不可能避免时，采取必要的地基处理措施，消除或减弱冻土危害。

a. 冻胀防治措施。防治冻胀的措施包括两个方面：改良地基土，减缓或消除土的冻胀；增强基础和结构物抵抗冻胀的能力，保证冻土区建筑物的安全。不同的基础形式和建筑物类型，应根据设计原则采取相应的具体措施。

——换填法。换填法是目前应用最多的一种防治冻土灾害的措施。实践证明，这种方法既简单、实用，治理效果又好。具体做法是用粗砂或砂砾石等置换天然地基的冻胀性土。

——排水隔水法。排水隔水法有抽采地下水以降低水位、隔断地下水的侧向补给来源、排除地表水等，通过这些措施来减少季节融冻层土体中的含水量，减弱或消除地基土的冻胀。

——设置隔热层、保温法。隔热层是一层低导热率材料，如聚氨基甲酸酯泡沫塑料、聚苯乙烯泡沫塑料、玻璃纤维、木屑等。在建筑物基础底部或周围设置隔热层可增大热阻，减少地基土中的水分迁移，达到减轻冻害的目的。路基工程中常用草皮、泥炭、炉渣等作为隔热材料。

——物理化学法。物理化学法是在土体中加入某些物质，改变土粒与水分之间的相互作用，使土体中水的冰点和水分迁移速率发生改变，从而削弱土体冻胀的一种方法。如加入无机盐类使冻胀土变成人工盐渍土；降低冻结温度；在土中掺入厌水性物质或表面活性剂等使土粒之间牢固结合，削弱土粒与水之间的相互作用，减弱或消除水的运动。

b. 热融下沉的防治措施。工程建筑物的修建和运营，可使多年冻土地基的热平衡条件发生改变，导致多年冻土上限下降，从而产生融化下沉。

防治融化下沉的方法有多种，如隔热保温法、预先融化法、预固结法、换填土法、深埋基础法、地面以上材料喷涂浅色颜料法、架空基础法等。其中运用最广泛的是隔热保温法，即用保温性能较好的材料或土将热源隔开，保持地基的冻结状态。多年冻土地区的铁路建设中，也常采用路堤保温的方法防止路基热融下沉。

c. 路堑边坡滑坍防治措施。防治路堑边坡的滑坍往往采用换填土、保温、支挡、排水等措施。换填土厚度应足以保持堑坡处于冻结状态。防护高度小于 3 m 时，可采用保温措施，将泥炭或草皮夯实，并在夯实的坡面上铺植草皮和堆砌石块；当防护高度大于 3 m 时，可采用轻型挡墙护坡或采用挡墙与保温相结合的方法。

(5) 红黏土

红黏土是指碳酸盐类岩石(如石灰岩、白云岩等)在湿热气候条件下，经强烈风化作用而形成的棕红、褐红、黄褐色的高塑性黏土。红黏土广泛分布在我国云贵高原、四川东部、两湖和两广北部的一些地区。红黏土天然含水量高，孔隙比 e 较大，常大于1.0，但仍较坚硬，强度较高。这种特殊的性质是由其物质成分及堆积条件决定的。红黏土具有高分散性，颗粒细而均匀，黏粒含量很高，黏土矿物以高岭石或伊利石为主，碎屑矿物主要是石英，另一种主要矿物是绿泥石。

红黏土常呈蜂窝状和海绵状结构，颗粒之间具有牢固的铁质和铝质胶结。红黏土中常有很多裂隙、结核和土洞存在。红黏土液限 ω_L 大于或等于50%，沿埋藏深度从上至下随着含水量的增加，土质由硬至软明显变化；在天然情况下，虽然膨胀率甚微，但失水收缩强烈，故表面收缩、裂隙发育。

红黏土一般存在于盆地、洼地、山麓、山坡、谷地或丘陵地区。其厚度变化很大，且与原始地形和下伏基岩面的起伏变化密切相关。其成因以残积、坡积为主，也有冲、洪积成因的。若红黏土颗粒被流水带到低洼处重新堆积成新的土层，则颜色浅于未经搬运者，常含粗颗粒，但仍保留红黏土的基本特性。当液限 ω_L 大于45%时，可称为次生红黏土。

在一般情况下，红黏土的表层压缩性低、强度较高、水稳定性好，属良好的地基土层，但在接近下伏基岩面的下部，随着含水量的增大，土体成软塑或流塑状态，强度明显变低，作为地基时条件较差。因此在红黏土地区的工程建设中，要注意场地及边坡的稳定性、地基土厚度的不均匀性、地基土的裂隙性和胀缩性、岩溶和土洞现象以及高含水量红黏土的强度软化特性及其流变性。另外还要特别指出，红黏土的压实性较差。

(6) 盐渍土

① 盐渍土的特征

土体中易溶盐含量大于0.3%，且具有溶陷、盐胀、腐蚀等特性的土称为盐渍土。盐渍土一般位于土壤表层，分布于干旱、半干旱地区，如我国西北、华北平原、松辽平原等地。另外在滨海地区的辽东湾、渤海湾、杭州湾也有分布。

形成盐渍土的区域地质条件是：有充分的盐类来源，能形成矿化度高的地下水，或域内地下水位距离地面较近，土体中的上升毛细水发育并不断被蒸发，又或者区域气候干燥，蒸发量大于降雨量。具备上述条件的地区就容易形成盐渍土。我国的盐渍土按分布可划分为滨海盐渍土、内陆盐渍土和冲积平原盐渍土三种类型。其中，滨海型盐渍土为滨海的洼地或衰亡的潟湖、溺谷等由于水分的蒸发使盐分浓集而形成，由于滨海地区湿润多雨，所以湿度和降雨对盐渍土的性质影响很大。冲积平原型盐渍土多分布于低阶阶地、河漫滩及旧河道地带，主要由于河床淤积或兴修水利等，使地下水位局部升高，导致局部地区盐渍化，含盐量一般较低。内陆型盐渍土多为洪积扇和盆地型，从洪积扇到盆地可分为松胀盐土带、结皮盐土带和结壳盐土带，含盐量依次增高。松胀盐土带土质松软，沉落性很大；结皮盐土带地层多为粉砂、砂黏土或黏土等细粒含盐软土，力学性质差，强度低；结壳盐土带为潜水溢出带或衰亡干涸的古湖盆，土层表面常结成很厚的灰白色硬壳，硬壳下常有一层褐黄色或灰白色的盐类结晶，遇水后工程性质会有极大改变。

按盐渍土中易溶盐的化学成分可将盐渍土划分为氯盐型、硫酸盐型和碳酸盐型盐渍土。其中氯盐型盐渍土吸水性极强，含水量高时松软易翻浆；硫酸盐型盐渍土易吸水膨胀、失水收缩，性质类似膨胀土；碳酸盐型盐渍土碱性大、土颗粒结合力小、强度低。盐渍土的液限、塑限随土中含盐量的增大而降低，当土中的含水量等于其液限时，土的抗剪强度近乎等于零，因此高含盐量的盐渍土在含水量增大时极易丧失强度。

② 盐渍土的危害

盐渍土分布区的道路路基和建筑物地基易受到盐渍土胀缩的破坏或腐蚀，含盐量高的盐渍土路基还会因盐分溶解导致地基下沉。

a. 毁坏道路和建筑物基础。硫酸盐盐渍土随着温度和湿度变化，吸收或释放结晶水而产生体积变化，引起土体松胀。因此，采用富含硫酸盐的盐渍土填筑路基时，由于松胀现象会造成路基变形而影响交通运输。如新疆塔城机场跑道下为含有 Na_2SO_4 或 $Na_2SO_4 \cdot 10H_2O$ 的盐渍土，因温差变化而引起的盐胀作用使机场跑道表面出现大量的开裂、起皮和拱起，经济损失达 1 400 多万元。

此外，由于降雨淋溶作用，使表层土中盐分减少，造成退盐作用，结果使路基变松、透水性减弱，从而降低路基的稳定性。

b. 腐蚀建筑材料，破坏工程设施。盐渍土还可腐蚀桥梁、房屋等建筑物的混凝土基础，引起基础破损。当硫酸盐含量超过 1%或氯化物含量超过 4%时，对混凝土将产生腐蚀作用，使混凝土疏松、剥落或掉皮。盐渍土中的易溶盐对砖、钢铁、橡胶等材料也有不同程度的腐蚀作用。例如，NaCl 与金属铁作用形成 $FeCl_3$；盐渍土中氯化物含量超过 2%时，将使沥青的延展度下降；碳酸钠和碳酸氢钠能使沥青乳化。

③ 盐渍土危害的防治措施

对盐渍土一般采取浸水预溶法、强夯法、换土垫层法、振冲法以及物理化学方法等进行处置。

(7) 人工填土

人工填土是指由人类活动堆积而成的土，根据物质组成和堆填方式分为素填土、杂填土和冲填土。

素填土是由碎石、砂、粉土、黏性土等一种或几种土通过人工堆填方式而形成的土，经过分层压实后的称为压实填土，未经压实处理的称为虚填土。即使是压实填土，由于形成的时间极短，所以结构性能一般很差。虚填土俗称“活土”，极其疏松，在工程中遇到时必须进行换填压实处理。

杂填土是指大量的建筑垃圾、工业废料或生活垃圾等人工堆填物，其中建筑垃圾和工业废料一般均质性差，尤以建筑垃圾为甚；生活垃圾物质成分复杂，且含有大量的污染物，不能作为地基材料。当建筑场地为生活垃圾所覆盖时，必须挖除；由建筑垃圾和工业废料堆成的杂填土也常常需要进行人工处理后方可作为地基。

冲填土是借助水力冲填泥沙而形成的土，一般压缩性大、含水量大、排水固结差、强度固结差、强度低。

填土的工程性质主要包括不均匀性、湿陷性、自重压密性以及压缩性大、强度低等。

二、工程材料系统的分类方案

(一)《土的工程分类标准》分类

在我国，为了统一工程用土的鉴别、定名和描述，便于对土的性状作定性评价，制定了国家标准《土的工程分类标准》(GB/T 50145)，该标准是工程用土的通用分类标准，是从土的基本特性出发，以土的颗粒尺寸、水理性质等为界定指标的分类体系。

该标准在分类中考虑了土颗粒组成及其特征、土的塑性指标以及土中有机质的存在情况等三方面的指标。一般土按照不同粒组的相对含量可划分为巨粒土和含巨粒的土、粗粒土、细粒土。巨粒土和含巨粒的土(包括混合巨粒土和巨粒混合土)、粗粒土(包括砾类土和砂类土)按粒组、级配、所含细粒的塑性高低可划分为16种土类;细粒土按塑性图、所含粗粒类别以及有机质多少可划分为16种土类。

土的粒组应根据表6-18规定的土颗粒粒径范围划分。巨粒土(试样中巨粒组质量大于总质量50%的土)和含巨粒的土(试样中巨粒组质量为总质量的15%~50%的土)的分类定名,应符合表7-28的规定。

表7-28　巨粒土和含巨粒土的分类

土类	粒组含量		土类代号	土类名称
巨粒土	巨粒含量>75%	漂石含量大于卵石含量	B	漂石(块石)
		漂石含量不大于卵石含量	Cb	卵石(碎石)
混合巨粒土	50%<巨粒含量≤75%	漂石含量大于卵石含量	BS1	混合土漂石(块石)
		漂石含量不大于卵石含量	CbS1	混合土卵石(碎石)
巨粒混合土	15%<巨粒含量≤50%	漂石含量大于卵石含量	S1B	漂石(块石)混合土
		漂石含量不大于卵石含量	S1Cb	卵石(碎石)混合土

试样中粗粒组质量大于总质量50%的土称为粗粒土,可分为砾类土(试样中砾粒组质量大于总质量50%的土)和砂类土(试样中砾粒组质量小于或等于总质量50%的土)两种。砾类土应根据其细粒含量及类别、粗粒组的级配,按照表7-29进行分类。

表7-29　砾类土的分类

土类	粒组含量		土类代号	土类名称
砾	细粒含量<5%	级配 $C_u>5, 1\leqslant C_c\leqslant 3$	GW	级配良好砾
		级配不同时满足上述要求	GP	级配不良砾
含细粒土砾	5%≤细粒含量<15%		GF	含细粒土砾
细粒土质砾	15%≤细粒含量<50%	细粒组中粉粒含量不大于50%	GC	黏土质砾
		细粒组中粉粒含量大于50%	GM	粉土质砾

砂类土应根据其细粒含量及类别、粗粒组的级配,按照表7-30进行分类。

表7-30　砂类土的分类

土类	粒组含量		土类代号	土类名称
砂	细粒含量<5%	级配 $C_u>5, 1\leqslant C_c\leqslant 3$	SW	级配良好砂
		级配不同时满足上述要求	SP	级配不良砂
含细粒土砂	5%≤细粒含量<15%		SF	含细粒土砂
细粒土质砂	15%≤细粒含量<50%	细粒组中粉粒含量不大于50%	SC	黏土质砂
		细粒组中粉粒含量大于50%	SM	粉土质砂

试样中细粒组质量大于或等于总质量的50%的土称为细粒土。其中粗粒组质量占总质量的25%～50%的土称为含粗粒的细粒土。当有机质含量大于等于10%时定名为有机土，有机质含量小于10%且大于等于5%时定名为有机质土。细粒土、含粗粒的细粒土和有机质土均根据塑性图进行类别确定。塑性图的横坐标为土的液限，纵坐标为塑性指数，取质量为76 g、锥角为30°的液限仪锥尖入土深度为17 mm对应的含水量为液限时，按图7-2所示塑性图进行分类。具体的分类如表7-31所示。

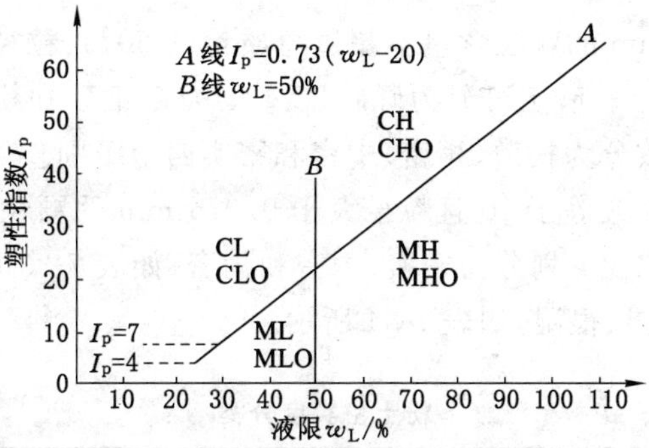

图7-2　塑性图

表7-31　用塑性图确定的细粒土的类别

土的塑性指标在塑性图中位置		土类代号	土类名称
塑性指数	液限 ω_L		
$I_P \geqslant 0.73(\omega_L-20)$和$I_P \geqslant 7$	≥50%	CH	高液限黏土
	<50%	CL	低液限黏土
$I_P < 0.73(\omega_L-20)$或$I_P < 4$	≥50%	MH	高液限粉土
	<50%	ML	低液限粉土

对于含粗粒的细粒土，当粗粒中砾粒占优势时，称为含砾细粒土，在细粒土代号后缀以代号G，如含砾低液限黏土，代号CLG。当粗粒中砂粒占优势时，称为含砂细粒土，在细粒土代号后缀以代号S，如含砂高液限黏土，代号CHS。

若细粒土内含部分有机质，则土名前加“有机质”，对有机质细粒土的代号后缀以代号O，如低液限有机质粉土，代号MLO。

（二）《公路桥涵地基与基础设计规范》分类

公路桥涵地基土的分类采用《公路桥涵地基与基础设计规范》(JTG D63)的规定，分为碎石土、砂土、粉土、黏性土和特殊性土。其中特殊性土指具有一些特殊成分、结构和性质的区域性地基土，包括软土、膨胀土、湿陷性土、红黏土、冻土、盐渍土和填土等。

碎石土为粒径大于2 mm的颗粒含量超过总质量50%的土，可分为漂石、块石、卵石、碎石、圆砾和角砾六类。具体分类与《建筑地基基础设计规范》(GB 50007)完全相同，参见表7-22。碎石土的密度可根据重型动力触探锤击数$N_{63.5}$按表7-32分为松散、稍密、中密、密实四个级别。

表 7-32　**碎石土的密实度**

锤击数 $N_{63.5}$	密实度	锤击数 $N_{63.5}$	密实度
$N_{63.5} \leqslant 5$	松散	$10 < N_{63.5} \leqslant 20$	中密
$5 < N_{63.5} \leqslant 10$	稍密	$N_{63.5} > 10$	密实

注：本表适用于平均粒径小于或等于 50 mm 且最大粒径不超过 100 mm 的卵石、碎石、圆砾、角砾；表内 $N_{63.5}$ 为经修正后锤击数的平均值，锤击数的修正按《公路桥涵地基与基础设计规范》(JTG D63—2007)附录 C 进行。

砂土为粒径大于 2 mm 的颗粒含量不超过总质量的 50%、粒径大于 0.075 mm 的颗粒含量超过总质量 50%的土。砂土可分为砾砂、粗砂、中砂、细砂和粉砂共 5 类。砂土的密实度可根据标准贯入锤击数分为松散、稍密、中密和密实四个级别。

粉土为塑性指数小于或等于 10 且粒径大于 0.075 mm 的颗粒含量不超过总质量 50%的土。其密实度根据孔隙比 e 划分为密实、中密和稍密，如表 7-33 所示；其湿度根据天然含水量 ω(%)划分为稍湿、湿、很湿，如表 7-34 所示。

表 7-33　**粉土密实度分类**

孔隙比 e	密实度
$e < 0.75$	密实
$0.75 \leqslant e \leqslant 0.90$	中密
$e > 0.90$	稍密

表 7-34　**粉土湿度分类**

天然含水量 ω/%	湿度
$\omega < 20$	稍湿
$20 \leqslant \omega \leqslant 30$	湿
$\omega > 30$	很湿

黏性土为塑性指数大于 10 且粒径大于 0.075 mm 的颗粒含量不超过总质量 50%的土。

当塑性指数大于 17 时为黏土；大于 10 且小于或等于 17 时为粉质黏土。黏性土的软硬状态可根据液性指数分为坚硬、硬塑、可塑、软塑、流塑五种状态。

(三)《公路土工试验规程》分类

《公路土工试验规程》(JTG E40)提出了公路工程用土的分类标准，其分类体系参照《土的工程分类标准》(GB/T 50145)，将土分为巨粒土、粗粒土、细粒土和特殊土。土的粒组应根据表 7-35 规定的土颗粒粒径范围划分。

表 7-35　**粒组分类**

粒组	颗粒名称	粒径 d 的范围/mm
巨粒	漂石	$d > 200$
	卵石	$60 < d \leqslant 200$

续表 7-35

粒组	颗粒名称		粒径 d 的范围/mm
粗粒	砾粒	粗砾	20<d≤60
		中砾	5<d≤20
		细砾	2<d≤5
	砂粒	粗砂	0.5<d≤2
		中砂	0.25<d≤0.5
		细砂	0.075<d≤0.25
细粒	粉粒		0.002<d≤0.075
	黏粒		d≤0.002

巨粒土按照漂石粒和卵石粒含量多少划分为 6 类，如图 7-3 所示。

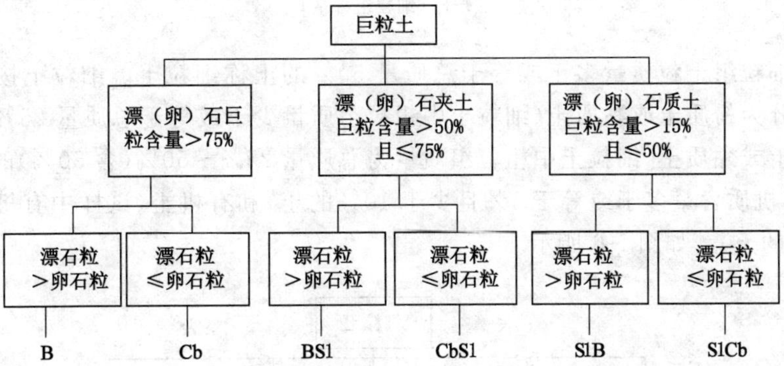

图 7-3　巨粒土分类体系

试样中巨粒组土粒质量少于或等于总质量 15%，且巨粒组土粒与粗粒组土粒质量之和多于总土质量 50%的土称粗粒土。粗粒土中砾粒组质量多于砂粒组质量的土称砾类土。按照细粒组含量和塑性图可分为砾、含细粒土砾和细粒土质砾三种，如图 7-4 所示，图 7-4 中所指塑性图见图 7-2。

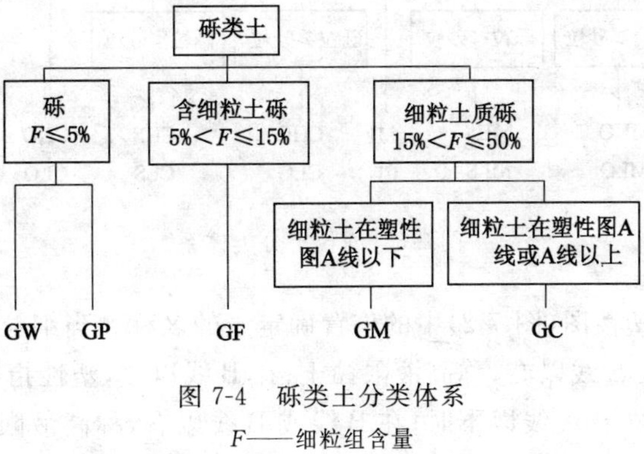

图 7-4　砾类土分类体系

F——细粒组含量

粗粒土中砾粒组质量少于或等于砂粒组质量的土称砂类土。砂类土根据细粒含量和类别以及粗粒组的级配可分为砂、含细粒土砂和细粒土质砂。对于砂，可按照级配指标分为级配良好砂(SW)和级配不良砂(SP)。对于细粒土质砂，按细粒土在塑性图(图 7-2)中的位置分为粉土质砂(SM)和黏土质砂(SC)。如图 7-5 所示。

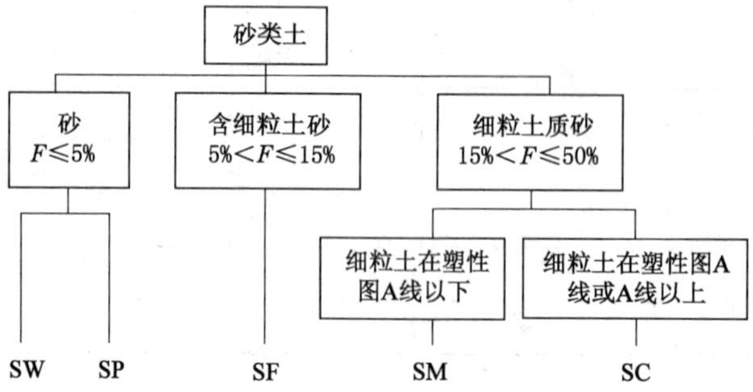

图 7-5　第七类土分类体系

F——细粒组含量

试样中细粒组土粒质量多于或等于总质量 50% 的土称细粒土。细粒土按粗粒组和有机质含量划分为粉质土或黏质土(细粒土中粗粒组质量少于或等于总质量 25% 的土)、含粗粒土的粉质土或黏质土[细粒土中粗粒组质量为总质量 25%～50%(含 50%)的土]、有机质土(试样中有机质含量多于或等于 5% 且少于 10% 的土)和有机土(试样中有机质含量多于或等于 10% 的土)。如图 7-6 所示。

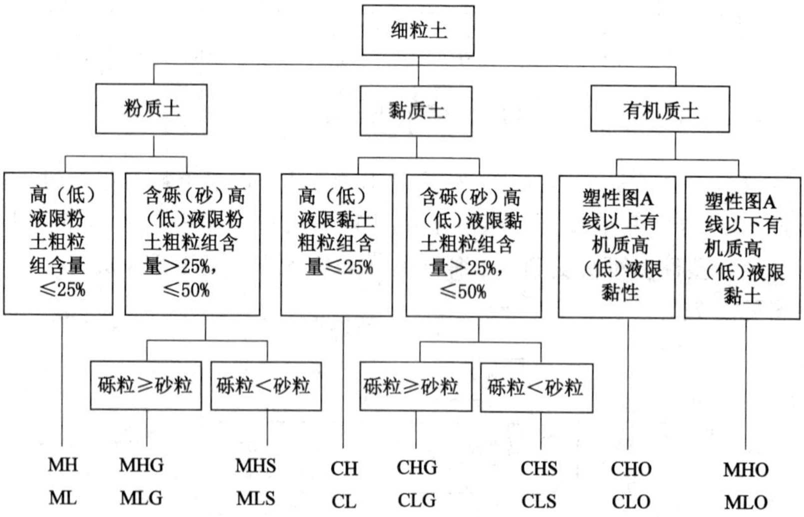

图 7-6　细粒土分类体系

细粒土可按其在塑性图(图 7-2)中的位置确定土的名称。当细粒土位于塑性图 A 线或 A 线以上时，在 B 线或 B 线以右，称高液限黏土；在 B 线以左，塑性指数等于 7 线以上，称低液限黏土。当细粒土位于 A 线以下时；在 B 线或 B 线以右，称高液限粉土；在 B 线以左，塑性指数等于 4 线以下，称低液限粉土。黏土至粉土过渡区的土可按相邻土层的类别考虑细分。

对于有机质土，当位于塑性图A线或A线以上时，在B线或B线以右，称有机质高液限黏土，在B线以左，塑性指数等于7线以上，称有机质低液限黏土；当位于塑性图A线以下时，在B线或B线以右，称有机质高液限粉土，在B线以左，塑性指数等于4线以下，称有机质低液限粉土；黏土至粉土过渡区的土可以按相邻土层的类别考虑细分。

特殊土主要包括黄土、膨胀土、红黏土、盐渍土、冻土。

(四)《水利工程地基设计规范》的分类

交通运输部颁发的《水利工程地基设计规范》(JTS 147)规定根据沉积时代将土分为3类：老沉积土(第四纪晚更新世 Q_3 及其以前沉积的土)、一般沉积土(第四纪全新世 Q_4 文化期以前沉积的土)和新近沉积土(第四纪全新世 Q_4 文化期以来沉积的土)。根据地质成因可分为残积土、坡积土、洪积土、冲积土、湖积土、海积土、风积土、人工填土以及复合成因的土等。

根据颗粒级配和塑性指数可分为碎石土、砂土、粉土和黏性土。

(1) 碎石土：粒径大于2 mm的颗粒质量超过总质量50%的土。根据颗粒级配和颗粒形状分为漂石、块石、卵石、碎石、圆砾和角砾。

(2) 砂土：粒径大于2 mm的颗粒质量不超过总质量的50%，且粒径大于0.075 mm的颗粒质量超过总质量50%的土。根据颗粒级配可分为砾砂、粗砂、中砂、细砂和粉砂。

砂土的密实度可按照表7-36分为松散、稍密、中密、密实、极密实。

表7-36　砂土分类

标准贯入试验锤击数 N	密实度
$N \leqslant 10$	松散
$10 < N \leqslant 15$	稍密
$15 < N \leqslant 30$	中密
$30 < N \leqslant 50$	密实
$N > 50$	极密实

(3) 粉土：粒径大于0.075 mm的颗粒质量不超过总质量的50%，且塑性指数小于或等于10的土。当需要判别粉土液化时，需要测定黏粒含量的多少。

(4) 黏性土：塑性指数大于10的土。根据塑性指数分为粉质黏土和黏土。其状态按照液性指数可分为坚硬、硬塑、可塑、软塑和流塑。黏性土的天然状态也可根据标准贯入试验实测锤击数 N 值按表7-37确定，还可以根据锥沉量按表7-38确定。

表7-37　根据标准贯入试验实测锤击数 N 确定黏性土的天然状态

N	$N \geqslant 15$	$15 > N \geqslant 8$	$8 > N \geqslant 4$	$4 > N \geqslant 2$	$N < 2$
黏性土状态	坚硬	硬	中等	软	很软

表7-38　根据锥沉量 h 值确定黏性土的天然状态

锥沉量 h/mm	$h < 2$	$2 \leqslant h < 3$	$3 \leqslant h < 5$	$5 \leqslant h < 7$	$7 \leqslant h$
黏性土状态	坚硬	硬	中等	软	很软

三、土的野外鉴别

碎石土密实度、砂土、黏性土及粉土、新近沉积土、细粒土的野外鉴别见表7-39～表7-43。

表 7-39　　碎石土密实度的野外鉴别

密实度	骨架颗粒含量和排列	可挖性	可钻性
松散	骨架颗粒质量小于总质量的60%，排列混乱，大部分不接触	锹可挖掘，井壁易坍塌，从井壁取出大颗粒后，立即坍塌	钻进较易，钻杆稍有跳动，孔壁易坍塌
中密	骨架颗粒质量等于总质量的60%～70%，呈交错排列，大部分接触	锹镐可挖掘，井壁有掉块现象，从井壁取出大颗粒处，能保持凹面形状	钻进较困难，钻杆、吊锤跳动不剧烈，孔壁有坍塌现象
密实	骨架颗粒质量大于总质量的70%，呈交错排列，连续接触	锹镐挖掘困难，用撬棍方能松动，井壁较稳定	钻进困难，钻杆、吊锤跳动剧烈，孔壁较稳定

表 7-40　　砂土的野外鉴别

鉴别特征	砾砂	粗砂	中砂	细砂	粉砂
颗粒大小	约有1/4以上的颗粒比荞麦或高粱粒(2 mm)大	约有一半以上颗粒比小米粒(0.5 mm)大	约有一半以上颗粒与砂糖或白菜籽(>0.25 mm)近似	大部分颗粒与粗玉米粉(>0.1 mm)近似	大部分颗粒与小米粉(<0.1 mm)近似
干燥时状态	颗粒完全分散	颗粒完全分散，个别胶结	颗粒基本分散，部分胶结，胶结部分一碰即散	颗粒大部分分散，少量胶结，胶结部分稍加碰撞即散	颗粒少部分分散，大部分胶结(稍加压即能分散)
浸润时用手拍后的状态	表面表变化	表面无变化	表面偶有水印	表面偶有水印(翻浆)	表面有显著翻浆现象
黏着程度	无黏着感	无黏着感	无黏着感	偶有轻微黏着感	有轻微黏着感

表 7-41　　粉土和黏性土的野外鉴别

鉴别方法	分类		
	黏土	粉质黏土	粉土
	$I_P>17$	$10<I_P\leqslant 17$	$I_P\leqslant 10$
浸润时用刀切	切面非常光滑，刀刃有黏腻的阻力	稍有光滑，切面规则	无光滑面，切面较粗糙
用手捻摸时的感觉	湿土用手捻摸有滑腻感，当水分较大时极易黏手	仔细捻摸感觉有少量细颗粒，稍有滑腻感，有黏滞感	感觉有细颗粒存在或感觉粗糙，有轻微黏滞或无黏滞感
黏着程度	湿土极易黏着物体(包括金属与玻璃)，干燥后不易剥去，用水反复洗才能去掉	能黏着物体，干燥后较易剥掉	一般不黏着物体，干燥后一碰就掉
湿土搓条情况	能搓成直径小于0.5 mm的土条(长度不短于手掌)，手持一端不易断裂	能搓成直径0.5～2 mm的土条	能搓成直径小于2～3 mm的土条
干土的性质	坚硬，类似陶器碎片，用锤击方可打碎，不易击成粉末	用锤易击碎，用手难捏碎	用手很易捏碎

表 7-42　新近沉积土的野外鉴别

沉积环境	颜色	结构性	含有物
河漫滩，山前洪、冲积扇的表层，古河道，已填塞的湖、塘、沟、谷和河道泛滥区	较深而暗，呈褐、暗黄或灰色，含有机质较多时带灰黑色	结构性差，用手扰动原状土时极易变软，塑性较低的土还有振动水析现象	完整的剖面中无粒状结核体，但可能含有圆形及亚圆形钙质结核体（如礓结石）或贝壳等，在城镇附近可能含有少量碎砖、瓦片、陶瓷、铜币或朽木等人类活动遗迹

表 7-43　细粒土的简易鉴别

半固态时的干强度	硬塑～可塑态时的手捻感和光滑度	土在可塑态时		软塑～流动态时的摇振反应	土类代号
		土条可搓成的最小直径/mm	韧性		
低～中	粉粒为主，有砂感，稍有黏性，捻面较粗糙，无光泽	＞3 或 3～2	低～中	快～中	ML
中～高	含砂粒，有黏性，稍有滑腻感，捻面较光滑，稍有光泽	2～1	中	慢～无	CL
中～高	粉粒较多，有黏性，稍有滑腻感，捻面较光滑，稍有光泽	2～1	中～高	慢～无	MH
高～很高	无砂感，黏性大，滑腻感强，捻面光滑，有光泽	＜1	高	无	CH

第八章　工程地质勘察

第一节　工程地质勘察概述

一、工程地勘察的目的和任务

（一）工程地质勘察的目的

工程地质勘察就是为工程建设服务的地质调查。它是运用工程地质理论和各种勘察测试技术手段的方法，为解决工程建设中地质问题而进行的调查研究工作。工程地质勘察是工程建设的先行工作，其成果资料是工程项目决策、设计和施工的重要依据。从事工程建设必须先了解拟建场地的自然环境、区域和场地的稳定性条件，工程地质和水文地质条件，岩土体在工程荷载作用下及工程活动条件下的稳定性、强度及变形规律。

土木工程工程地质勘察的目的，在于为工程建筑的规划、设计、施工和使用提供该工程所涉及区域内地质资料，分析该地区的工程地质条件对该工程的适宜性，同时还应研究所存在的不利地质条件，探讨解决方法。充分利用有利的自然和地质条件，避开或改造不利的地质因素，既要保证建筑工程的安全性、经济性、耐久性，又要尽可能避免因工程的兴建而恶化地质环境，并要保护好工程周围的地质环境。

（二）工程地质勘察的任务

工程地质勘察的一般工作程序为：准备工作→工程地质测绘→工程地质勘探（物探、坑探、钻探）→工程地质试验→长期观测→文件编制。

工程地质勘察是完成工程地质学在经济建设中“防灾”这一总任务的具体实践过程，其任务从总体上来说是为工程建设规划、设计、施工提供可靠的地质依据，以充分利用有利的自然和地质条件，避开或改造不利的地质因素，保证建筑物的安全和正常使用。具体而言，工程地质勘察的任务可归纳为以下几点：

（1）调查工程建设区域的地形地貌，即地形地貌的形态特征，地貌的成因类型及地貌单元的划分。

（2）调查工程建设区域的地层条件，包括岩土的性质、成因类型、地质年代、厚度分布范围，测定基岩、土的物理力学性质。对岩层尚应查明风化程度及地层的接触关系；对土层应着重区分新近沉积黏性土、特殊土的分布范围及其工程地质特征。

（3）调查工程建设区域的地质构造，包括岩层产状及褶曲类型；裂隙的性质、产状、数量及填充胶结情况；断层的位置、类型、产状、断距、破碎带宽度及填充情况；新近地质时期构造活动形迹。评价其对工程建设的不利和有利的工程地质条件。

（4）查明工程建设区域的水文及水文地质条件，即调查含水层的埋藏条件，地下水类型，补给排泄条件，各层地下水位，调查其变化幅度，必要时应设置长期观测孔，监测水位变化；当需绘制地下水等水位线图时，应根据地下水的埋藏条件和层位，统一量测地下水位；当地下水可能浸湿基础时，应采取水试样进行腐蚀性评价。

(5) 确定工程建设区域内有无不良地质现象，如滑坡、泥石流、岸边冲刷和地震等。应对工程区域内可能发生的不良地质现象进行评价，作出定性分析，并在此基础上进行定量分析，为工程的设计和施工提供可靠的地质结论，并提出改善不良工程地质条件的措施和建议。

(6) 测定地基土的物理力学性质指标，包括地基土的天然密度、比重、含水量、液塑限、压缩系数、压缩模量、抗剪强度等。

以上六项任务是相互联系，密不可分的，其中占地多少、水资源情况、环境污染情况三项最重要。工程地质条件的调查研究是最基本的工作，如果工程地质条件不清楚或弄错了，则其他各项任务也就不可能完成，甚至得出错误的结果。

任何工程建筑都是建造在一定的场地与地基之上，所有工程建设方式、规模和类型都要受工程区域内的工程地质条件所制约。地基的好坏不仅直接影响到建筑物的经济性和安全性，而且一旦发生事故，处理也比较困难。实践经验表明，岩土工程勘察工作如果做得好，设计、施工就能顺利进行，工程建筑的安全运营就能得到保障。相反，忽视工程区域内的岩土工程勘察，就会给工程建设带来不同程度的影响，轻则修改设计方案、增加投资、延误工期，重则使建筑物完全不能使用，甚至突然破坏酿成灾害。例如，延安市有一个工程，因各种原因不勘测，结果导致项目失败，因其选点放在了滑坡体上。

二、工程地质勘察阶段的划分

工程地质勘察既是认识自然，又是利用自然、改造自然的过程，因而要完成工程地质勘察的任务，需要经过多次的反复，同时一项建筑工程也需要反复研究，多次分析，才能从粗略到具体，完成可行性研究和初步设计到施工图设计的全过程。这种反复认识和不断深化的规律性，也是人的主观意图(工程的规划与设计)与客观存在(工程地质条件)相互适应的需要。为此勘察工作与设计工作必须紧密配合，分阶段有序地进行。各个工程设计阶段的任务不同，要求工程地质勘察提供的地质资料和回答的问题在广度和深度上是不一样的。因此为不同设计阶段进行的勘察所涉及的范围、使用的工作方法和工作量的大小以及应取得资料的详细程度也该有所不同。各类建设工程对勘察涉及阶段划分的名称不尽相同，但勘察设计各阶段的实质内容则是大同小异。一般将工程地质勘察阶段划分为可行性研究勘察阶段、初步勘察阶段、详细勘察阶段及技术设计与施工勘察阶段。对于工程地质条件复杂或有特殊施工要求的重要建筑物地基，应加强可行性及施工勘察；对于地质条件简单，建筑物占地面积不大的场地，或有建设经验的地区，也可适当简化勘察阶段。

各勘察阶段的任务和工作内容简述如下。

(一) 可行性研究勘察阶段

可行性研究阶段主要满足选址或确定场地的要求，该阶段应对拟建场地的稳定性和适宜性作出评价。勘察应符合下列要求：搜集区域地质、地形地貌、地震、矿产、当地的工程地质、岩土工程和建筑经验等资料。在充分搜集和分析已有资料的基础上，通过踏勘了解场地的地层、构造、岩性、不良地质作用和地下水等工程地质条件。当拟建场地工程地质条件复杂，已有资料不能满足要求时，应根据具体情况进行工程地质测绘和必要的勘探工作。为此，在确定拟建工程场地时，在工程地质条件方面，宜避开下列地区或地段：

（1）不良地质现象发育且对场地稳定性有直接危害或潜在威胁的。

（2）地基土性质严重不良的。

（3）对建（构）筑物抗震有危险的。

（4）洪水或地下水对建（构）筑场地有严重不良影响的。

（5）地下有未开采的有价值矿藏或未稳定的地下采空区，以及地下文物区的。

本阶段的工程地质工作要求：

（1）收集场地区域地质、地形地貌、地震、矿产和附近地区的工程地质资料及当地的建筑经验；通路、通水、通电简称三通，是基本条件。

（2）在搜集和分析已有资料的基础上，通过踏勘，了解场地的地层、构造、岩石和土的性质、不良地质现象及地下水等工程地质条件。

（3）对工程地质条件复杂，已有资料不能符合要求，但其他条件好且倾向于选取的场地，应根据具体的情况进行地质测绘及必要的勘探工作。

（二）初步勘察阶段

初步勘察阶段是在选定的场址上进行的，该阶段的工作最为繁重，要使用各种勘察手段，根据选址报告书了解建设项目类型、规模、建筑物高度、基础的形式及埋置深度和主要设备等情况。初步勘察的目的是对场地内建筑地段的稳定性作出岩土工程评价，为确定建筑总平面布置、主要建筑物地基基础设计方案以及不良地质现象的防治方案作出工程地质论证。本阶段的工程地质勘察工作有：

（1）搜集拟建工程的有关文件、工程地质和岩土工程资料及工程场地范围的地形图。

（2）初步查明地质构造、地层结构、岩土工程特征、地下水埋藏条件。

（3）查明场地不良地质作用的成因、分布、规模、发展趋势，并对场地的稳定性作出评价。

（4）对抗震设防烈度等于或大于 6 度的场地，应对场地和地基的地震效应作出初步评价。

（5）季节性冻土地区，应调查场地土的标准冻结深度。

（6）初步判定水和土对建筑材料的腐蚀性。

初步勘察的勘探工作应符合下列要求：

（1）勘探线应垂直于地貌单元、地质构造和地层界线布置。

（2）每个地貌单元均应布置勘探点，在地貌单元交接部位和地层变化较大的地段，勘探点应予加密。

（3）在地形平坦地区，可按网格布置勘探点。

（4）对岩质地基，勘探线和勘探点的布置，勘探孔的深度，应根据地质构造、岩体特性及风化情况等按地方标准或当地经验确定。

初步勘察勘探线、勘探点间距可按表 8-1 确定，局部异常地段应予加密。

初步勘察勘探孔的深度可按表 8-2 确定。

表 8-1　　初步勘察勘探线、勘探点间距　　单位:m

地基复杂程度等级	勘探线间距	勘探点间距
一级(复杂)	50～100	30～50
二级(中等复杂)	75～150	40～100
三级(简单)	150～300	75～200

注:① 表中间距不适用于地球物理勘探。
② 控制性勘探点宜占勘探点总数的 1/5～1/3,且每个地貌单元均应有控制性勘探点。

表 8-2　　初步勘察勘探孔深度　　单位:m

工程重要性等级	一般性勘探孔	控制性勘探孔
一级(重要工程)	≥15	≥30
二级(一般工程)	10～15	15～30
三级(次要工程)	6～10	10～20

注:① 勘探孔包括钻孔、探井和原位测试孔等。
② 特殊用途的钻孔除外。

当遇下列情形之一时,应适当增减勘探孔深度:

(1) 当勘探孔的地面标高与预计整平地面相差较大时,应按其差值调整勘探孔深度。

(2) 在预定深度内遇基岩时,除控制性勘探孔仍应钻入基岩适当深度外,其他勘探孔达到确认的基岩后即可终止钻进。

(3) 在预定深度内有厚度较大且分布均匀的坚实土层(如碎石土、密实砂、老沉积土等)时,除控制性勘探孔应达到规定深度外,一般性勘探孔的深度可适当减小。

(4) 当预定深度内有软弱土层时,勘探孔深度应适当增加,部分控制性勘探孔应穿透软弱土层或达到预计控制深度。

(5) 对重型工业建筑应根据结构特点和荷载条件适当增加勘探孔深度。

初步勘察采取土试样和进行原位测试应符合下列要求:

(1) 采取土试样和进行原位测试的勘探点应结合地貌单元、地层结构和土的工程性质布置,其数量可占勘探点总数的 1/4～1/2。

(2) 采取土试样的数量和孔内原位测试的竖向间距,应按地层特点和土的均匀程度确定;每层土均应采取土试样或进行原位测试,其数量不宜少于 6 个。

初步勘察应进行下列水文地质工作:

(1) 调查含水层的埋藏条件,地下水类型,补给排泄条件,各层地下水位,调查其变化幅度,必要时应设置长期观测孔,监测水位变化。

(2) 当需绘制地下水等水位线图时,应根据地下水的埋藏条件和层位,统一量测地下水位。

(3) 当地下水可能浸湿基础时,应采取水试样进行腐蚀性评价。

(三) 详细勘察阶段

详细勘察应按单体建筑物或建筑群提出详细(够用)的、定量的、可靠的岩土工程资料和设计、施工所需的岩土参数;对建筑地基作出岩土工程评价,并对地基类型、基础形式、地基处理、基坑支护、工程降水和不良地质作用的防治等提出建议。

详细勘察勘探点布置和勘探孔深度,应根据建筑物特性和岩土工程条件确定。对岩质地基,应根据地质构造、岩体特性、风化情况等,结合建筑物对地基的要求,按地方标准或当地经验确定。对土质地基,其勘探点间距和勘探点布置应符合下面的规定。

详细勘察勘探点的间距可按表 8-3 确定。

表 8-3 详细勘察勘探点的间距 单位:m

地基复杂程度等级	勘探点间距	地基复杂程度等级	勘探点间距
一级(复杂)	10～15	三级(简单)	30～50
二级(中等复杂	15～30		

详细勘察的勘探点布置,应符合下列规定:

(1) 勘探点宜按建筑物周边线和角点布置,对无特殊要求的其他建筑物可按建筑物或建筑群的范围布置。

(2) 同一建筑范围内的主要受力层或有影响的下卧层起伏较大时,应加密勘探点,查明其变化。

(3)重大设备基础应单独布置勘探点,重大的动力机器基础和高耸构筑物,勘探点不宜少于 3 个。

(4) 勘探手段宜采用钻探与触探相配合,在复杂地质条件、湿陷性土、膨胀岩土、风化岩和残积土地区,宜布置适量探井。

(5) 详细勘察的单栋高层建筑勘探点的布置,应满足对地基均匀性评价的要求,且不应少于 4 个,对密集的高层建筑群,勘探点可适当减少,但每栋建筑物至少应有 1 个控制性勘探点。

(四) 技术设计与施工勘察阶段

技术设计与施工的勘察任务主要是对某些专门性工程地质问题进行补充性的分析,提出处理意见。施工勘察工作主要是解决施工过程中出现的新的工程地质问题,观察开挖过程中揭露的地质现象,检验前阶段勘察资料的准确性,并布置工程地质监测工作。技术设计与施工勘察时,勘探线和勘探点应结合地貌特征和地质条件,根据工程总平面布置确定,复杂地基地段应予加密。勘探孔深度应根据工程规模、设计要求和岩土条件确定,除建筑物和结构物特点与荷载外,还应考虑岸坡稳定性坡体开挖、支护结构、桩基等的分析计算需要。根据勘察结果,应对地基基础的设计、施工及不良地质作用的防治提出建议。

勘察内容根据需要而定补充性的工作,以勘探和试验为主,结合地基处理可以进行各种成桩试验、灌浆试验等,结合基坑排水做水文地质试验。对开挖面揭露的地质现象应进行观察、记录和照相,同时进行地基开挖的验收工作等。

勘察阶段的划分是使勘察工作井然有序、经济有效、步步深入,勘察研究的地区范围由大到小,认识的程度由粗略到精细,由地表到地下,由定性评价到定量评价,这一勘察程序符合认识规律,有助于提高勘察质量,应当遵循。

第二节　工程地质勘察方法

工程地质勘察常用的主要方法有：① 工程地质测绘；② 工程地质勘探；③ 工程地质室内试验；④ 工程地质室外试验；⑤ 工程地质现场观测。各种方法在各个工程勘察阶段中使用的数量、深度和广度也各不相同。

勘察方法相互配合，由点到面、由浅入深，在实际勘察的基础上，再进行工程地质勘察资料内业整理的报告编写。

一、工程地质测绘

工程地质测绘是最基本的勘察方法之一，通过测绘将测区的工程地质条件反映在一定比例尺的地形底图上，一般在可行性研究或初步勘察阶段进行。工程地质测绘的最终成果是绘制的工程地质图。工程地质测绘的范围包括：对查明场地的地貌、地层、地质构造等问题有重要意义的邻近地段；追索对拟建工程有影响的不良地质现象可能的影响范围；对地质条件较复杂的地区，可适当扩大范围进行测绘。

工程地质测绘研究的主要内容是工程地质条件的诸要素。此外，还应搜集调查自然地理和已建建筑物的有关资料。

（一）测绘比例尺

选择工程地质测绘比例尺主要取决于设计建筑物的类型、设计阶段和工程建筑所在地区条件的复杂程度以及研究程度。其中设计阶段的要求起最主要的作用。

工程地质测绘的比例尺一般有以下三种。

1. 小比例尺测绘

比例尺为1：5 000～1：50 000时，一般在可行性研究勘察（选址勘察）、城市规划或区域性的工业布局时使用，是为了了解区域性的工程地质条件。

2. 中比例尺测绘

比例尺为1：2 000～1：10 000时，一般在初步勘察阶段采用。

3. 大比例尺测绘

比例尺为1：500～1：2 000时，适用于详细勘察阶段或工程地质条件复杂和重要建筑物地段，以及需解决某一特殊问题时采用。

当地质条件复杂时，比例尺可适当放大，以解决某一特殊的工程地质问题。对工程有重要影响的地质单元体（如滑坡、断层、软弱夹层、洞穴、泉等），可采用扩大比例尺表示。地质界线、地质点的测绘精度，在图上的误差不应超过3 mm。

（二）测绘方法

工程地质测绘方法有相片成图法和实地测绘法。相片成图法是利用地面摄影或航空（卫星）摄影的相片，在室内根据解译标志，结合所掌握的区域地质资料，把判明的地层岩性、地质构造、地貌、水系和不良地质现象等，调绘在单张相片上，并在相片上选择需要调查的若干地点和线路，然后据此作实地调查，进行核对、修正和补充。将调查的结果转绘在地形图上就成为工程地质图。

当该地区没有航测等相片时，工程地质测绘主要依靠野外工作，即实地测绘法。常用的实地测绘法有以下三种。

1. 路线穿越法

该法是沿着一定的路线穿越测绘场地,将沿线所观测或调查的地层界线、构造线、不良地质现象、水文地质现象、岩层产状和地貌界线等填绘于地形图上。路线可为直线形或折线("S")形。观测路线应选择在露头及覆盖层较薄的地方。观测路线方向大致与岩层走向、构造线方向及地貌单元相垂直,这样就可以用较少的工作量获得较多的工程地质资料。

2. 布点法

该法是根据地质条件复杂程度和测绘比例尺的要求,预先在地形图上布置一定数量的观测路线和观测点(如在图上按 2～5 cm 间距布点)。观测点一般布置在观测路线上,但要考虑观测目的和要求,如为了观察研究不良地质现象、地质界线、地质构造及水文地质等。布点法是工程地质测绘中的基本方法,常用于大、中比例尺的工程地质测绘。

3. 追索法

该法是沿地层走向或某一地质构造线或某些不良地质现象界线进行布点追索,主要目的是查明某一局部的工程地质问题。追索法通常是在布点法或路线穿越法基础上进行的,是一种辅助方法。

观测点应充分利用天然的或人工的岩石露头,被表土覆盖处,视具体情况布置一定的勘探工作量,有条件时可配合物探。观测点的定位应根据精度要求和地质条件的复杂程度选用目测法、半仪器法和仪器法,有特殊意义的地质点(如构造线、地层接触线、不同岩性分界线、软弱夹层、地下水露头、不良地质现象等)宜采用仪器定点。

(三)航片与卫片判释在工程地质测绘中的应用

航片、卫片能真实、集中地反映大范围的地层岩性、地质构造、地貌形态和物理地质现象等,对其详加判释研究,并与测绘工作相结合,能起到减少工作量、提高精度和速度的作用。尤其在人烟稀少、交通不便的偏远山区测绘,充分利用航片、卫片判释,更有特殊的意义。近年来,我国在工程地质测绘中应用航片、卫片已取得不少经验,值得进一步推广,不断提高判释水平。

利用航片、卫片判释,能从较大范围内选择工程场地或线路,能及时淘汰显著不利的方案。例如铁路新线的选线,利用航片、卫片能清楚地了解大范围地形条件,在室内结合地质判释可进行初步选线,非常方便。又如在水利水电工程的规划选点阶段,航片、卫片能在图像上清楚显示断层的分布及其活动性,并能发现一些隐伏断层,为论证区域稳定性提供较可靠的依据,利于坝段选择;可扩大视域,对坝址地质环境获得宏观的认识,避免工程地质测绘中因范围太小而造成的错觉。

航片、卫片判释,必须与实地观察结合,互相印证,才能较好地发挥作用。判释地质体及地质现象,需依靠判释标志。卫片与航片的判释大同小异,判释标志是色调特征和形态(阴影、形状、大小),两者缺一不可。标志建立后,即可进行判释。

航片、卫片判释地质构造的效果最好,尤当地形切割强烈、露头良好、中小型地貌发育的情况下判释较容易。水平岩层显露的轮廓线与地形轮廓线相似,呈花瓣状纹理,水系常呈放射状,色调多为深浅相间的环带形。倾斜岩层的地表露头线,服从"V"字形法则。断层明显呈现为线状分布,沿线出现三角面、垭口、断层沟槽、串珠状的洼地、山脊错位等,并常有一系列泉水;区域性大断裂还呈现山地与平原截然相接的现象,利用红外扫描图像可较易判释大断层,发现隐伏大断裂,其两侧显示不同色调,表现为线性特征。

小比例尺卫片适于大地貌类型的研究,大比例尺卫片对中小地貌及物理地质现象的研究效果较好。卫片上滑坡形态很清楚,滑坡周界呈现深色色环,陡立滑坡壁色调较深。区域研究可看出滑坡分布规律,发现主要控制因素,还可根据滑坡形态的保留情况、色调和水系等,判释滑坡稳定性。泥石流的分布、规律及形成过程,也可判释研究,卫片判释对沙丘的分布范围、规模、成因类型及发展过程和趋势的研究,效果特别显著,可用于铁路选线和制订工程防护措施。

二、工程地质勘探

工程地质勘探一般在工程地质测绘的基础上进行,可以直接深入地下岩土层并取样进行试验,以进一步查明地表以下工程地质情况。勘探的方法主要有井探、槽探和洞探、钻探及地球物理勘探等。

(一) 工程地质勘探的任务

工程地质勘探一般在工程地质测绘的基础上进行。它可以直接深入地下岩土层取得所需要的工程地质资料,是探明深部地质情况的一种可靠的方法。工程地质勘探的主要方式有工程地质钻探、坑探和物探,其主要任务是:

(1) 探明建筑场地的岩性及地质构造,即研究各地层的厚度、性质及其变化;划分地层并确定其接触关系;研究基岩的风化程度、划分风化带;研究岩层的产状、裂隙发育程度及其随深度的变化;研究褶皱、断裂、破碎带以及其他地质构造的空间分布和变化。

(2) 探明水文地质条件,即含水层、隔水层的分布、埋藏、厚度、性质及地下水位。

(3) 探明地貌及不良地质作用,包括河谷阶地、冲洪积扇、坡积层的位置和土层结构,岩溶的规模及发育程度,滑坡及泥石流的分布、范围、特性等。

(4) 采取岩土样及水样,提供野外试验条件。从钻孔或勘探点取岩土样或水样,供室内试验、分析、鉴定之用。勘探形成的坑孔可为现场原位试验,如岩土力学性质试验、地应力测量、水文地质试验等提供场所和条件。

下面分别论述工程地质物探、工程地质钻探和工程地质坑探的应用条件、所能解决的问题以及勘探工作布置和设计。

(二) 井探、槽探和洞探

井探、槽探和洞探是指用人工或机械方式挖掘坑、槽、洞以便直接观察岩土层的天然状态以及各地层之间接触关系等地质结构,并能取出接近实际的原状结构试样。该方法的特点是地质人员可以直接观察地质结构细节,准确可靠,且可不受限制地取出原状结构试样。因此,此法对研究风化带、软弱夹层和断层破碎带有重要的作用,常用于了解覆盖层的厚度和特征。它的缺点是可达的深度较浅,且易受自然地质条件的限制。常用的井、槽、洞探类型见表 8-4。

表 8-4　　井、槽、洞探类型

类型	特点	用途
试坑	深数十厘米的小坑,形状不定	局部剥除地表覆土,揭露基岩
浅井	从地表向下垂直,断面呈圆形或方形,深 5～15 m	确定覆盖层及风化层的岩性及厚度,取原状样,进行载荷试验、渗水试验等

续表 8-4

类型	特点	用途
探槽	在地表垂直岩层或构造线挖掘成深度不大(小于 35 m)的长条形槽子	追索构造线、断层,探察残积、坡积层以及风化岩石的厚度和岩性
竖井	形状与深井相同,但深度可超过 20 m,一般在平缓山坡、漫滩、阶地等岩层较平缓的地方,有时需支护	了解覆盖层厚度及性质、构造线、岩石破碎情况、岩溶、滑坡等,岩层倾角较缓时效果较好
平洞	在地面有出口的水平坑道,深度较大,适用于较陡的基岩边坡	调查斜坡地质构造,对查明地层岩性、软弱夹层、破碎带、风化岩层等效果较好,还可取样做原位试验

井、槽、洞探的观察、描述和编录是一项重要的工作。展示图是井、槽、洞探编录的主要成果资料。绘制展示图就是沿探井、探槽、竖井、斜井或平洞的壁、底(顶)把地层岩性、地质结构展示在一定比例尺的地质断面图上。

(三) 钻探

钻探是指用一定的设备、工具(钻机等)来破碎地壳岩石或土层,从而在地壳中形成一个直径较小、深度较大的钻孔的过程。它是工程地质勘察中应用最为广泛的一种勘探手段。

1. 钻探的目的

钻探是指用钻机在地层中钻孔,以鉴别和划分地层以及查明地下水的埋藏分布特征,并可以沿孔深取样以进行岩土的室内物理力学性质试验,或者直接在钻孔中进行原位试验或观测的一种勘察方法。

钻探时在地层内钻成的直径较小并且具有相当深度的圆筒形孔称为钻孔。钻孔的上口称为孔口;底部称为孔底;四周侧部称为孔壁。钻孔断面的直径称为孔径;由大孔径改为小孔径称为换径。从孔口到孔底的距离称为孔深。通常将直径大于或等于 80 mm 的钻孔称为大直径钻孔。如图 8-1 所示。

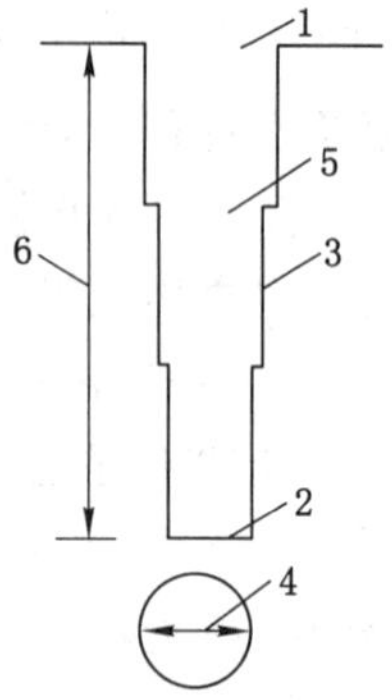

图 8-1　钻孔要素图

1——孔口;2——孔底;3——孔壁;4——孔径;5——换径;6——孔深

钻孔的直径、深度、方向等根据工程要求、地质条件和钻探方法综合确定。为了鉴别和划分地层,钻孔直径不宜小于 33 mm;为了采取原状土样,取样段的孔径不宜小于 108 mm;为了采取岩石试样,取样段的孔径对于软质岩不宜小于 108 mm,对于硬质岩不宜小于 89 mm;做孔内试验时,试验段的孔径应按试验要求确定。钻孔深度由数米至上百米不等,一般工业与民用建筑工程地质钻探深度在数十米以内。钻孔的方向一般为垂直的,也有打成倾斜的,打成倾斜的孔称为斜孔。在地下工程中有打成水平的,甚至直立向上钻孔。

2. 钻进方法

钻探过程有三个基本程序:① 破碎岩土;② 采取岩土芯或排除破碎岩土;③ 保全孔壁。

根据破碎岩土的方法不同,钻探可分为回转钻进、冲击钻进、振动钻进和冲洗钻进四种方法。

(1) 回转钻进

回转钻进指通过钻杆将旋转矩传递至孔底钻头,同时施加一定的轴向力实现钻进。回转钻进根据钻头的主要类型和功能又可分为螺旋钻进、环状钻进(岩芯钻进)和无岩芯钻进。

(2) 冲击钻进

冲击钻进是使用钢绳等工具将钻具提升到一定高度,利用钻具自重产生的冲击动能破碎岩土。破碎后的岩屑等由循环液冲出地面或由带活门的提筒提出地面。

(3) 振动钻进

振动钻进是将振动器产生的振动通过钻杆及钻头传递到钻头周围的土中,使土的抗剪强度急剧减小,同时钻头依靠钻具的重力及振动器重量切削土层进行钻进。

钻探成果可用钻孔柱状图来表示。图中一般应标出地质年代、岩土层埋藏深度、岩土层厚度、岩土层底部绝对标高、岩土层的描述、柱状图、地下水水位、测量日期、岩土取样位置等内容。比例尺一般为1∶100～1∶500。

(4) 冲洗钻进

冲洗钻进是通过高压射水破坏孔底土层从而实现钻进。土层破碎后由水流冲出地面。该种方法适用于砂层、粉土层和不太坚硬的黏性土层,是一种简单快速、成本低廉的钻探方式。

(四) 地球物理勘探

地球物理勘探简称物探,是以专用仪器探测地壳表层各种地质体的物理场来进行地层划分、判明地质构造、水文地质及各种物理地质现象的地球物理勘探方法。采用不同的探测方法,如电法、地震法、磁法、重力法以及放射性勘探方法等,可以测定不同的物理场,用以了解地质体的特征,分析解决地质问题。

物探的优点是:设备轻便、效率高;在地面、空中、水上或钻孔中均能进行物探;能够根据研究程度和精度以及实际需要加大勘探密度、深度;能从不同方向设计勘探线网,构成多方位数据阵,并且具有立体透视性的特点。但是,工程物探方法往往受环境因素的干扰和仪器量测精度的局限,分析解释的结果较为粗略。因此,工程物探一般是岩土工程勘察的辅助方法。

物探方法较多,根据所量测的物理场不同,所采用物探方法也不同,这里主要介绍常用的电法勘探和地震勘探。

1. 电法勘探

(1) 电法勘探的基本原理

电法勘探是研究地下地质体电阻率差异的地球物理勘探方法,也称为电阻率法。该法是通过电测仪测定人工或天然电场中岩土地质体的导电性大小及其变化,再经过与专门的图板对比分析区分地层、构造以及覆盖层和风化层厚度、含水层分布和深度、古河道、主导充水裂隙方向等。该方法的基本原理是测定各种岩层的不同电阻率而获得勘察资料。

影响岩土电阻率大小的因素很多,主要是岩石成分、结构、构造、孔隙、裂隙、含水性等。如第四纪的松散土层中,干的砂砾石电阻率高达几百至几千欧姆·米,饱水的砂砾石电阻率只有几十欧姆·米,电阻率显著降低。在同样的饱水条件下,粗颗粒的砂砾石电阻率比细颗粒的细砂、粉砂高。潜水位以下的高阻层位反映粗颗粒含水层的存在,作为隔水层的黏土电阻率远比含水层低。正是因为存在电阻率的差异,才能采用电阻率法来勘探砂砾石层与黏土层的分布。

(2) 电法勘探的方法

供电极 A、B 与电池及安培计连接，测定电流(I)。测量电极 M、N 与电位计连接，测量电位差(ΔV)。四个电极(铜棒)以中心点 O 为中心对称地打入地表土层，在地表勘探线上的各个点进行测量，即可得到不同岩层的电阻率值。根据电阻率值，绘制电测剖面曲线或电阻变化图表，进行分析，即得电测结果。

(3) 电法勘探的分类

由于电极极距的装置不同，所反映的地质情况也不同。因此，根据极距的装置可将电法勘探分为电测深法、电剖面法及中间梯度法等。

2. 地震勘探

地震勘探也是广泛用于工程地质勘探的方法之一。它是利用地层介质的波动性探测地质现象的一种物探方法。基本原理是利用爆炸或敲击的方法向岩体内激发地震波，地震波以弹性波动方式在岩体内传播，根据不同介质弹性波传播速度的差异来判断地质现象。按弹性波的传播方式，地震勘探又分为直达波法、反射波法和折射波法等。

地震勘探可用于了解地下地质构造，如基岩面、覆盖层厚度、风化层、断层等。

三、工程地质野外原位试验

野外试验在工程地质勘察中是一项经常进行的重要勘察方法，是获得工程地质问题定量评价和工程设计及施工所需参数的主要手段。

野外试验能在天然条件下测定较大岩土体的各种性能，所得资料更符合实际，更能反映岩体由于层理、软弱夹层及裂隙等的切割而造成的非均质性及各向异性。但它需要许多大型设备，费用昂贵，一般多在后期勘察阶段中采用，以便为详细设计计算提供指标。工程地质勘察中常用的野外试验有以下四大类：

(1) 岩土力学性质试验。包括载荷试验、静力触探、动力触探、旁压试验、十字板试验、岩土大型剪力试验、点荷载试验、声波测井、回弹试验、岩土体动力参数试验等。

(2) 水文地质试验。包括钻孔压水试验、抽水试验、渗水试验、岩溶连通试验等。

(3) 岩体应力测试。包括应力解除法、应力恢复法、水压致裂法、Kaiser 效应法等。

(4) 地基处理灌浆试验。包括电渗试验、强夯试验、砂桩挤密试验、排水固结试验、桩基承载力试验等。

工程地质勘察中的试验可分为室内试验和野外的现场原位测试。室内试验虽然具有边界条件、排水条件和应力路径容易控制的优点，但由于试验需要取土样，而土样在采样、运送、保存和制备等方面不可避免地受到不同程度的扰动。特别是对于饱和状态的砂质粉土和砂土，可能根本取不上原状土，这使得测得的力学指标严重“失真”。因此，为了取得准确可靠的力学指标，在工程地质勘察中，必须进行一定数量的野外现场原位试验。

原位测试是指在工程地质勘察现场，在不扰动或基本不扰动地层的情况下对地层进行测试，以获得所测地层的物理力学性质指标及划分地层的一种勘察技术。但原位测试也存在着许多不足之处，如难于控制边界条件，许多原位测试技术所得的参数和岩土的工程性质之间的关系建立在大量统计的经验关系之上等。因此，岩土的室内试验和原位测试应该相辅相成。

工程地质原位测试的主要方法有：静力载荷试验、触探试验、标准贯入试验、十字板剪切试验、旁压试验、扁铲侧胀试验、现场剪切试验、钻孔压水试验和灌浆试验等。选择现场原位测试试验方法应该根据建筑类型、岩土条件、设计要求、地区经验和测试方法的适用性等因素参照表 8-5 选用。

表 8-5　　**原位测试方法的适用范围表**

测试方法＼适用范围	适用土类									所提岩土参数								
	岩石	碎石土	砂土	粉土	黏性土	填土	软土	鉴别土类	剖面分层	物理状态	强度参数	模量	固结特征	孔隙水压力	侧压力系数	超固结比	承载力	判别液化
平板载荷试验(PLT)	+	++	++	++	++	++	++				+	++				+	++	
螺旋板载荷试验(SPLT)			++	++	++		+				+	++				+	++	
静力触探试验(CPT)			+	++	++	+	++	+	++	+	++	+					++	++
圆锥动力触探试验(DPT)		++	++	+	+	+	+		+	+		+					+	
标准贯入试验(SPT)			++	+	+			++	+	+	+	+					+	++
十字板剪切试验(VST)					+		++				++							
波速试验(WVT)	+	+	+	+	+	+	+		+			+						+
现场岩石点荷载试验(RPLT)	++								+		+						+	
预钻式旁压试验(PMT)	+	+	+	+	++	+					+	+					++	
自钻式旁压试验(SBPMT)			+	++	++	+	++	+	+	+	+	+	+	+	+	+	++	
现场直剪试验(EDST)	++	++			+						++							
现场三轴试验(ETT)	++	++			+						++							
岩体力测试(RST)	++														+			

注：++很适用；+适用。

（一）静力载荷试验

静力载荷试验包括平板载荷试验(PLT)和螺旋板载荷试验(SPLT)。平板载荷试验适用于浅部各类地层，螺旋板载荷试验适用于深部或地下水位以下的地层。静力载荷试验可用于确定地基土的承载力、变形模量、不排水抗剪强度、基床反力系数及固结系数等。下面以平板载荷试验为例介绍静力载荷试验的基本原理和方法。

1. 基本原理

静力载荷试验就是在一定面积的承压板上向地基逐级施加荷载，并观测每级荷载下地基的变形特性，从而评定地基的一类现场原位试验。它所反映的是承压板以下 1.5～2.0 倍承压板直径或宽度范围内地基强度、变形的综合性状。由此可见，该种方法犹如基础的一种缩尺真型试验，是模拟建筑物基础工作条件的一种测试方法，因而利用其成果确定的地基承载力最可靠、最有代表性；当试验影响深度范围内土质均匀时，此法确定该深度范围内土的变形模量也比较可靠。

2. 基本要求

试验用的承压板，一般采用刚性的圆形板或方形板，面积可采用 0.25～0.5 m^2。对于软土，由于容易发生歪斜，且考虑到承压板边缘的塑性变形，宜采用较大尺寸的承压板。

加荷的方法一般采用沉降相对稳定法。若有对比的经验，为了加快试验周期，则采用沉降非稳定法(快速法)。

各级荷载下沉降相对稳定的标准一般采用连续 2 h 内每小时的沉降量不超过 0.1 mm。

加载终止标准如下：

(1) 承压板周围的土明显地侧向挤出，周边岩土出现明显隆起或径向裂缝持续发展。

(2) 本级荷载的沉降量大于前级荷载沉降量的 5 倍，荷载-沉降曲线出现陡降段。

(3) 在某一级荷载的作用下，24 h 内沉降速率不能达到相对稳定标准。

(4) $s/b \geqslant 0.06$(b 为承压板宽度或直径)。

（二）静力触探试验

1. 基本原理

静力触探(CPT)是用静力将探头以一定速率压入土中，同时用压力传感器测试土层对探头的贯入阻力，以此判断、分析地基土的物理力学性质。静力触探具有测试连续、快速、高效、多功能及兼有勘探与测试双重作用的优点，而且测试数据精度高，再现性好。特别是对于不易钻探取样的饱和砂土、高灵敏的软土层，以及土层竖向变化复杂而不能密集取样或测试以查明土层性质变化的情况下，静力触探具有它独特的优点。它的缺点是对碎石类土和密实砂土难以贯入，也不能直接观测土层。静力触探试验适用于软土、一般黏性土、粉土、砂土和含少量碎石的土。

2. 试验的基本要求

在静力触探的整个过程中，探头应匀速、垂直地压入土层中，贯入速率为 1.2 m/min。静力触探探头测力传感器应连同仪器、电缆进行定期标定。室内探头标定测力传感器的非线性误差、重复性误差、滞后误差、温度飘移、归零误差范围均应小于 1%。在现场试验时，现场试验的归零误差应小于 3%。

静力触探测试时，深度记录的误差不应大于触探深度的±1%。当贯入深度超过 30 m，或穿过厚层软土后再贯入硬土层时，应采取措施防止孔斜，也可配置测斜探头，量测触探孔的偏斜度，校正土的分层界线。

3. 试验资料整理及成果应用

静力触探试验成果的应用主要有下列几个方面：① 划分土层和判定土类；② 判别土的塑性状态或密实度；③ 确定地基土的承载力；④ 确定土的变形模量；⑤ 确定土的抗剪强度参数；⑥ 估算单桩承载力、沉桩阻力；⑦ 进行液化判别。

（三）圆锥动力触探试验

1. 基本原理

圆锥动力触探是利用一定的锤击动能，将一定规格的探头打入土中，根据每打入土中一定深度的难易程度，即所需的能量判定土的工程性质，并对土进行分层的一种原位测试方法。所需的能量体现了土的阻力大小，一般可以以锤击数表示。

圆锥动力触探试验具有设备简单、操作及测试方法简便、适用性广等优点，对难以取样的砂土、粉土、碎石类土以及静力触探难以贯入的土层，动力触探是一种非常有效的勘探测试手段。它的缺点是不能对土进行直接鉴别描述，且试验误差较大。

2. 试验的技术要求

采用自然落锤装置；触探杆最大倾斜度不应超过 2%，锤击贯入应连续进行，同时防止锤击偏心、探杆倾斜和侧向晃动，保持探杆垂直度；锤击频率每分钟宜为 15～30 击；对于轻型动力触探，当 $N_{10}>100$ 或贯入 15 cm 锤击数超过 50 时，可停止试验；对于重型动力触探，当连续 3 次 $N_{63.5}>50$ 时，可停止试验或改用超重型动力触探。

（四）标准贯入试验

1. 基本原理

标准贯入试验是利用一定的锤击动能，将一定规格的贯入器打入钻孔孔底的土层中，根据打入土层中所需的能量来评价土层和土的物理力学性质。标准贯入试验中所需的能量用贯入器贯入土层中 30 cm 的锤击数 N 表示，称为标贯击数。

标准贯入试验实质上是动力触探试验的一种。它和圆锥动力触探试验的区别主要是，它的触探头不是圆锥形，而是标准规格的圆筒形探头，由两个半圆管合成，且其测试方式有所不同，采用间歇贯入方法。标准贯入试验的优点是设备简单、操作方便，适用的土层广，且贯入器能取出扰动土样，从而可以直接对土进行鉴别。

2. 试验的技术要求

(1) 标准贯入试验用钻孔应采用回转钻进，以尽可能减少对孔底土的扰动。

(2) 应采用自动脱钩的自由落锤法，并减小导向杆与锤间的阻力。锤击时应避免偏心及侧向晃动，锤击速率应小于 30 击/分。

(3) 标准贯入试验分两个阶段进行，即预打阶段和试验阶段。在预打阶段，先将贯入器打入 15 cm，若锤击数已达 50 击，贯入度未达到 15 cm，则记录实际贯入度。在试验阶段，将贯入器再打入 30 cm，记录每打入 10 cm 的锤击数，累计打入 30 cm 的锤击数即为标准贯入击数 N。当累计击数已达 50 击，而贯入深度未达 30 cm 时，可记录 50 击的实际贯入深度 Δs(cm)，按下式换算成贯入 30 cm 的锤击数 N：

$$N=30\times\frac{50}{\Delta s} \tag{8-1}$$

3. 试验成果及应用

根据标准贯入试验锤击数 N 的值，可对砂土、粉土、黏性土的物理状态，土的强度、变形参数、地基承载力、单桩承载力，砂土和粉土的液化，成桩的可能性等作出评价。具体应用在以下几方面：① 评定砂土的密实度；② 评定黏性土的稠度状态和无侧限抗压强度；③ 评定砂土抗剪强度指标；④ 评定黏性土的不排水抗剪强度；⑤ 确定地基承载力；⑥ 评定土的变形模量和压缩模量；⑦ 估算单桩承载力；⑧ 判别地基土的液化状况。

（五）十字板剪切试验

1. 基本原理

十字板剪切试验是用插入软黏土中的十字板头，以一定的速率旋转，测出土的抵抗力矩，然后换算成土的抗剪强度。它是测定饱和软黏土层抗剪强度简单而可靠的原位测试方法。这种方法测得的抗剪强度值相当于试验深度处天然土层的不排水抗剪强度，在理论上它相当于三轴不排水剪的黏聚力值或无侧限抗压强度的一半（$\varphi=0$）。

十字板剪切试验具有对土扰动小、设备轻便、测试速度快、效率高等优点，因此在我国沿海软土地区被广泛使用。

十字板剪切试验的原理是：将十字板头压入黏土中，通过钻杆对十字板施加扭矩，使十字板板头在土层中形成圆柱形的破坏面，测定剪切破坏时抵抗扭剪的最大力矩，通过计算可得到土体的抗剪强度。

2. 基本技术要求

(1) 十字板一般为矩形，径高比 $D/H=1/2$，板厚宜为 2～3 mm，表 8-6 为常用的十字板尺寸。

表 8-6　　十字板尺寸　　单位：mm

十字板尺寸	高度 H	直径 D	厚度
国内	100	50	2～3
	150	75	2～3
国外	125±12.5	62.5±12.5	2

(2) 十字板头插入钻孔底的深度不应小于钻孔或套管直径的 3～5 倍，插入后至少静置 2～3 min，方可开始试验。

(3) 由于排水和黏滞效应的存在，剪切速率应控制在（1°～2°）/10 s，且当读数出现峰值后，要继续测记 1 min。

(4) 重塑土的不排水抗剪强度应在峰值强度或稳定值强度出现后，顺剪切扭转方向连续转动 6 圈后测定。

3. 试验成果及应用

十字板剪切试验成果主要有：十字板剪切试验土的不排水峰值抗剪强度、残余强度、重塑土强度和灵敏度随深度的变化曲线。十字板剪切试验成果可按地区经验确定地基承载力、单桩承载力，计算边坡稳定安全系数，确定软土路基临界高度，判定软黏性土的固结历史。其主要应用有：确定软土的不排水强度；确定重塑土的抗剪强度；确定土的灵敏度。

（六）旁压试验

旁压试验是将圆柱形旁压器竖直放入土中，通过旁压器在竖直的孔内加压，使旁压膜膨胀，并由旁压膜（或护套）将压力传给周围土体（或岩层），使土体或岩层产生变形直至破坏。通过量测施加的压力和土变形之间的关系，即可得到地基土的水平方向上的应力应变关系。与静载荷试验相比，旁压试验有精度高、设备轻便、测试时间短等特点，但精度受到成孔质量的影响较大。旁压试验适用于测定黏性土、粉土、砂土、碎石土、残积土、极软岩和软岩等。

1. 基本原理

根据将旁压器设置于土中的方法，可以将旁压仪分为预钻式旁压仪、自钻式旁压仪和压入式旁压仪。预钻式旁压仪一般需有竖向钻孔，自钻式旁压仪利用自转的方式钻到预定试验位置后进行试验，压入式旁压仪以静压方式压到预定试验位置后进行旁压试验。

2. 基本技术要求

旁压试验应在地基土体中有代表性的位置和深度进行。旁压器的量测腔应在同一土层内。试验点的垂直间距应根据地层条件和工程要求确定，但不宜小于 1 m。加荷等级可采用极限压力的 1/5～1/7。每级压力应维持 1 min 或 2 min，再施加下一级压力。维持 1 min 时，加荷后读数时间按 15 s、30 s、60 s 测读变形量；维持 2 min 时，加荷后读数时间按 15 s、30 s、60 s、120 s 测读变形量。

当量测腔的扩张体积相当于量测腔的固有体积时，或压力达到仪器的容许最大压力时，应终止试验。

3. 试验成果及应用

旁压试验的成果主要是压力和扩张体积（p-V）曲线。典型的 p-V 曲线如图 8-2 所示，图中曲线可分为三段：Ⅰ段，初步阶段（AB 段）；Ⅱ段，似弹性阶段（BC 段），压力与体积变化量大致呈线性关系；Ⅲ段，塑性阶段（CD 段）。根据压力与体积曲线，结合蠕变曲线确定初始压力（p_0）、临塑压力（p_f）和极限压力（p_I）。

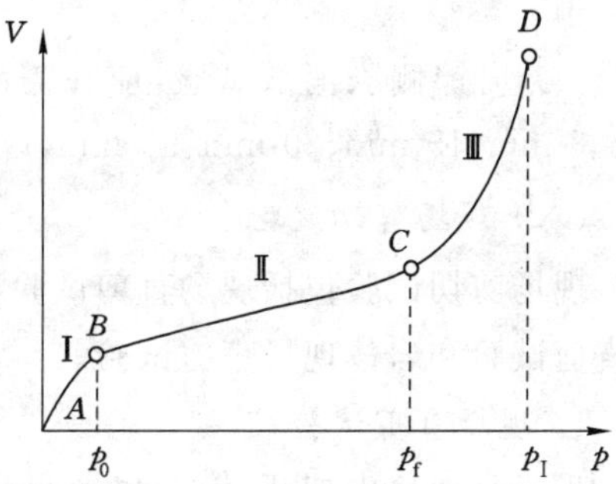

图 8-2　旁压实验的 p-V 曲线

根据压力与体积曲线的直线段斜率，按下式计算旁压模量 E_m：

$$E_m = 2(1+\mu)\left(V_c + \frac{V_0 + V_f}{2}\right)\frac{\Delta p}{\Delta V} \quad (8\text{-}2)$$

式中　E_m——旁压模量，kPa；

μ——泊松比；

V_c——旁压器量测腔初始固有体积，cm^3；

V_0——与初始压力 p_0 对应的体积，cm^3；

V_f——与临塑压力 p_f 对应的体积，cm^3；

$\Delta p/\Delta V$——旁压曲线直线段斜率，kPa/cm^3。

根据初始压力、临塑压力、极限压力和旁压模量，结合地区经验可评定地基承载力，计算变形模量和压缩模量。

（七）扁铲侧胀试验

扁铲侧胀试验（简称扁胀试验）是用静力把一扁铲形探头贯入土中，达到试验深度后，利用气压使扁铲侧面的圆形钢膜向外扩张进行试验。它可作为一种特殊的旁压试验，优点在于简单、快捷、重复性好而且较为经济。

扁胀试验适用于软土、一般黏性土、粉土、黄土、松散至中密砂土等。

1. 试验仪器

仪器设备主要是扁铲形探头，长 230～240 mm，宽 94～96 mm，厚 14～16 mm。探头前缘刃角为 12°～16°，探头侧面钢膜片的直径为 60 mm。探头可与静力触探的探杆或钻杆连接（图 8-3）。

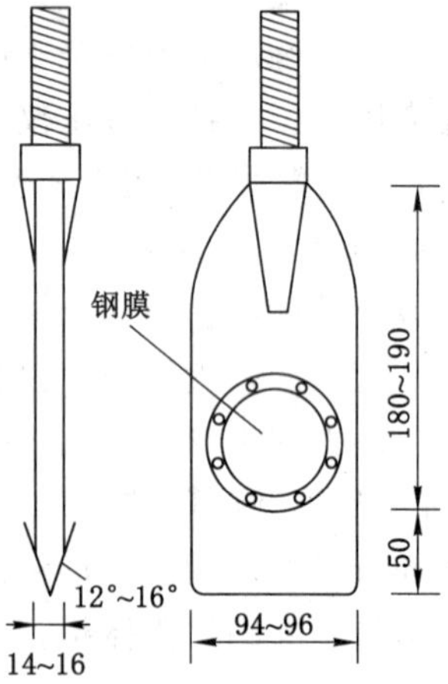

图 8-3　扁铲侧胀仪探头

2. 试验技术要求

（1）每孔试验前后均应进行探头率定，取试验前后的平均值为修正值。膜片的合格标准为：率定时膨胀至 0.05 mm 的气压实测值 ΔA（ΔA 为 5～25 kPa）；率定时膨胀至 1.10 mm 的气压实测值 ΔB（ΔB 为 10～110 kPa）。

（2）试验时，应以静力匀速将探头贯入土中，贯入速率宜为 2 cm/s，试验点间距可取20～50 mm。

（3）探头达到预定深度后，应匀速加压和减压，测定膜片膨胀至 0.05 mm、1.10 mm 和回到 0.05 mm 的压力 A、B、C 值。

（4）扁铲侧胀消散试验，应在需测试的深度进行，测读时间间隔可取 1 min、2 min、4 min、8 min、15 min、30 min、90 min，以后每 90 min 测读一次，直至消散结束。

（八）现场剪切试验

现场剪切试验包括现场直剪试验和现场三轴试验。其中现场直剪试验又可分为土体现场直剪试验和岩体现场直剪试验。

1. 现场直剪试验

现场直剪仪由加荷、传力和量测等三个系统组成（图 8-4）。现场直剪试验的原理和室内直剪试验基本相同，但由于该法的试验岩土体远比室内试验大（又称为大剪试验），能包括宏观结构的变化，且试验条件接近原位条件，因此结果更接近实际工程情况。

现场直剪试验可分为岩土体本身、岩土体沿软弱结构面和岩体与混凝土接触面的剪切试验三种，进一步可以分成岩土体试样在法向应力作用下沿剪切面破坏的抗剪试验、岩土体剪断后沿剪切面继续剪切的抗剪试验（摩擦试验）和法向应力为零时岩体剪切的抗切试验。

在进行现场直剪试验时，应根据现场工程地质条件、工程荷载特点、可能发生的剪切破坏模式、剪切面的位置及方向、剪切面的应力等条件，确定试验对象及相应的试验方法。

现场直剪试验的成果主要是根据剪应力与剪切位移曲线、剪应力与垂直位移曲线等，从而确定岩土体的抗剪强度。

2. 现场三轴试验

现场三轴试验可综合研究岩土体的力学性质，能测定弹性模量、泊松比及强度值，适用

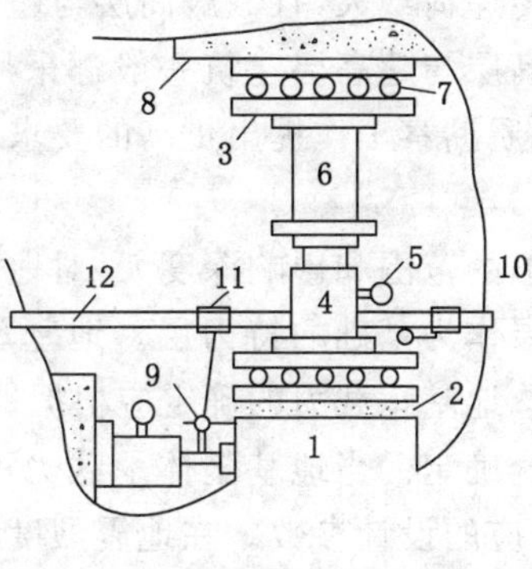

图 8-4　现场直剪试验装置

1——岩体试件；2——水泥砂浆；3——钢板；4——千斤顶；
5——压力表；6——传力柱；7——滚轴组；8——混凝土；
9——千分表；10——围岩；11——磁性表架；12——U 形钢梁

于岩体、碎石土等。现场三轴试验分为等侧（$\sigma_1 > \sigma_2 = \sigma_3$）三轴试验和真三轴（$\sigma_1 > \sigma_2 > \sigma_3$）试验，应根据岩体围压的实际情况选用。

试验前应了解岩土体的应力状态及工程荷载条件，以便确定围压和轴向压力的大小和加荷方式。试验应布置在有代表性的地段或影响工程稳定性的关键部位。一般在试洞内进行。

试验成果的分析方法基本和室内三轴试验相同，即：

(1) 绘制莫尔圆，求出岩体的抗剪强度。

(2) 绘制应力-应变曲线，求出岩体的弹性模量和泊松比。

(九) 钻孔压水试验

钻孔压水试验是用专门的止水设备把一定长度的钻孔段隔离开，然后用固定的水头向该钻孔段压水，水从孔壁裂隙向周围渗透，最终渗透水量会趋向一稳定值。根据压水水头、试段长度和渗入水量，便可确定裂隙岩石的渗透性能，通常以单位水头（m）、单位长度（m）试段和单位时间内的吸水量（L/min）表示，称之为单位吸水量 ω[L/(min·m^2)]。通过压水试验可定性了解地下不同深度处坚硬或半坚硬岩层的相对透水性和裂隙发育的相对程度，为评价岩层的完整性和透水程度，论证水工建筑物地基和库区岩层的透水情况，制订防渗与基础处理方案，提供必需的基本资料。

第三节　不同类型的工程地质勘察

一、高层与超高层建筑工程地质勘察

(一) 高层与超高层建筑的主要工程地质问题

高层建筑的界定，世界各国划分的标准是不一致的。德国规定：不分建筑类型，从地面算起，建筑物高度超过 22 m 就称为高层建筑；苏联规定：10 层以上的住宅为高层住宅；法国规定：8 层以上或高度超过 31 m 的住宅为高层住宅，20 层以上就称为超高层住宅。即使同一国家对高层建筑的界定也不一致。我国行业标准《高层建筑混凝土结构技术规程》(JGJ 3)规定：10 层和 10 层以上或房屋高度大于 28 m 的建筑物为高层建筑。

高层与超高层建筑的基础传递荷载大，且一般高层与超高层建筑设有裙楼，因此其地基附加应力分布更趋不均匀。故高层与超高层建筑一般都采用深基础，这又导致地基变形的影响范围和深度加大，对工程地质勘察工作提出更高的要求。

1. 地基承载力问题

高层与超高层建筑地基变形的范围和影响深度大，对地基承载力要求很高，因此需要选择地基承载力要求较高的岩土层作为基础的持力层。地基承载力的评价应同时满足安全、稳定和不超过容许沉降的要求。地基承载力的确定应根据地区经验、采用荷载试验、理论公式计算和其他原位测试方法综合确定。当地基土体承载力不能满足设计要求时，应进行地基处理或选用桩基础，并提出相应的设计参数。在地震烈度较高的地区，高层建筑要选择修建在相对稳定的地段，建筑场地的安全、稳定才能得到可靠的保证。

2. 变形和倾斜问题

高层与超高层建筑的重心高，荷载大，很容易产生整体横向倾斜，因此除了需要提供一般地基变形指标外，还应查明地基土在纵、横两个方向的应力分布和变形特性，以满足地基变形验算的要求。高层与超高层建筑天然地基的均匀性可按照下列标准进行评价：

（1）当持力层层面坡度大于10%时，可视为不均匀地基，此时可采取加深基础埋深的方法，使其超过持力层最低的层面深度；否则，可采用铺设垫层加以调整。

（2）持力层和第一下卧层在基础宽度方向上，地层厚度的差值小于 $0.05b$（b 为基础宽度）时，可视为均匀地基；当差值大于 $0.05b$ 时，应计算横向倾斜是否满足要求，若不能满足要求，应采取结构或地基处理措施。

3. 基础选型问题

箱形基础、桩基础和桩箱基础是目前高层与超高层建筑基础的主要形式。

4. 深基坑开挖和环境问题

当高层与超高层建筑基础采用箱形基础时，必须进行深基坑开挖。深基坑开挖将引起一系列岩土工程问题。如基坑开挖放坡所形成的深基坑边坡的稳定性和支护问题；基坑卸载回弹对地基的强度和变形的影响问题；地下水水位较高时，人工降低水位可能引起的基坑稳定性问题和地下室的防水等。

高层与超高层建筑往往位于城市繁华地带，在基坑施工过程中，基坑边坡的城市道路、地下管线和其他城市生命线以及周围邻近建筑物的影响问题必须充分考虑，否则破坏后果不堪设想。

5. 抗震设计问题

高层与超高层建筑对抗震设防要求高。在地震烈度大于或等于 6 度的地区，应对场地土类型、建筑场地类型作出判定；在地震烈度大于或等于 7 度的强震地区，应对地层断裂错动、地基土液化、震陷、震动强度、地震影响系数等进行详细分析、论证和判定，并对整个场地的稳定性作出明确的结论。

（二）高层与超高层建筑的工程地质勘察要点

高层与超高层建筑地质勘察一般是在城市详细规划的基础上进行的，其勘察阶段分为初步勘察和详细勘察两阶段。

1. 初步勘察阶段

初步勘察阶段的任务就是对高层与超高层建筑场地的适宜性和地基稳定性作出明确结

论，为确定高层与超高层建筑物的规模、平面造型、地下室层数以及基础类型等提供可靠的地质资料。

首先，收集和利用城市规划中已有的气候(特别是风向和风力)、工程地质和水文地质等资料。着重研究地质环境中的地震以及地基中是否存在软弱土层和其他不稳定因素。在地震烈度较高地区，必须查明地基中可能液化土层埋深及分布情况，并提供有关抗震设计所需的参数。对每一建筑场地的勘探孔数为3～5个，孔距不小于30 m，保证每一幢单独高层或超高层建筑不少于1个勘探孔，并应连成纵贯场地而平行地质地形变化最大方向的勘探线，以便作出能说明地质变化规律的工程地质剖面图。

其次，对关键性的软弱土层作少量试验工作，初步确定其工程地质性质。

2. 详细勘察阶段

详细勘察阶段的目的是为高层与超高层建筑基础设计和施工方案提供准确的定量指标和计算参数。

根据新颁布的行业标准《高层建筑岩土工程勘察标准》(JGJ 72/T)的规定：详细勘察阶段采取的勘探、测试手段应具有针对性，应详细查明场地工程地质条件和地下水埋藏条件；应为评价、计算地基稳定性、承载力、土压力和变形提供所需资料和参数指标；应为地基基础设计、不良地质作用和特殊性岩土治理、抗浮设计、基坑支护设计、地下水控制等提出建议。

详细勘察阶段应符合下列规定：

(1) 应详细查明建筑场地地层结构和岩土物理力学性质，并重点查明基础下软弱和坚硬地层的分布及其特征；对于岩质地基和岩质基坑工程，应查明岩石坚硬程度、岩体完整程度、基本质量等级、各风化带厚度及主要结构面的产状。

(2) 应查明地下水的初见及稳定水位、埋藏条件、类型、补给、径流及排泄条件、季节变化幅度和腐蚀性；应对抗浮设防水位、主要岩土层的渗透系数、基坑工程中地下水控制措施提出建议；当建筑采用降水控制措施时，应评价降水对周边环境的影响。

(3) 根据高层建筑的勘察等级和场地工程地质、水文地质条件，应对地震效应、地基基础方案选型进行认证分析并提出建议。

(4) 当建议采用天然地基时，应对地基的均匀性、承载力、软弱下卧层、变形、横向倾斜等进行分析评价；应提出设计计算所需各种参数、指标；宜对持力层选择、基础埋深等提出建议。

(5) 当建议采用复合地基时，应对复合地基增强体类型、持力层选择进行分析评价。

(6) 当建议采用桩基时，应对桩基类型、持力层选择进行分析评价；应提供桩的极限侧阻力、极限端阻力和变形计算的有关参数；宜对沉桩或成桩可行性、施工环境的影响和应该注意的问题提出建议。

(7) 高层建筑岩土工程勘察应包括基坑工程勘察的内容，通过勘察应对基坑的设计、施工方案提出意见和建议；宜建议各侧边涵盖最不利因素、提供用于计算的地质剖面；应提供计算基坑稳定性、土压力、变形所需的参数。

(8) 对开挖深度超过15 m的土质和风化岩基坑，宜提供回弹模量和回弹再压缩模量，需要时应布设回弹观测，实测基坑的回弹量；对天然地基或复合地基宜在开挖卸荷后基础底面处进行载荷试验，为最终确定天然地基承载力特征值或复合地基承载力特征值和变形参数进行验证。

(9) 应对不良地质作用和特殊岩土的防治提出建议，提供所需参数。

(10) 应对初步勘察中遗留的有关问题提出结论性意见。

高层与超高层建筑对抗震、抗风等有较高要求，因此在室内试验中，除了对地基土进行一定数量的常规物理力学试验外，采用箱形基础时还要做前期固结压力试验以及反复加、卸荷载的固结试验，为估算基底土层回弹提供参数；同时，还要在加载和卸载条件下测定弹性模量以及无侧限抗压强度。在高地震烈度地区，还要做动三轴试验，求得动剪切模量、动阻尼比等，为抗震设计提供动力参数。室内试验中所需原状土样的采取数量，对箱形基础和桩基础的持力层以及摩擦桩所穿过的各土层，每层取原状土样不少于8个；对端承桩及爆扩桩的持力层以上各上覆层和箱形基础底面以上各土层以及下卧层等各土层的测试数量可适当减少，每层取原状土样1～2个。

在高层与超高层建筑物基础的关键部位，一般需要进行现场原位试验，如静载荷试验、静力触探、标准贯入试验、波速试验、十字板剪切试验、回弹测试和基底接触反力测试等，以校核室内试验的成果。采用箱形基础时还要测定地基土中地下水位以下至设计箱形基础底面附近各土层的渗透系数。桩基础需做压桩试验，确定其抗压承载力和沉降；做抗拔试验，求得其抗拔力及验证单桩的桩侧摩擦阻力；有时也要做桩的水平承载力试验，了解其水平承载力。必要时，还要做单桩或群桩刚度试验，求其刚度系数及阻尼比。

对具有重大科研意义的高层与超高层建筑，还必须进行基础的沉降、建筑物整体倾斜、水平位移以及裂缝等的现场长期观测。

二、铁(公)路工程地质勘察

铁路和公路是陆地交通运输的干线，共同组成运输网络，在我国政治、经济、国防中发挥着巨大的作用。中华人民共和国成立前，我国仅有铁路1万多千米，公路数万千米。中华人民共和国成立以后，尤其是20世纪80年代改革开放以来，我国铁路和公路建设取得了辉煌成就。21世纪前10年，我国高速公路和高速铁路建造技术和总里程均达到世界领先水平。我国公路已达到县县相通，乡镇间均有公路相连，村村通工程正迅速发展。

(一) 铁路与公路主要工程地质问题

铁(公)路工程直接处于自然地质环境之中，有必要了解铁(公)路工程所处的环境地质条件和将会遇到的环境地质问题，并提出有针对性的工程措施，使铁(公)路工程与自然地质环境更加协调、和谐。

1. 路基工程主要工程地质问题

路基工程是铁(公)路工程中所占比例最大的工程，出现的工程地质问题也最多。由于路基工程长度大、数量多，对地质环境的改变也最直接和强烈，因而在施工、运营中是最易出现病害的。在平原地区修建铁(公)路路基比较简单，工程地质问题较少；但在丘陵地区，尤其在地形起伏较大的山区修建铁(公)路时，路基工程量较大，往往需要通过高填或深挖才能满足线路最大纵向坡度的要求。

常见路基工程地质问题有如下几种：路基边坡稳定性，地面塌陷，岩溶塌陷，活动性断裂，泥石流，道路冻胀、融陷，风沙，地下水疏干，弃土场、取土场及路基边坡的水土流失等。

2. 路基边坡稳定性问题

路基边坡包括天然边坡，傍山线路的半填半挖路基边坡以及深路堑的人工边坡等。路基的深挖较大程度地改变了原有地面形态(特别是挖方形成的临空面)及原斜坡的荷载分布平衡,对斜坡(山体)的稳定性产生了极为不利的影响。在降雨集中的季节,如遇暴雨冲刷或雨水浸泡、润滑,就有可能产生坍塌和滑坡。

在铁路勘测设计中,经常有路基挖方工程与隧道工程的比较。从地形上看,经常出现路基和隧道方案均有可能通过的地段。过去单凭综合经济指标确定方案,不重视环境地质条件的好坏和地质环境的演变趋势,以及技术措施是否落实可靠(特别是危岩、落石及顺层地段的线路),只片面地强调降低造价,选择路基工程通过,结果给运营、养护留下了长期后患。如宝成线是中华人民共和国成立初期成功修建的第一条地形、地质环境复杂的山区铁路,限于当时的国力,铁路标准低,多以深堑代替长隧,以小桥涵代替中桥,没有环境保护意识,没有分析铁路工程所处的环境地质条件,以及修建铁路对环境的改变,结果留下大量危岩、滑坡、泥石流等隐患,通车后工程灾害频繁,整治旷日持久,工程费用大量增加。

3. 路基基底稳定性问题

路基基底稳定性多发生于填方路堤地段,其主要表现形式为滑移、挤出和塌陷。一般路堤和高填路堤对路基基底的要求是要有足够的承载力,它不仅承受列车在运营中产生的动荷载,而且还承受很大的填土压力,因此,基底土的变形性质和变形量的大小主要取决于基底土的力学性质、基底面的倾斜程度、软层或软弱结构面的性质与产状等。此外,水文地质条件也是促进基底不稳定的因素,它往往使基底产生巨大的塑性变形而造成路基的破坏。如路基底下有软弱的泥质夹层,当其倾向与坡向一致时,若在其下方开挖取土或在上方填土加重,都会引起路堤整个滑移;当高填路堤通过河漫滩或阶地时,若基底下分布有饱水厚层淤泥,则在高填路堤的压力下,往往使基底产生挤出变形;也有的由于基底下岩溶洞穴的塌陷而引起路基严重变形,如成昆线南段就有路堤塌陷的实例。

4. 冻土区路基稳定性问题

路基土体因冻结作用引起路面冻胀和春季融化而使路基翻浆,结果会使路基产生变形破坏,形成显著的不均匀冻胀或使路基土强度发生极大改变,危害铁路的运营安全和正常使用。

路基冻害具有季节性。冬季,在负气温长期作用下,路基土中的水冻结产生迁移,使土体中的水分重新分布,并平行于冻结界面而形成数层冻层,局部地段尚有冰透镜体或冰块,因而使土体体积增大(约 9%)而产生路基隆起现象;春季,地表冰层融化较早,而下层尚未解冻,融化层的水分难以下渗,致使上层土的含水率增大而软化,强度显著降低,在外荷作用下,路基出现翻浆现象。翻浆是路基冻害的一种特殊现象,它不仅与冻胀有密切关系,而且与运输量的发展有关。翻浆对铁路影响较小,但对公路的危害比较明显。

影响路基冻胀的主要因素是:负气温的高低,冻结期的长短,路基土层性质和含水情况,土体的成因类型及其层状结构,水文地质条件,地形特征和植被情况等。

防止路基冻害的措施有:① 铺设毛细割断层,以断绝补给来源;② 把粉黏土含量较高的冻胀性土换为粗砂砾石等非冻胀性土;③ 采用纵横盲沟和竖井,排除地表水,降低地下水位,减少路基土的含水率;④ 提高路基高程;⑤ 修筑隔水层,防止冻结向路基深处发展等。

5. 加固工程、弃土导致的工程地质问题

路基工程呈条带状分布,沿线不免将遇到较多的不良地质、特殊地质需设置加固工程,对两侧地质环境将造成一定的破坏,勘测、设计时应尽量考虑使加固工程与周围环境保持协调、和谐。例如,土石方的纵向调配,应尽量做到移挖作填,填挖基本平衡,少占地,或多利用空地、荒地，并做好地表水的排泄工程，防止水土流失。施工时破坏了的植被要及时予以恢复，使环境尽快达到新的平衡，这些既符合我国国情，又美化、保护了环境。

（二）桥、隧、站工程主要工程地质问题

铁路与道路桥、隧、站主要工程地质问题有：边坡失稳，地面变形，岩溶塌陷，岩溶突泥、突水，建筑物位移与变形破坏，地下水疏干，生态及管线破坏等。

1. 桥涵工程环境工程地质问题

桥涵工程的主要环境工程地质问题表现在岸坡稳定性、与既有水利环保设施的协调和谐上。由于对岸坡的形成机制和沟谷、河流的形成、演变规律及对环境地质条件调查不清、认识不够，加上施工方法不当，对既有工程建筑环境保护不力，极易造成河（库）岸坍塌，堵塞河流，抬高水位，引起洪水灾害，加大水土流失，甚至造成两岸山体斜坡失稳，产生规模较大的新地质灾害（即工程灾害）。而一般桥涵的过水断面太小，也将引起排水不畅，造成水害，乃至浸泡、冲刷铁路或其他工程，危及工程的安全。

2. 隧道工程工程地质问题

渝怀铁路圆梁山隧道长 11.068 km，地处重庆市酉阳县境内，是渝怀铁路最长的隧道，也是全线头号控制工程。隧道穿越主要地质构造为毛坝向斜和桐麻岭背斜及其伴生断裂构造，区域内地质条件异常复杂。在施工中遇到了岩溶涌突水、岩溶涌突泥、高水压、高地应力、煤层瓦斯、高地温、断层破碎带、岩堆体等地质难题，山岭隧道的所有不良地质在这里几乎全部存在，这里的岩溶突破了一般岩溶的发展规律，属世界罕见。

隧道工程弃渣的堆放点选择不当，极易造成泥石流或改变斜坡荷载平衡条件，或大量侵占农田，或堵塞河道，抬高水位，造成山体斜坡的失稳等，使周围地质环境条件恶化。由于隧道穿过山体，将揭穿地下含水层，改变地下水文地质条件，常产生地面塌陷，沟、河断流或改道，农田和水塘的干涸，给工农业生产造成很大的损失；隧道内的地下水引排不当，会产生淹没庄稼，冲毁田地，造成严重的水土流失，甚至冲毁农户或工农业建筑设施，给人类的生存发展带来很大的影响。

3. 站场及站后工程主要地质问题

铁路与公路不同，沿线将设很多大小不等的站房、货场、机务段、工务段等设施，占地面积比一般线路工程大，相应地对周围地质环境的破坏也就大。除了上述的路基、桥涵、隧道工程相应的环境工程地质问题外，还有一个相当突出的问题是因开挖或填筑的面积大，造成新的环境工程地质问题。

在山区修铁路，车站位置的选择和站场的布置往往受地形限制，很难找到范围较大的平地或平缓地带，常常在一个斜坡上以半挖半填的方式修建车站、货场等设施。由于开挖面大，填筑面广，较强烈地改变了地质环境条件，极易造成山体开裂、崩塌、坍滑等工程灾害。如南昆线八渡车站古崩滑体及铁路切坡后产生的失稳问题给工程建设带来了极大损失。

4. 铁路施工期主要工程地质问题

在铁路工程施工中，由于是直接利用、改造自然地质环境，如果施工方法、施工组织、工期安排等不当，将会使环境工程地质问题出现得更快、更多，也会使治理的费用和技术难度加大。

施工方法不当引起的环境地质问题最为普遍。不考虑工程所处的环境地质条件，长大的拉槽开挖，或不及时支挡，或使用炸药量过大等等，均会引起自然地质环境条件的改变或恶化，产生环境工程地质问题。例如，湘黔线 K623＋100 附近的镇远车站内的镇远滑坡，由于车站工程大面积开挖位于舞阳河南岸斜坡的寒武系杷榔组页岩夹碳质页岩、砂岩地层，未及时支挡，加上大爆破(当时一次性用药量 14 t)，使左侧斜坡出现切层滑坡，后经清方减载和前缘设抗滑桩处理，才得以稳定。

施工场地的选择不当也会引起工程地质问题，大规模开挖山体、占用农田、破坏植被及既有工程设施、过量抽排地下水等，易造成水土流失加重、斜坡失稳、地面塌陷等环境工程地质问题，有时还与地方部门的建筑设施和环保工程产生冲突。

施工时间安排不当，也会使环境工程地质问题趋于严重。由于施工组织、计划的不周全，安排在雨季施工，或者工程措施未及时跟上，极易造成路堑溜坍、路堤沉陷和坍滑。

三、桥梁工程地质勘察

(一) 概述

桥梁是线路为跨越河流、山谷或不良地质现象发育地段而修建的构筑物，是线路的重要组成部分，随着线路地质复杂程度的增加，桥梁的数量和规模在线路中的比重越来越大，它是线路选线时考虑的重要因素之一。所以，除特大桥需单独进行勘察外，一般桥梁工程地质勘察即为线路工程地质勘察的一部分。

桥梁由正桥、引桥和导流物等工程组成。正桥是主体，位于河两岸桥台之间，桥墩均位于河中；引桥是连接正桥与原线的建筑物，常位于河漫滩或阶地之上，它可以是高路堤或桥梁；导流建筑包括护岸、护坡、导流堤和丁坝等，是保护桥梁等各种建筑物稳定，不受河流冲刷破坏的附属工程。

桥梁按结构可分为梁桥、拱桥和钢架桥等，跨越无水的山涧或干谷等地段的桥梁，均称为旱桥。不同类型的桥梁，对地质有不同的要求；当桥梁为静定结构时，各桥孔是独立的，相互之间没有联系，对地质条件的适应范围较广；拱桥受力时，在拱脚处产生垂直和向外的水平力，因此，对拱脚处地基的地质条件要求较高，最好建在坚硬而完整的基岩上。所以，地质条件是选择桥梁结构的主要依据。

(二) 桥梁建筑工程地质研究

桥墩台主要工程地质问题包括桥墩台地基稳定性和桥墩台地基的冲刷问题等。

(1) 桥墩台地基稳定性问题

桥墩台地基稳定性主要取决于墩台地基中岩土体的允许承载力，它是桥梁设计中最重要的力学数据之一，它对选择桥梁的基础和确定桥梁的结构形式起决定性作用。

虽然桥墩台的基底面积不大，但经常遇到地基强度不一、软弱或软硬不均等现象，严重影响桥基的稳定性。在溪谷沟床、河流阶地、古河湾及古老洪积扇等处修建桥墩台时，往往遇到强度很低的饱水淤泥地质软土层，有时也遇到较大的断层破碎带、近期活动的断裂，或基岩面高低不平、风化深槽、软弱夹层、囊状风化带、软硬悬殊的界面或深埋的古滑坡等地段。这些不良地质均能使桥墩台基础产生过大沉降或不均匀下沉，甚至造成整体滑动。

桥墩台地基若为土基时，其容许承载力的计算方法和基本原理与大型工业民用建筑物地基相同，但是超静定结构的大跨度桥梁对不均匀沉降特别敏感，故其地基容许承载力必须取保守值。而岩质地基容许承载力主要取决于岩体的力学性质、结构特征以及水文地质条件，一般按铁路工程技术规范规定，根据岩石强度、节理间距、节理发育程度等来确定地基的容许承载力。但对断层、软弱夹层及易溶岩等，则应通过室内试验及现场原位测试等慎重确定地基承载力，对风化残积层按碎石类土确定地基的容许承载力。

(2) 桥墩台的冲刷问题

桥墩和桥台的修建，使原来的河槽过水断面减小，局部增大了河水流速，改变了流态，对桥基产生强烈冲刷，有时可把河床中的松散沉积物局部或全部冲走，桥墩台基础直接受到流水冲刷，威胁桥墩台的安全。

《铁路工程水文勘测设计规范》(TB 10017)规定：对于非岩石河床而无冲刷处或河床设有铺砌防冲处，基底埋在地面以下不应小于 2.0 m，困难情况下不应小于 1.0 m。在有冲刷处，基底埋在墩台局部冲刷线下不应小于下列安全值：对于一般桥梁，安全值为 2.0 m 加冲刷总深度的 10%；对于技术复杂、修复困难或重要的特大桥、大桥，安全值为 3.0 m 加冲刷总深度的 10%，见表 8-7。对于岩石河床上墩台基底埋入岩面的深度，应考虑岩石的可能冲刷，根据岩石的坚硬度，胶结物类别，风化程度，节理、裂隙、层理发育情况等分析确定。

表 8-7　　《铁路工程水文勘测设计规范》基底埋深安全值　　单位：m

<table>
<tr><td colspan="3">冲刷总深度</td><td>0</td><td>5</td><td>10</td><td>15</td><td>20</td></tr>
<tr><td rowspan="3">安全值</td><td colspan="2">一般桥梁</td><td>2.0</td><td>2.5</td><td>3.0</td><td>3.5</td><td>4.0</td></tr>
<tr><td rowspan="2">技术复杂、修复困难或重要的特大桥、大桥</td><td>设计流量</td><td>3.0</td><td>3.5</td><td>4.0</td><td>4.5</td><td>5.0</td></tr>
<tr><td>检算流量</td><td>1.5</td><td>1.8</td><td>2.0</td><td>2.3</td><td>2.5</td></tr>
</table>

四、地下建筑工程地质勘察

人类采用工程手段在地下岩土体内开挖形成的具有一定形状和延伸长度的地下空间称为地下建筑。

地下建筑的特点是它们全部埋置在地下岩土体内，它的安全、经济和正常使用都与其所处的地质环境特征密切相关。由于地下开挖破坏了岩土体的初始平衡条件，引起岩土体内应力的重新分布，除少数地质条件特别优越、岩土体强度能够适应这种变化外，多数围岩常常会产生各种形式的变形、破坏，在浅埋地段严重者可以一直影响到地表。在某些地质体中开挖洞室时还会遇到突发性涌水、有害气体和高地温，使工期延长，造价提高，因此在选择地下建筑的位置时应充分注意到不良地质因素的影响。地下建筑与地面建筑相比有其本身固有的特点，见表 8-8。

表 8-8　　地下建筑与地面建筑特性对比表

项目	建筑物	
	地面建筑	地下建筑
建筑位置	地面以上	地面以下
岩土体用途	地基、坝基、路基	建筑环境
岩土体变形原因	附加应力	应力重分布
岩土体稳定性问题	地基、坝基、路基稳定性	围岩稳定性(边墙、拱顶)
施工方法	地面施工	地下开挖、爆破、掘进

续表 8-8

项目	建筑物	
	地面建筑	地下建筑
施工条件	需大量建材，受气候影响	产生大量石渣，不受气候影响
岩土体强度	允许承载力	围岩压力和抗力

（一）地下建筑的主要地质问题

地下建筑的主要工程地质问题可以概括为以下六个方面：① 围岩稳定性问题；② 围岩压力问题；③ 地下洞室位置和洞轴线方向选择问题；④ 洞口选择及边坡稳定性问题；⑤ 弹性抗力问题；⑥ 设计、支护及施工问题。

这些问题都是分阶段逐步解决的，先解决地下建筑的位置和洞轴线方向的选择问题，再对围岩稳定性及围岩压力进行分析评价，解决结构设计和施工方法等问题。地下建筑工程地质勘察的任务就是为不同设计阶段所要解决的问题提供必要的工程地质依据。

（二）地下建筑围岩稳定性影响因素

影响围岩稳定性的主要因素可分为地质因素、工程因素和施工因素三个方面。

1. 地质因素

地质因素是影响围岩稳定性的关键因素。而岩性及强度、构造类型和发育程度、水文地质条件、地应力条件、岩石风化的程度均对围岩稳定性影响颇大。

硬岩围岩稳定性主要受结构面控制，软岩围岩稳定性受岩石的软化性影响较大，而岩层中的软弱夹层对围岩稳定性具有控制作用。

地质构造在围岩稳定性中往往起控制作用，图 8-5～图 8-8 分别为褶皱、断层、节理和层理对隧道所处构造部位和围岩稳定性的影响。

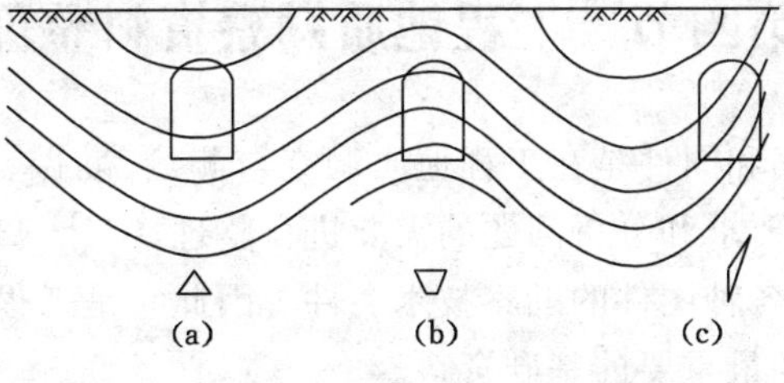

图 8-5　褶皱三个部位对围岩稳定性的影响

(a) 向斜核部；(b) 背斜核部；(c) 褶皱翼部

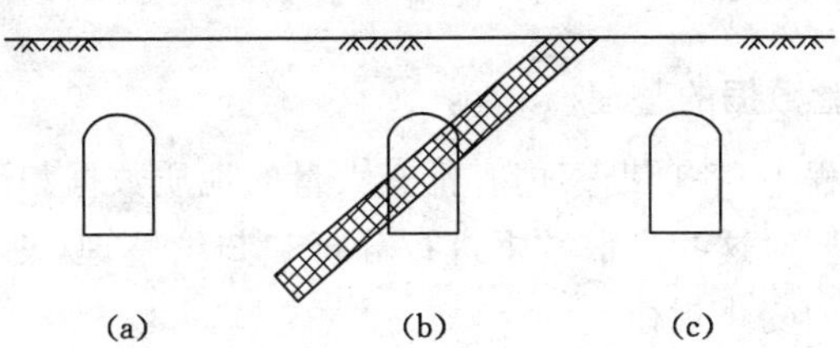

图 8-6　断层三个部位对围岩稳定性的影响

(a) 断层上盘；(b) 断层带；(c) 断层下盘

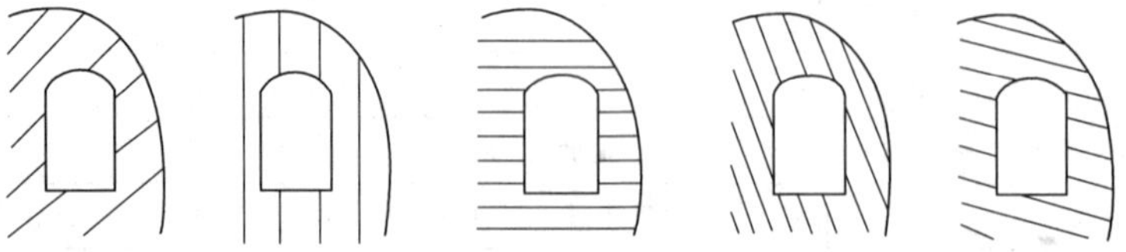

图 8-7　节理产状对围岩稳定性的影响

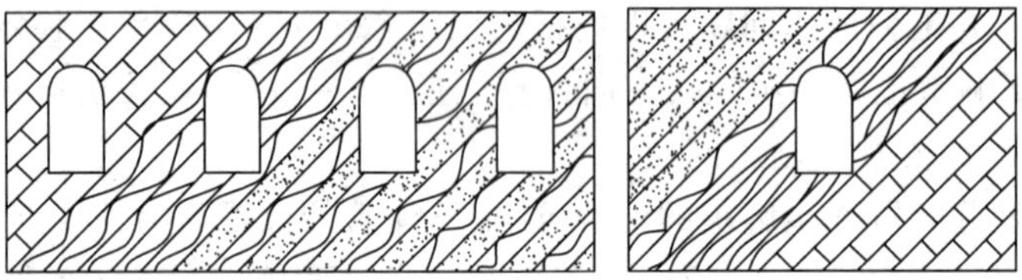

图 8-8　层理(片理)产状对围岩稳定性的影响

此外,风化厚度直接影响着洞室的埋深;水文地质条件对外水作用、软化作用、润滑作用、突水涌水事故同样影响巨大;地应力的大小和方向对围岩变形和围岩压力的大小及稳定性至关重要。

2. 工程因素

地下洞室工程的规模、断面形状和洞轴线方向直接对围岩稳定性起重要影响作用。

3. 施工因素

施工过程中不同的爆破方法、施工速度、施工顺序、支护时间及方式均对围岩稳定性有重要影响。而新奥法施工正是现代化、信息化施工的引领者。

第四节　工程地质勘察资料整理

工程地质勘察报告书和图件是在工程地质调查与测绘、勘探、试验、监测等已获得的原始资料的基础上,按工程要求和分析问题的需要进行整理、统计、归纳、分析、评价,提出工程建议,形成文字报告并附各种图件的勘察技术文件。因此它是工程地质勘察的最终成果,并作为设计部门进行设计的最重要的基础资料。

勘察成果的整理一般是在现场勘察工作告一段落或整个勘察工程结束后进行。成果整理工作一般包括现场和室内试验数据的整理和统计、工程地质图件的编制以及工程地质报告书的编写。

一、现场和室内试验数据的整理

在工程地质勘察过程中,各项勘察内容都有大量的地质数据和试验数据,而这些数据一般都是离散的。因而需要对这些离散数据进行分析和归纳整理,使这些数据能更好地反映岩土体性质和地质特征的变化规律。

对岩土参数的基本要求是可靠和适用。在分析岩土参数的可靠性和适用性时,应着重考虑以下因素:① 取样方法和其他因素(如取土器等)对试验结果的影响;② 采用的试验方法和取值标准;③ 不同测试方法(如室内试验与现场测试等)所得结果的分析比较;④ 测试结果的离散程度；⑤ 测试方法与计算模型的配套性。

在对测试数据的可靠性作出分析评价的基础上，用统计方法整理和选择参数的代表性数值。一般情况下应提供以下参数值：① 岩土参数的平均值、标准差、变异系数、数据分布范围和数据的数量；② 承载能力极限状态计算所需的岩土参数标准值，当设计规范另有专门规定的标准值取值方法时，可按有关规范执行。

二、工程地质图件的类型

工程地质图是针对工程目的而编制的。它综合了通过各种工程地质勘察方法，如测绘、勘探、试验等所取得的成果，并经过分析编制而成。

1. 工程地质勘察实际材料图

图中反映该工程场地勘察的实际工作，包括地质点、钻孔点、勘探坑洞、试验点、长期观测点等。从实际材料图上可得出勘察工作量、勘察点位置以及勘察工作布置的合理性等。

2. 工程地质编录图

工程地质编录图由一套图件构成，包括有钻孔柱状图、基坑编录图、平洞展视图及其他地质勘探和测绘点的编录。

3. 工程地质分析图

图中突出反映一种或两种工程地质因素或岩土某一性质的指标的变化情况。例如，天然地基持力层的埋深和厚度等值线图；基岩（或硬土层）埋深等深线及岩性变化图等。这种图所表示的内容多是对拟建工程具有决定性的意义，或为分析某一重大工程地质问题时必备的图件。

4. 专门工程地质图

专门工程地质图是为勘察某一专门工程地质问题而编制的图件。图中突出反映与该工程地质问题有关的地质特征、空间分布及其相互组合关系；评价与地质问题有关的地质和力学数据。如分析边坡稳定时突出边坡岩土体与结构面、地下水渗流特征的关系，以确定滑移体的边界以及结构面组合和岩土体性能等的力学数据，从而编制边坡工程地质图件。

5. 综合性工程地质图和分区图

综合性工程地质图也称工程地质图。这种图是针对建筑类型把与之有关的地质条件和勘探试验成果综合地反映在图上，并对建筑地区的工程地质条件作出总的评价。此图可作为建筑物总体布置、设计方案与处理措施的基本依据。

综合性工程地质分区图是在综合性工程地质图的基础上，按建筑的适宜性和具体工程地质条件的相似性进行分区或分段。对各分区或分段还要系统地反映有关工程地质条件和分析工程地质问题最需用的资料，并附分区工程地质特征说明表。

三、工程地质报告书的内容

工程地质勘察成果报告的内容，应根据任务要求、勘察阶段、地质条件、工程特点等具体情况综合确定。

1. 一般内容

(1) 任务要求及勘察工程概况。

(2) 拟建工程概况。

(3) 勘察方法和勘察工作量布置。这部分内容包括：勘探工作布置原则，掘探（坑、井探）和钻探方法说明，取样器规格及取样方法说明，取样质量评估，现场或原位试验及测试的种类，仪器和试验，测试方法说明，资料整理方法说明，试验、测试成果质量评估，室内试验项目、试验方法、资料整理方法说明，试验成果质量评估。

(4) 场地地形、地貌、地层、地质构造、岩土性质、地下水、不良地质现象的描述与评价。

(5) 场地稳定性与适宜性的评价。

(6) 岩土参数的分析与选用。

(7) 提出地基基础方案的建议，工程施工和使用期间可能发生的岩土工程问题的预测及监控、预防措施的建议。

(8) 勘探成果表及所附图件。

2. 常用图表

报告中所附图表的种类，应根据工程的具体情况而定，常用的图表有：

(1) 勘察点平面布置图。

(2) 工程地质柱状图。

(3) 工程地质剖面图。

(4) 原位测试成果表。

(5) 室内试验成果表。

(6) 岩土利用、整治、改造方案有关图表。

(7) 岩土工程计算简图及计算成果图表。

(8) 必要时应附综合工程地质图、工程地质分区图、综合柱状图、地下水等水位线图、特殊岩土分布图、地质素描及照片等。

3. 单项报告

除综合性的岩土工程勘察报告外，根据勘察任务要求，可提出单项报告，如：

(1) 岩土工程测试报告。

(2) 岩土工程验槽报告。

(3) 岩土工程沉降观测或监测报告。

(4) 岩土工程事故调查和分析报告，如建筑物倾斜及纠偏等。

(5) 岩土利用、整治、改造方案报告。

(6) 工程场地地震反应分析。

(7) 工程场地液化分析评价。

(8) 岩土工程专门问题的技术咨询报告。

4. 图表编制方法和要求

下面将常用的图表编制方法和要求简单介绍如下：

(1) 勘探点平面布置图(图 8-9)。

勘探点平面布置图是在建筑场地地形图上，把建筑物的位置，各类勘探及测试点的位置、编号用不同的图例表示出来，并注明各勘探、测试点的标高、深度、剖面线及其编号等。

勘察编号	9502	场地钻孔平面布置图	勘察阶段	详勘
工程名称	××××		勘察日期	2015年1月~2月
工程地点	××××		比例	1:500

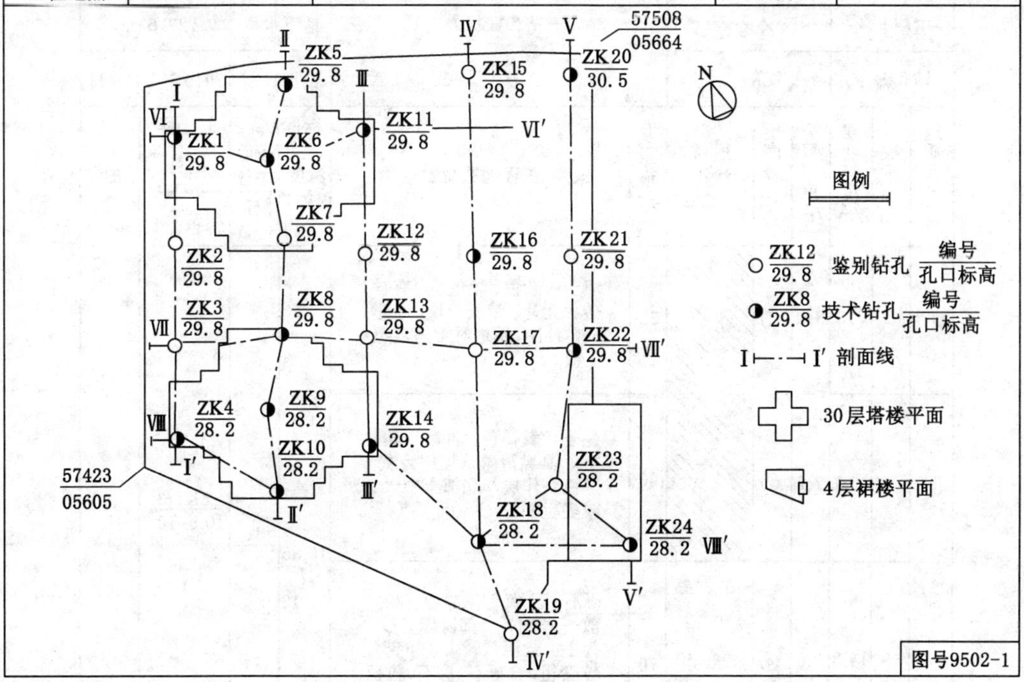

图 8-9　场地钻孔平面示意图

(2) 钻孔柱状图(图 8-10)。钻孔柱状图是根据钻孔的现场记录整理出来的。记录中除注明钻进的工具、方法和具体事项外,其主要内容是关于地基土层的分布(层面深度、分层厚度)和地层的名称及特征的描述。绘制柱状图时,应从上而下对地层进行编号和描述,并用一定的比例尺、图例和符号表示。在柱状图中还应标出取土深度、地下水位高度等资料。

(3) 工程地质剖面图(图 8-11)。柱状图只反映场地一勘探点处地层的竖向分布情况,工程地质剖面图则反映第一勘探线上地层沿竖向和水平向的分布情况。由于勘探线的布置应与主要地貌单元或地质构造轴线垂直,或与建筑物的轴线相一致,故工程地质剖面图能最有效地标示场地工程地质条件。

绘制工程地质剖面图时,首先将勘探线的地形剖面线画出,标出勘探线上各钻孔中的地层层面,然后在钻孔的两侧分别标出层面的高程和深度,再将相邻钻孔中相同土层分界点以直线相连。当某地层在邻近钻孔中缺失时,该层可假定于相邻两孔中间尖灭。剖面图中的垂直距离和水平距离可采用不同的水平尺。

在柱状图和剖面图上也可同时附上土的主要物理力学性质指标及某些试验曲线,如静力触探、动力触探或标准贯入试验曲线等。

勘察编号	9502	钻孔柱状图	孔口标高	29.8 m
工程名称	××××		地下水位	27.6 m
钻孔编号	ZK1		钻探日期	2015年2月7日

地质代号	层底标高/m	层底深度/m	分层厚度/m	层序号	地质柱状 1:200	岩芯采取率/%	工程地质简述	标贯 $N_{63.5}$ 深度/m	标贯 $N_{63.5}$ 实际击数/校正击数	岩土样 编号/深度/m	备注
Q^{ml}		3.0	3.0	①		75	填土：杂色、松散、内有碎砖、瓦片、混凝土块、粗砂及黏性图，钻进时常遇混凝土板				
Q^{el}		10.7	7.7	②		90	黏土：黄褐色，冲积、可塑、具黏滑感，顶部为灰黑色耕作层，底部土中含较多粗颗粒	10.85~11.15	31/25.7	ZK1-1/10.5~10.7	
		14.3	3.6	④		70	砾石：土黄色，冲积、松散～稍密，上部以砾、砂为主，含泥量较大，下部颗粒变粗，含砾石、卵石，粒径一般2~5 cm，个别达7~9 cm，磨圆度好				
Q^{el}		27.3	13.0	⑤		85	砂质黏性土：黄褐色带白色斑点，残积，为花岗岩风化产物，硬塑～坚硬，土中含较多粗石英粒，局部为砾质黏土	20.55~20.85	42/29.8	ZK1-2/20.2~20.4	
γ_5^3		32.4	5.1	⑤		80	花岗岩：灰白色～肉红色，粗粒结晶，中～微风化，岩质坚硬，性脆，可见矿物成分有长石、石英、角闪石、云母等，岩芯呈柱状			ZK1-3/31.2~31.3	
										图号9502-7	

▲ 标贯位置　■ 岩样位置　● 土样位置

拟编：　　　审核：

图 8-10　钻孔柱状图

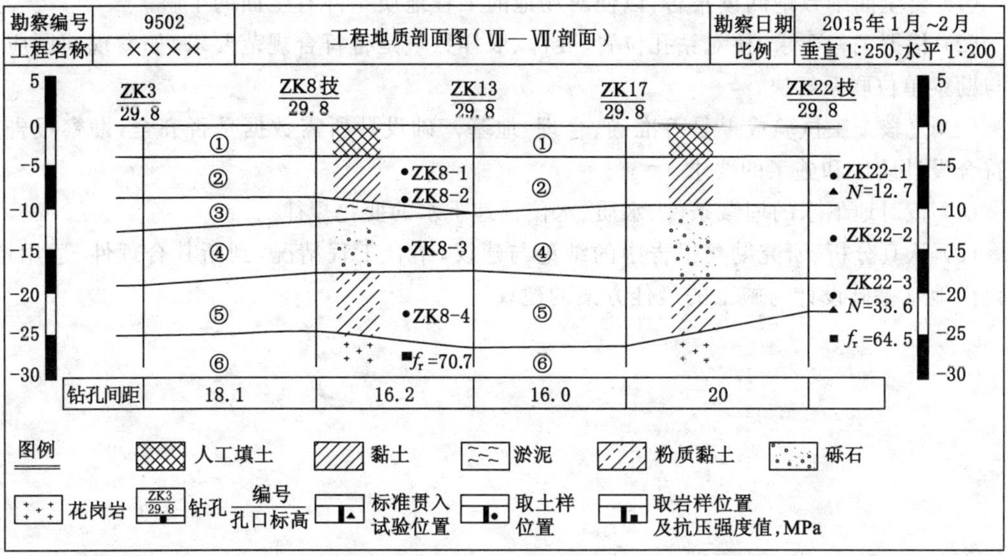

图 8-11　工程地质剖面图

(4) 综合地层柱状图。为了简明扼要地表示所勘察的地层的层序及其主要特征和性质,可将该区地层按新老次序自上而下以 1∶50～1∶200 的比例绘成柱状图。图上注明层厚、地质年代,并对岩石或土的特征和性质进行概括性的描述。这种图件称为综合地层柱状图。

(5) 土工试验成果的汇总表(表 8-9)。土的物理力学性质指标是地基基础设计的重要依据。将土样室内试验成果及相关原位测试成果归纳汇总列表表达即为土工试验成果的汇总表。

表 8-9　　某建筑场地土(岩)物理力学指标的标准值

主要指标	天然含水量/%	土的天然重度/(kN/m³)	孔隙比	塑限/%	液限/%	液性指数	塑性指数	压缩系数/MPa	压缩模量 MPa	岩石的饱和单轴抗压强度/MPa	抗剪强度		地基承载力标准值/kPa
											黏聚力/kPa	内摩擦角/(°)	
黏土	25.3	19.1	0.710	21.2	39.2	0.23	18.0	0.29	5.9		25.7	14.8	289
淤泥	77.4	15.3	2.107	26.0	47.2	2.55	21.3	1.16	2.18		6	6	35
粉质黏性土	18.1	19.5	0.647	20.3	36.5	<0	16.2	0.22	7.49		30.8	17.2	338
花岗岩										26.5			

注:① 黏土层、淤泥层、粉质黏性土层、花岗岩承载力参考《建筑地基基础设计规范》确定。

② 黏土层、淤泥层、粉质黏性土层各取土样 6～7 件,除内摩擦角、黏聚力、地基承载力、岩石抗压强度为标准值外,其余指标均为平均值。

5. 勘察报告的阅读和应用

仔细阅读和分析报告的目的在于掌握场地的工程地质条件,以便正确地加以利用。阅读的步骤和重点如下:

(1) 要全面细致地阅读报告,以便对场地的工程地质条件有全面的了解。

(2) 根据工程要求,核对钻孔位置、孔深、取样数量是否符合规范要求,如发现问题应及时与勘察单位联系解决。

(3) 复核土工试验成果是否准确、合理,地基基础设计所需数据是否齐全,勘察报告是否符合设计阶段和施工的要求。

(4) 核对地下水的埋藏条件、水质、水位及地下水的变化规律。

(5) 认真分析、研究勘察报告中的结论与建议,结合工程情况,判断其合理性、适用性,并提出地基基础设计与施工的最佳方案的建议。

参考文献

[1] 白旭红.矿物岩石学[M].北京:石油工业出版社,2009.
[2] 曹代勇.煤炭地质勘查与评价[M].徐州:中国矿业大学出版社,2008.
[3] 曹运江,蒋建华,资锋.煤矿地质学[M].徐州:中国矿业大学出版社,2014.
[4] 曾勇.古生物地层学[M].徐州:中国矿业大学出版社,2009.
[5] 陈家良,邵震杰,秦勇.能源地质学[M].徐州:中国矿业大学出版社,2004.
[6] 陈世悦.矿物岩石学[M].北京:中国石油大学出版社,2002.
[7] 杜远生,童金南.古生物地史学概论[M].武汉:中国地质大学出版社,2009.
[8] 范存辉,杨西燕,苏培东.地质学概论[M].北京:科学出版社,2016.
[9] 桂和荣,郝临山.煤矿地质[M].北京:煤炭工业出版社,2005.
[10] 郭宝炎,李岳胜.古生物与地层学[M].北京:石油工业出版社,2009.
[11] 何培玲,张婷.工程地质[M].北京:北京大学出版社,2006.
[12] 侯德义.矿山地质学通论[M].北京:地质出版社,1998.
[13] 胡厚田.土木工程地质[M].北京:高等教育出版社,2001.
[14] 姜尧发,钱汉东,孙宝玲,等.矿物岩石学[M].北京:地质出版社,2015.
[15] 克里斯·佩兰特.岩石与矿物[M].谷祖纲,李桂兰,译.广州:中国友谊出版公司,2007.
[16] 孔思丽.工程地质学[M].重庆:重庆大学出版社,2001.
[17] 李鸿业.矿山地质学通论[M].北京:冶金工业出版社,1980.
[18] 李小明.矿山地质学[M].北京:煤炭工业出版社,2012.
[19] 李增学.煤矿地质学[M].北京:煤炭工业出版社,2009.
[20] 李中林,李子生.工程地质学[M].广州:华南理工大学出版社,2006.
[21] 陆廷清,陈晓慧,胡明.地质学基础[M].北京:石油工业出版社,2009.
[22] 宋高嵩,杨正.工程地质[M].北京:清华大学出版社,2016.
[23] 孙家齐.工程地质[M].武汉:武汉工业大学出版社,2000.
[24] 谭海樵.煤矿地质学新编[M].徐州:中国矿业大学出版社,2015.
[25] 唐洪明.矿物岩石学[M].北京:石油工业出版社,2007.
[26] 陶坤,王向阳.煤矿地质[M].徐州:中国矿业大学出版社,2006.
[27] 汪新文.地球科学概论[M].北京:地质出版社,1999.
[28] 杨孟达.煤矿地质学[M].北京:煤炭工业出版社,2000.
[29] 张敏江,年廷凯.工程地质[M].大连:大连理工大学出版社,2015.
[30] 朱济祥.土木工程地质[M].天津:天津大学出版社,2007.